基因组

生命之书23章

[英] 马特·里德利 著
Matt Ridley

尹烨 ———— 译

GENOME

THE AUTOBIOGRAPHY OF A SPECIES IN 23 CHAPTERS

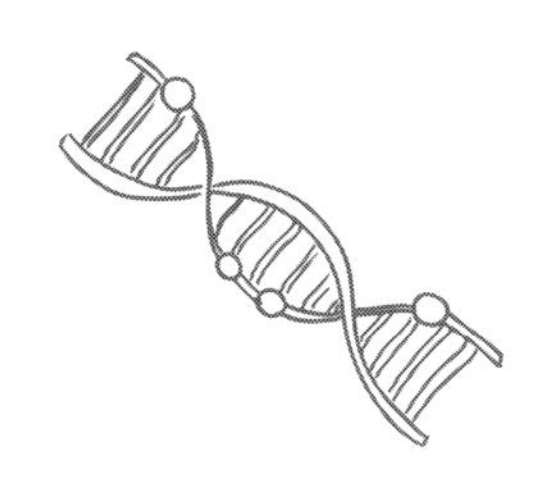

机械工业出版社
China Machine Press

图书在版编目（CIP）数据

基因组：生命之书 23 章 /（英）马特·里德利（Matt Ridley）著；尹烨译．-- 北京：机械工业出版社，2021.2（2024.7 重印）

书名原文：Genome: The Autobiography Of A Species In 23 Chapters

ISBN 978-7-111-67420-7

Ⅰ. ①基… Ⅱ. ①马… ②尹… Ⅲ. ①人类基因－基因组－研究 Ⅳ. ① Q343.2

中国版本图书馆 CIP 数据核字（2021）第 021124 号

北京市版权局著作权合同登记 图字：01-2013-6892 号。

基因组：生命之书 23 章

出版发行：机械工业出版社（北京市西城区百万庄大街 22 号 邮政编码：100037）

责任编辑：顾 煦 责任校对：殷 虹

印 刷：河北宝昌佳彩印刷有限公司 版 次：2024 年 7 月第 1 版第 10 次印刷

开 本：170mm×230mm 1/16 印 张：24.5

书 号：ISBN 978-7-111-67420-7 定 价：79.00 元

客服电话：（010）88361066 68326294

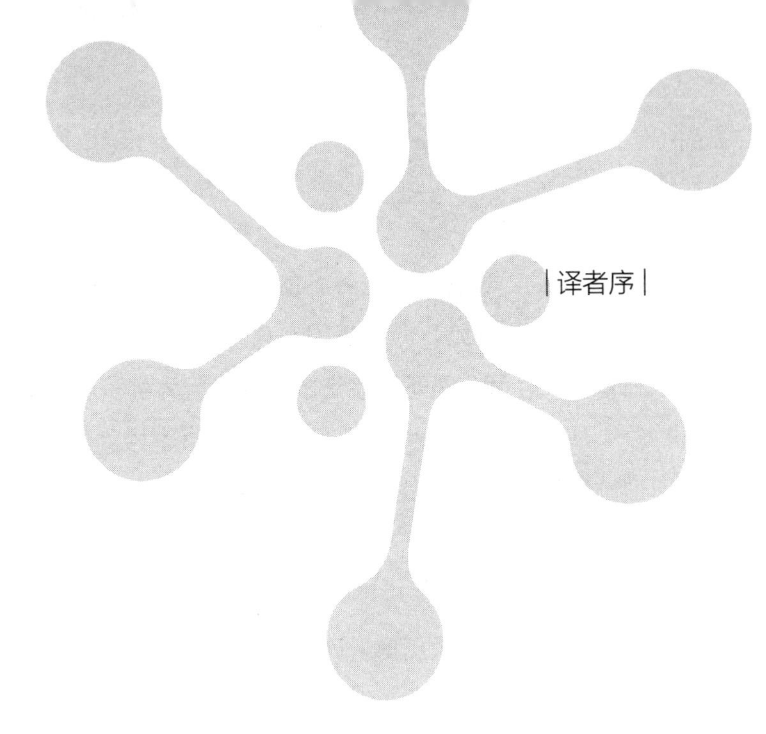

译者序

在很久以前，人们便习惯于仰望星空，思考我是谁、我从哪里来、要到哪里去的问题。正是这种对宏观世界的探索促进了社会的发展。如今我们已踏上外星球的土地，能用各种理论来解释世间万象，但我们对微观世界的了解并不多，对那些人之所以为人、地球生命如此缤纷的原因的深层次探究才刚刚开始。

达尔文提出演化论，孟德尔重复豌豆实验，摩尔根创立染色体遗传理论，薛定谔出版《生命是什么》，马勒研究人工诱发突变……遗传学研究随着一代代大师的新发现而不断向前发展。直到沃森和克里克发现 DNA 双螺旋结构，将遗传学的发展推至分子层面，至桑格发明第一台测序仪并完成噬菌体 X174 测序，人类才真正掌握了高效探索基因的工具，得以从分子层面了解自己。

作为一名投身生命科学领域二十年的理科生，我对“生命是什么”这个问题的理解是——生命的本质是化学，化学的本质是物理，物理的本质用数学来描述。化学统一在元素上，经典物理统一在原子上，量子物理统一在量子上，而生命统一在 DNA（脱氧核糖核酸）上。在我看来，生命正是由一群元素按照经典物理和量子物理的方式组合起来的一个巨大且复杂的系统。

这本书英文原版作者马特·里德利既是一名动物学博士、纽约冷泉港实验室客座教授，也是著名的科普作家。在这本书里，他独辟蹊径，从23对染色体开始，介绍基因在人之所以为人的演化过程中所扮演的角色。在他看来，我们是基因制造的有智能行为的机器，演化是基因间的竞争。

从基因层面理解生命，会带给你很奇妙的体验。用第三视角审视人类这一物种，审视生命的演化，答案往往最接近本质。

基因记录历史

人类乐于记录历史，无论是口口相传还是书写立传，这是人类传递生存经验的做法。其他生命没有如人类这般完善的语言和文字系统，但它们的经验另有传递方式。鸟儿懂得季节性迁徙，猪笼草能像动物一样捕杀昆虫，蚂蚁以社会协作的方式同居……科学家研究发现，这些都如同指令一般，镌刻在它们的基因里。

人同样随身携带历史，祖传的染色体中藏着数百万年来的演化历程，甚至包括远古的记忆，那些与微生物交换基因，与鱼类同游海洋，与蕨类争夺阳光的过往，都印刻在基因里。

我们的基因分布在23对染色体上，影响着与我们有关的方方面面。单眼皮还是双眼皮，红头发还是黑头发，蓝眼睛还是棕眼睛……我们的外貌由传承自父母的基因决定。不仅如此，基因甚至还可以直接或间接影响我们后天的生活和行为：酒量、智商、寿命、患抑郁症的可能性、性取向、是否对某种物质过敏等。

人类基因组就是一部用遗传密码写就的人类历史，是一部人类的自传，它从生命诞生之时起，便用“基因语言”记录了人类所经历的世事更迭与沧桑变迁。

基因关联疾病

基因记录人类的历史，包括疾病。人类的构造和使用说明，都藏在基因里。

基因在“遗传”与“变异”的驱动下，在不同的环境变迁下为生命寻找着突破口。通过解读基因组，我们能够更好地了解人类的起源和演化，这将带给我们前所未有的全新体验与认知，也将给人类学、心理学、医学、古生物学等几乎所有学科带来一场崭新的革命。

基因突变是演化的动力，也是疾病的原因。当“变异”让生物更加适应环境时，我们称其为“有益的”，当“变异”导致生物体畸形、残疾甚至死亡时，则称其为“有害的”。这种有害的变异的结果，就是“遗传病”。

人类对于“遗传病”的理解也是随着认知水平的提高而发展的。最初，只有可以世代相传的先天性疾病才被认为是“遗传病”（如血友病、白化病、软骨发育不全等），后来，随着对基因等遗传物质研究的深入，即使不能世代相传，但是由于遗传物质发生改变而导致的疾病也被纳入遗传病范畴（如肿瘤等体细胞变异），而从更广的意义上来看，病原微生物等入侵人体导致的疾病也可以看作属于外源遗传物质致病的范畴，因此除创伤、战伤、烧伤、意外事故引起的疾病外，几乎所有疾病都与遗传有关，真正毫无“遗传”因素的疾病反而是凤毛麟角。

本书的英文原版出版于1999年，这一年，人类基因组计划正如火如荼地进行，华大基因也因此诞生。毋庸置疑，人类基因组草图的绘制是21世纪以来最重大的科学发现，它不仅解答了诸多长期困扰人类的难题，还提出了很多新的见解，深刻地影响着我们对疾病、寿命、记忆、意识的思考方式。

如今，距离人类基因组计划启动已有30年，我们从基因组的探索中收获颇多，我们能通过基因编辑技术医治疾病，用合成技术创造新的生命，但我们对生命的理解，可能仍处在入门水平。我们无法解释大脑的复杂结构如何形成、如何运行，我们也无法治疗许多疑难杂症，但我们正努力理解大脑，弄清病因。

随着人类基因组计划的开展及测序技术的不断升级，基因检测的成本正以超摩尔定律的速度逐年下降。目前基因检测市场如火如荼，据统计，即使在新冠疫情肆虐的阴霾下，2020年初，全球医疗健康产业总融资额已经超过120亿美元（中国国内同期融资总额超过160亿元人民币）。由于基因测序与疾病诊断、产前筛查、健康管理、用药治疗等精准医学领域息息相关，它俨然已经是串联医疗健康这个千亿美元市场的重要环节。资本的大规模介入不仅加剧了全行业的竞争，也催化了新技术的蓬勃发展。技术的革新转化为成本红利，新技术应用门槛也在不断拉低，最终将惠及全民。

同时，基因科技发展也面临一些难题。基因检测是预测患病风险的方式，但目前仍被质疑，因为目前针对遗传病的治疗还没有取得突破性的进展。基因检测还容易被认为会带来基因歧视，基因到底是个人的隐私，还是应该公开的信息，这一点仍是生命伦理所讨论的问题。同时，在一些人看来，人为的基因操作方式是违背自然的，基因工程技术尚未被大众普遍接受。基因科技的普及，还有一段路要走。

基因决定一切？并非如此

基因影响着我们的过去和未来，并不意味着我们赞同基因决定论，事实上，环境发挥着同样重要的作用，后天的影响同样会带来复杂的后果。基因组和环境都在动态变化中，二者对人的思想和行为的塑造也是动态的。如作者所说，人类基因组计划所解读的“生命之书”，只是这本书的一张静态抓拍图而已。或许这就是生命面临的选择和真相——变化是永恒的，不变是暂时的。

达尔文的表兄高尔顿提出人种优化论，而赫胥黎用《美丽新世界》谴责了忽略人的遗传多样性、只用统一的后天方式塑造人的行为和思想的社会，那会是多么荒诞与恐怖。近代，一些欧美发达国家曾经一度禁止心智不全的人生育后代，这无疑是人类文明的一段黑历史。极端的基因理论罔顾人的主动性，令人只能毫无选择地承受被动的安排。

事实上，如果没有人为的阻碍，那么在基因面前，人并非毫无招架之力。基因会影响我们的性格与思想，但并非全然左右它们，从某种程度上来说，我们的意志是自由的。从基因上来看，每个人都是独一无二的，从思想上来说也是如此。

拥有自由意志的人类，却让这个星球的其他生命愈发不自由。我们改造环境，为满足物质生活和精神享受创造客观条件，却很少顾及其他生命的地球居住权。翻开人类历史，如今我们对于欧洲人攻占美洲，原住民大量死亡的那段故事已经回归了理性思考，可实际上，人类每时每刻都在对其他物种重复着这样的事。为了拓展居住和耕种领地，甚至只是为了贩卖自然资源，我们大肆砍伐森林，捕杀动物，填湖、填海，将原本有着丰富的生物多样性的地球，看作了只有人类一个主人。自然的报复来得同样猛烈，每隔一段时间，传染病便出现一次大爆发，仿佛生态被破坏的地球程序在自检，试图清理运行错误的数据。

是时候重读人的历史，思考生命的本质与意义，重新审视我们和其他生命、地球生态系统的关系，让我们少一点骄矜，多一些谦卑；少一点破坏，多一些和谐。地球不属于人类，所有生命都只是住客。说到底，我们所认识的独特人体也不过是由 DNA/RNA 编程设计的生态系统而已。

最后，在本书宣告完稿之际，特别感谢在此过程中给予我帮助的同事们，尤其是基因组咨询团队的黄辉、翟腾、王惠、崔欢欢、吴静、陈卉爽、王岩岩、傅琴梅、陈冬娜、赵静、李伟等在此过程中所给予的帮助，也感谢夏志、彭智宇、胡宇洁等人在此书的成稿过程中所提出的宝贵意见和建议。有了他们的专业把关，可谓安心矣。

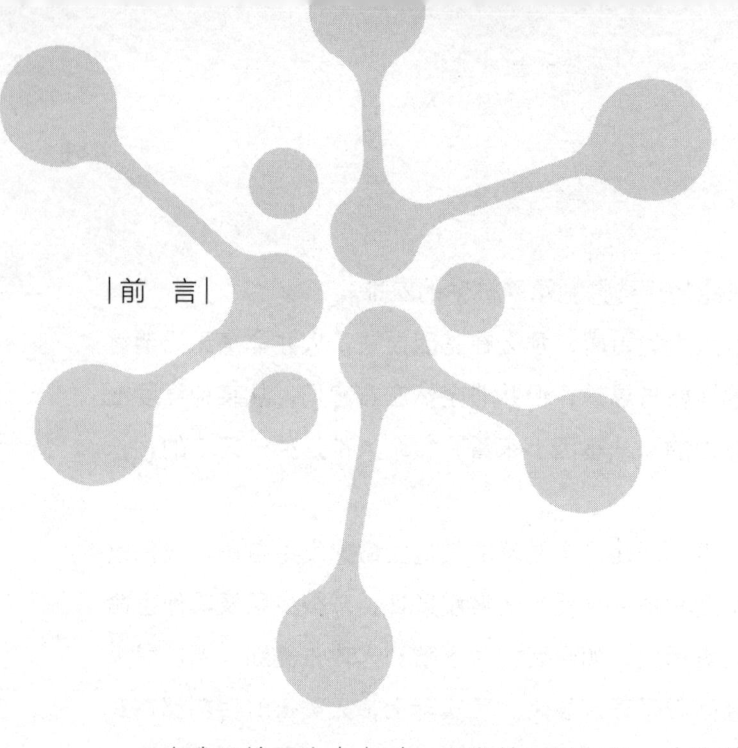

前 言

当我开始写这本书时，人类基因组仍是一个尚待开发的领域，已经大致定位了约 8000 个人类基因。我在书中提到了一些很有趣的基因，但是加快解读整个基因组的重任仍有赖于未来。如今，仅在一年多之后，这项庞大的任务便完成了。全世界的科学家已经解密了整个人类基因组，将其内容记录下来，并在互联网上分发给了所有想要查阅的人。现在，你可以从网络下载关于人体如何构建和运作的近乎整部指南。

革新之势一触即发。1998 年初，参与由政府资助的“人类基因组计划”的科学家们仍预测，说他们至少还要花费 7 年的时间才能破译整个人类基因组，那时他们几乎只解读了其中的 10%。随后，突然有一个搅局者站了出来。克雷格·文特尔（Craig Venter）是一名浮夸且急躁的科学家，目前在私营部门工作。他宣布，他正在组建一家公司，并将在 2001 年之前完成这项工作，且费用很低，不到 2 亿英镑。

文特尔以前曾发出过类似的威胁，并且他有抢先发成果的习惯。1991 年，当每个人都说无法做到时，他发明了一种快速找到人类基因的方法。然后在 1995 年，为了使用一种新的“霰弹法”技术绘制整个细菌基因组图谱，他向政府申请拨款，但被拒绝了。官员们说，这项技术永远行不通。不过，在收到这封信的时候，文特尔的这项工作即将收官。

因而，第三次与文特尔打赌的人还真是糊涂。比赛开始。公立项目进行了重组和重点调整，投入了额外的资金，并设定了一个目标，以试图在2000年6月完成整个基因组的初稿。文特尔很快也设定了同样的截止日期。

2000年6月26日，在白宫的比尔·克林顿总统和在唐宁街的托尼·布莱尔首相联合宣布人类基因组草图完成。因此，这是人类历史上值得载入史册的时刻：在地球生命的长河中，物种首次破解了自身的底层奥义。对于人类基因组而言，这无异于得到了关于人体如何构建和运作的指南。正如我试图在书中所展示的那样，深藏其中的数千个基因和数百万个其他序列构成了哲学奥秘的宝库。多数有关人类基因的研究都是出于迫切需要治愈遗传病和癌症、心脏病等更常见的疾病，这些疾病的起源是由基因促成或加强的。现在我们知道，如果我们不了解癌症基因和抑癌基因在肿瘤发展过程中的作用，那么治愈癌症实际上是不可能的。

然而，相较医学，基因与遗传学的关联更大。正如我试图说明的那样，基因组包含来自遥远过去和不久之前的秘密讯息——从我们成为单细胞生物开始，从我们开始养成诸如奶牛养殖等文化习惯的时候开始。它也包含有关古代哲学难题的线索，尤其是关于我们的行为是不是注定的，以及那是如何实现的，乃至对所谓自由意志的奇异感知。

基因组计划的完成并没有改变这种情况，但它正逐渐为我在本书中所探讨的主题增添更多鲜活的元素。如我所述，我意识到当今世界日新月异。在科学文献之中，有关我的遗传信息正在暴增。那些激动人心的辩论，我略知一二。但是，未来仍然会有许多深刻的洞见。我认为，科学是在探寻新的奥秘，而不是对旧知分门别类。我毫不怀疑，在未来几年中，我们将有惊人的发现。我们第一次意识到我们对于自身了解得太少。

我无法预见的是，遗传学上的讨论将对公共媒体产生多大程度的影响。随着对转基因生物的激烈争辩，以及对克隆和基因工程日益增多的猜测，公众要求获得发表意见的权利。十分正确的一点是，不只是专家们在参与决策。不过，大多数遗传学家都忙于在实验室中钻研学术，以至于没有时间向公众解释其科学内涵。故而，就由像我这样的评论者来试图将基因的神秘故事用娱乐而非说教的方式传递给大家。

我是一个乐观主义者。从这本书中可以清楚地看出，我认为知识就是力量，而非祸端。对于遗传学知识而言更是如此。第一次了解癌症的分子本质，诊断和预防阿尔茨海默病，发现人类历史的秘密，重建前寒武纪遍布海洋的生物——这些在我看来，都是极大的福报。的确，遗传学也带来了新的危险和威胁（不平等的保险费、新形式的细菌战、基因工程意料之外的副作用），但其中大多数要么很容易应付，要么太过牵强。因此，我不能接受当下对科学的悲观主义思潮，也无法拥抱这样一个世界观：背向科学，且对新式无知进行无休止的攻击。

目　录

导　论

人类基因组指的是包含在 23 对独立的染色体中的一整套基因。按尺寸大小对其中的 22 对染色体进行排序，从最大（1 号染色体），排到最小（22 号染色体），而其余的那对则由性染色体组成：女性有两条大的 X 染色体，男性有一条 X 和一条小的 Y 染色体。就尺寸而言，X 染色体处在 7 号和 8 号染色体之间，而 Y 染色体最小。

单说“23”这一数字，本身意义不大。许多物种，包括我们的近亲物种猿类，有着更多的染色体，其他许多物种的染色体数目则要少一些。而且，相似功能和类型的基因也不一定非得聚集在同一条染色体上。几年前，当我俯下身子用笔记本电脑与演化生物学家戴维·黑格（David Haig）进行交谈时，听他说 19 号染色体是他最喜欢的染色体，我不禁有些吃惊。他解释道，那条染色体上面有着各式各样逗趣的基因。之前我从未想过染色体会有其独特秉性，毕竟，它们不过是基因的肆意组合。但是黑格的不经意之言萦绕在我心头，长久以来仍挥之不去。为何不趁此时机开先河，试着从每条染色体上挑选出一个基因，来讲述人类基因组的轶事呢？话说普里莫·莱维（Primo Levi）就在他的自传体短篇小说中对元素周期表进行了类似的处理，书中的每个章节都以那段时间里他接触过的化学元素命名，以钩沉往昔历史。

由此，我便萌发了人类基因组本身即是一部人类自传的想法：自生命萌芽那一刻起，它便以“基因语言”的方式记录着人类及其祖先所历经的沧桑与变迁。自原始汤孕育出最早的单细胞生物以来，有些基因的变化并不大。某些基因在我们的祖先还呈蠕虫状时就已经有了，某些基因在我们的祖先还是鱼类时就已早早出现了，而某些基因仅仅是因为最近的流行病才成了目前的样子，还有一些基因可以用来回溯近千年来人类迁徙的历史。从 40 亿年前到最近几百年，基因组谱写了我们人类的自传，记录了过往的重大瞬间。

我写下了这 23 对染色体的名单，然后在其旁边分别列出了对应的人性主题。我开始缓慢而艰辛地找寻具有代表性故事的基因。当我找不到合适的基因，或者好不容易找到了理想的基因可它却位于别的染色体上面的时候，常常会感到沮丧不已。如何处理 X 和 Y 染色体，也令我颇感头疼。我将其放在 7 号染色体之后，以与 X 染色体的尺寸相匹配。此番解释以后，现在总该知道为何此书副标题自称有 23 章，但最后一章却名为第 22 章了吧。

乍一看，这样的安排很容易让人产生误解。我似乎暗指着 1 号染色体最为重要，实际上并非如此。我似乎是在示意 11 号染色体只与人的性格有关，实则不然。人类基因组大约有 6 万到 8 万个基因[㊀]，我无法全然相告，一部分原因是迄今发现的基因数量不足 8 千个（尽管此数以每月数百的速度在增长），还有一部分原因是它们之中的绝大多数只是在调控枯燥而乏味的生化反应过程。

我只能速览全貌：在基因组中一些很是有趣的地方稍作停留，了解一

㊀ 最新科学研究显示人类基因组约有 2 万到 2.5 万个基因。——译者注

些它们所传递的有关我们人类自身的事情。我们这一代人无疑是幸运的，因为我们将是首批阐释基因组这本天书的人。解读基因组将使我们得知更多有关我们起源、演化、本性以及心智等方面的信息，这是前所未有的科学创举。它将给人类学、心理学、医学、古生物学以及几乎所有其他科学带来革命性的影响。当然，这并非在鼓吹基因万能论，也不是说基因比其他因素更为重要。不过基因组的确很是重要，这一点是毋庸置疑的。

这并不是一本关于人类基因组计划（关乎基因作图和测序技术）的书，而是一本有关该计划有何创见的书。2000 年 6 月 26 日，首个完整的人类基因组草图绘制完成。在短短的几年内，我们将从对基因几乎一无所知变成无所不知。我深信，我们正在经历史上人类智力的高光时刻，这一点毫无疑问。有些人或许会持异议，认为基因并非人类的全部，我并不否认。我们人类所拥有的当然不只是遗传密码，然而直到现在，人类基因仍旧满布谜团。我们将是首批参透其奥秘的人，我们将获取更多新知，当然，也将面对更多新挑战。这就是我在本书中所试图传达的内容。

引言

该导论的第二部分旨在用简短的引言，配以描述性的术语，介绍基因及其作用机制。我希望读者速览此内容，以便在后续遇到不甚了解的技术术语时可以及时回顾。现代遗传学有一系列的专业术语，错综复杂。我在此书中会尽量避免使用技术术语，但不得不说时，仍不可避免。

人体有大约 100 万亿个细胞，其中大多数的直径不到 0.1 毫米。每个细胞内部都有一个黑点，称为细胞核。细胞核内有两套完整的人类基因组（例外的情况是：精、卵细胞中都只有一套，红细胞中则没有）。一套基因组来自母亲，一套来自父亲。理论上而言，每套都有同样 23 条染色体，且染色体上都有一样的 6 到 8 万个基因。可实际上，每个基因的父本和母本之间通常存在着细微的差别，就好比有的差别可以决定人的眼睛是呈蓝色抑或棕色。在生育过程中，父本和母本在进行被称为重组的染色体交换过程中，会传递一整套基因组给后代。

若把基因组比成一本书，那么此书：

共有 23 章，每一章即是一对**染色体**。

每章均包含数千个故事，每个故事就是一个**基因**。

每个故事都由不同的段落组成，即**外显子**。段落之间插播广告，而这些广告就是**内含子**。

每个段落均由单词组成，此单词就是**密码子**。

每个单词是用字母写就的，此字母就叫作**碱基**。

书中有 10 亿个单词，相当于本书厚度的 5 千多倍，或者说是《圣经》的 800 倍。如果每天以每秒一个单词，每天读 8 小时的速度来读取基因组，那将需要读上 100 年。如果把人类基因组写下来，每个字母一毫米，则总长度堪比多瑙河。这是一个巨型文档，一部浩瀚的书，一张冗长的配方，可是竟能把它们全都置于一个比大头针针尖还小的细胞微核之中。

严格来说，将基因组比作一本书并非隐喻。基因组真的是一本书。书是一种数据信息，以线性、一维和单向形式编写的。小小的字母符号按特定的组合顺序转译为有意义的代码并汇编成册，即为书。基因组也是如此。仅有的区别在于，所有的英文书都是从左至右读的，而基因组的某些部分是从左至右读的，某些部分又是从右至左读的，不过绝不至于双向同时都在读。

顺便说一句，在本段之后，你将不会在本书中看到令人烦腻的“蓝图”一词，原因有三。首先，只有架构师和工程师才使用蓝图一词，而且即便是他们，在计算机时代也都早已弃用蓝图一词了，而我们全在使用“书”这个词；其次，相对基因而言，蓝图是个非常糟糕的类比。因为蓝图是二维图，而非一维数字编码；再者，对于遗传学而言蓝图一词太过文绉绉，因为蓝图中的每个部分都与机器或建筑物上的一个部分相对应。毕竟，配方中的辞藻无论多么华丽，也不会真的让蛋糕变得别有风味。

英文书是用 26 个字母组成的单词所书写的，单词长短不一。而基因组则全然以 3 个字母的单词进行书写，且仅使用了 4 个字母：A，C，G 和 T（分别代表腺嘌呤，胞嘧啶，鸟嘌呤和胸腺嘧啶）。此外，它们并非写在平面纸张上，而是写在由糖和磷酸构建的长链上。这种长链被称为 DNA 分子，碱基作为侧梯连接在上面。每条染色体是一对（非常）长的 DNA 分子。

基因组是一本非常精巧的书，在适当的条件下它既可以复印，也可以自读。复印即为**复制**，自读则是**翻译**。之所以可以复制，是因为这四个碱基的新奇特性：A 总是与 T 配对，G 总是与 C 配对。因此，单链 DNA 可以将 T 与 A，A 与 T，C 与 G 以及 G 与 C 通过互补配对的方式来进行自我复制。实际上，DNA 的通常状态是那著名的**双螺旋**，由原始链和互补配对链相互缠绕而成。

因此，复制互补链即可得到原文内容。在复制过程中，序列 ACGT 变为 TGCA，再复制便又转录回原来的 ACGT 了。这使得 DNA 可以无限复制下去，却仍携带着同一套的信息。

翻译稍微复杂一点。首先，通过相同的碱基配对过程将一个基因的文本**转录**成一份副本，但是这份副本并非由 DNA 而是由 RNA（一种略有不同的化学物质）构成的。RNA 也可以携带线性密码，除了用 U（尿嘧啶）代替 T 之外，它使用与 DNA 一样的字母。该 RNA 副本称为**信使 RNA**，通过切除所有内含子而将所有外显子拼接在一起（见上文）。

之后，信使 RNA 结合被称为**核糖体**的微型分子机器，而该机器自身的一部分亦是由 RNA 构成的。核糖体沿着信使 RNA 进行移动，将三联密码子依次翻译成另一份字母表。这份字母表由 20 种不同氨基酸组成，每种氨基酸均由被称为**转录 RNA** 的不同分子携带转运而来。每个氨基酸都以与密码子相同的顺序首尾相连，形成一条链。翻译完全部信息后，氨基酸链会依据其序列折叠成独特的形状，成为现今所称的蛋白质。

从头发到激素，人体内几乎所有东西都是由蛋白质构成或制成的。每个蛋白质都是被翻译出来的基因。特别值得一提的是，人体的化学反应被称为**酶**的蛋白质所催化。甚至连 DNA 和 RNA 分子本身的加工，拷贝、纠错和组装（复制和翻译），都是借助蛋白质来完成的。蛋白质还通过将自身附着在基因上游附近的**启动子**和**增强子**序列上，从而调节基因的开关。不同基因在人体的不同部位被开启。

复制基因，有时会出错。有时会漏掉一个字母（碱基）或插入错误的字母。整个句子或段落有时会出现重复，丢失或次序颠倒，这称为**突变**。许多突变既无害也无益，好比，如若将一个密码子更改为具有相同氨基酸“含义”的另一个密码子。要知道，共有 64 个不同的密码子，但只有 20 种氨基酸，因此许多 DNA“单词”便具有相同的含义。人类的每个世代会累积约 100 个突变，考虑到人类基因组中有超过 100 万个密码子，这似乎也并不算多。然而，要是出现在错误的地方，即便只有一个突变，都可能是致命的。

凡事均有例外，人类基因亦如此。并非所有人类基因都能在这 23 对主要染色体上找到，有少量的基因存在于被称为线粒体的膜囊之中，并且很可能自线粒体还是非寄生的细菌以来，便一直如此；并非所有基因都是由 DNA 组成的，某些病毒改用的是 RNA；并非所有的基因都能生产出蛋白质，一些基因被转录成 RNA，但没有被翻译成蛋白质。这些 RNA 要么作为核糖体的一部分，要么作为转运 RNA 而直接发挥作用；并非所有的反应都由蛋白质来催化，有少数反应可由 RNA 催化；并非所有的蛋白质都来自单个基因，有些是由多个基因共同合成的；并非所有的 64 个三联密码子都能转译为氨基酸，其中有 3 个负责传达**停止**信号；最后，并非所有的 DNA 都能形成基因，DNA 中的大部分是重复或随机的杂乱序列，很少或从未被转录，是所谓的垃圾 DNA。

了解完这些，人类基因组之旅就可以正式开篇了。

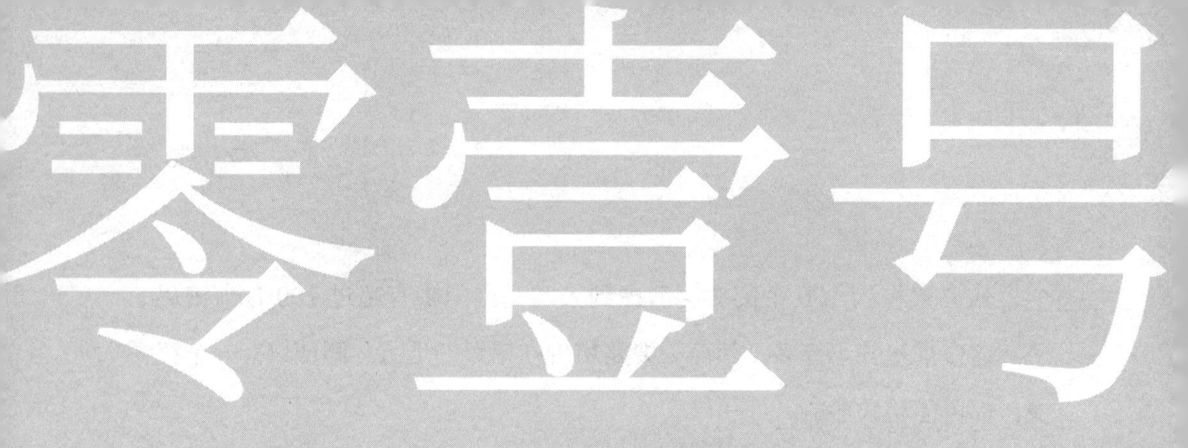

1号染色体

生命

一死一生，川流不息；
灭亡之后，振兴继之；
一祸一福，起伏相寻；
有如水中，忽生泡影；
自起自灭，幻化无穷。

——《人论》(亚历山大·蒲柏)

万物伊始，便有这么一个“词”。它携带着自身信息，自我复制，永不停歇，令大海焕发新颜。这个“词”揭示了如何重排化学物质，以便在无序之中因势而动，得以生存。它让地表从尘土飞扬的地狱变成了翠绿的天堂。这个“词”最终大放异彩，聪慧过人，制造了划时代的装置——人脑，而人脑得以发现并意识到这个“词”的存在。

每念及于此，我便头脑一团糨糊。在40亿年的地球历史中，我很幸运能够活在今天。在500万个物种里，我很幸运生下来便是一个有意识的人。地球上有60亿人口，我有幸能够出生于发现这个“词”的国家。这个“词”到底是什么呢？从地球历史、生物和地理的角度来看，在我出生前仅5年的时候，在距我仅200英里[1]的地方，两位我的同类，发现了DNA结构，并揭示了最伟大、最简单、最令人咂舌的宇宙奥秘。你可以嘲笑我的狂热，可以认为我对此缩写词的热衷实在是有点太过了，分明就是一位荒谬的唯物主义者。但是，请随我回到生命的源头，我希望能让你领略到这个“词”的无限魅力。

[1] 1英里等于1.609 344千米。——编者注

1794 年，博学的诗人兼医生伊拉斯谟·达尔文（Erasmus Darwin）曾问道[1]，“早在动物诞生之前，陆地和海洋或许就已经布满各类植物。而且有的动物出现得早，有的动物出现得晚。据此，我们是否可以推测出所有的有机生命均起源于同一种有生命的丝状物？”这在当时可是惊人之语，他不仅提出了所有有机生命都具有相同起源这一大胆推测，比他的孙子查尔斯（Charles）有关该主题的书早了 65 年，还奇怪地使用了“丝状物”一词。生命的奥秘确实就在一条细丝里。

然而，一条丝状物是如何造出生命的呢？生命很难定义，但它有两种截然不同的技能：复制能力和建立秩序的能力。生物产生与自己相似的副本：兔子诞下兔子，蒲公英繁殖蒲公英。不过，兔子的作用远不止于此。它们吃草，将其转化为兔肉，并以某种方式在随机而混乱的世界里构筑有序而复杂的身体。这并没有违背热力学第二定律——在封闭的系统中，一切都会从有序向无序发展，不过兔子不是封闭的系统。兔子通过消耗大量能量，构建起有序而复杂的身体堡垒。用埃尔温·薛定谔（Erwin Schrödinger）的话来说，生物从环境中“汲取秩序”。

生命这两个特征的关键是信息。有了配方（构筑新个体所需的信息），自我复制成为可能。兔子的卵子携带着如何组装新生兔子的指令。不过，通过新陈代谢建立秩序的能力还是得仰仗信息，是它发号指令来构建和维持机体并建立秩序的。就像按照蛋糕配方制作出成品那样，一只具有繁殖和新陈代谢能力的成年兔子，在它还是有生命的丝状物时就已预设好了。这一想法可以追溯到亚里士多德（Aristotle），他曾说：鸡蛋会孵化成鸡，橡树种子会长成橡树。亚里士多德对信息论的初步理解已被化学和物理学湮没多年，伴随着现代遗传学的发展，得以重见天日。马克斯·德尔布吕克（Max Delbruck）开玩笑地说，因DNA的发现，应给这位希腊圣贤追授诺贝尔奖。[2]

丝状DNA即是信息，是由化学代码编写而成，每个字母对应一种化学物质。代码是用我们可以理解的方式所编写的，这确实很精妙。就像书面英语那样，遗传密码是一种笔直书写的线性语言。就像书面英语那样，它是数字的而非模拟的，里面的每个字母都同等重要。此外，DNA的语言相比英语要简单得多，因为它的字母表里只有四个字母，即通常所说的A，C，G和T。

如今我们知道基因是加密的内容，但以前很少有人能往此方面想。在20世纪上半叶，生物学界一直有个悬而未决的问题：什么是基因？这看似是个无解之谜。回溯到1943年，也就是在1953年发现DNA对称结构的10年之前，那些将在整整10年之后为解开此谜团而做出杰出贡献的人们，正在从事着其他方面的工作。当时，弗朗西斯·克里克（Francis Crick）正在朴次茅斯附近制造水雷，詹姆斯·沃森（James Watson）刚以15岁的低龄迈入芝加哥大学的校门并决心致力于鸟类学研究。莫里斯·威尔金斯（Maurice Wilkins）在美国协助制造原子弹。罗莎琳德·富兰克林（Rosalind Franklin）正在为英国政府研究煤炭的结构。

在1943年的奥斯威辛集中营，约瑟夫·门格勒（Josef Mengele）为进行其所谓的科学探究，将一对对双胞胎折磨致死。门格勒试图搞清楚遗传特征，但事实证明他的优生学并非正道。门格勒的研究结果对未来的科学家而言，毫无益处。

1943年，从门格勒及其同党手下逃脱的难民、伟大的物理学家埃尔温·薛定谔在都柏林的三一学院（Trinity College）进行了题为“什么是生命”的一系列讲座。他想弄清楚一个问题。他知道染色体中蕴含着生命的秘密，但他不明白这是如何做到的：“正是这些染色体……有着指导个体未来发育走向以及在成熟状态下如何运行的全部指令。”他说，基因太小，只是一个大分子。这一洞见将激励包括克里克、沃森、威尔金斯和富兰克林在内的一代科学家，让棘手的问题一下子变得简单起来。不过，尽管答案近在咫尺，薛定谔还是走偏了。他认为该分子具有遗传能力的奥秘可用他所钟爱的量子理论来进行解释，他那执迷不悟后来被证明是误入歧途。生命之谜与量子状态无关，无法从物理学中寻求到解答。[3]

在 1943 年的纽约，时年 66 岁的加拿大科学家奥斯瓦尔德·埃弗里（Oswald Avery）的一项实验进入收尾阶段，该实验将决定性地证明 DNA 为遗传物质的化学表现形式。埃弗里通过一系列巧妙的实验证明，仅通过吸收一种简单的化学溶液，即可将肺炎双球菌从无毒菌株转化为有毒菌株。到 1943 年，埃弗里得出结论，认为纯化后的转化因子，就是 DNA。但他发表的时候措辞审慎，以至于很久以后才有人注意到这项成就。在 1943 年 5 月写给哥哥罗伊（Roy）的信中，埃弗里较为直白地说道：[4]

> 尽管尚待证实，但如果我们是对的，那将意味着核酸 [DNA] 不仅在结构上重要，还是具有功能的活性物质，对细胞的生化活动和特性起着决定性作用。此外，通过已知的化学物质可诱发细胞中可预测的遗传变化。这是遗传学家一直以来的梦想。

埃弗里几乎达成了这个梦想，但他仍沿着化学思路进行探索。扬·巴普蒂斯塔·范·赫尔蒙特（Jan Baptista van Helmont）在 1648 年猜测说，“生命是一种化学现象”。弗雷德里希·维勒（Friedrich Wohler）在1828年用氯化铵和氰化银合成尿素，打破了当时化学和生物界之间神圣不可侵犯的鸿沟，他说，至少有些生命是化学现象。要知道，尿素以前可是只能由生物产生的。生命是一种化学现象，此话不假，但很无趣，就好比说足球是一种物理现象那样。粗略地看，生命都是由氢、碳和氧这三种化学元素组成，生物体的98%都是由这三种原子构成的。然而，生命中真正有意思的，是那些涌现出来的性质（例如遗传力），而非这些组成元素。埃弗里无法了解DNA是如何承载遗传特性这一秘密的。化学无法给予解答。

1943年在英国布莱奇利，完全不为人知的是，一位才华横溢的数学家艾伦·图灵（Alan Turing）见证了他的天才想法幻化成真的时刻。图灵认为数字机可以进行运算。为了破译德军的洛伦兹密码机，根据图灵原理建造了名为“巨人号”的计算机：这是一台通用的机器，配有可编改的存储程序。当时很多人，包括图灵自己，都没能意识到他或许比其他任何人都要更为接近生命的奥秘：遗传好比一种可编改的存储程序，新陈代谢就是一台通用计算机，联结双方的是底层代码，是一种能以化学、物理甚至非物质形式来体现的抽象信息，其奥秘在于可进行自我复制。任何可以利用全球资源进行自我复制的东西都是有生命的，且最有可能的呈现形式是数字化信息——数字、脚本或单词。[5]

1943年的新泽西州，深居简出的学者克劳德·香农（Claude Shannon）正在反复寻思他几年前在普林斯顿首次提出的一个想法：信息和熵是同一枚硬币的正反面，两者都与能量有着密切的联系。系统的熵越小，它所含的信息就越多。蒸汽机之所以可以通过燃烧煤来获取能量并将其转化为动力，究其原因是设计者给该发动机注入了很高的信息含量。人体亦是如此。香农融合了亚里士多德的信息论与牛顿的物理定律。和图灵一样，香农也没有考虑到生物学因素。但较之于大量的化学和物理学问题而言，他对于什么是生命这个问题的洞察更为深入：生命也是用 DNA 编写的数字信息。[6]

本文开篇便提到的这个“词”，并不是 DNA。DNA 是在有了生命且出现化学反应和信息存储，以及新陈代谢和复制这两项独立的劳动分工之后才出现的。但是 DNA 记录了这个“词”的信息，通过后世原封不动地传递到了现在，令人惊叹。

想象一下显微镜下人类卵细胞细胞核的样子。如果可以的话，按大小顺序排列 23 对染色体，最大的在左边，最小的在右边。现在，放大那条姑且称之为 1 号染色体的最大染色体。可以看到，每条染色体都有一条长臂和一条短臂，两者的连接处称为着丝粒。仔细观察，你会发现在靠近着丝粒的 1 号染色体长臂上，一再重复出现 120 个字母（A，C，G 和 T）组成的序列。在每两个重复序列之间有一连串随机序列，然而这组由 120 个字母组成的段落却像熟悉的旋律一样不断重现，达 100 多次。这种小段落或许与我们之前所说的那个“词”最为贴近。

这个“段落”就是一个小的基因，或许是人体内最活跃的一个基因。这 120 个字母不断被复制成小段的 RNA，我们将它称为 5S RNA。它在核糖体中与一团蛋白质和其他 RNA 精细地交织在一起，而核糖体的职责是将 DNA 所规定的成分转化为蛋白质。正是蛋白质才使 DNA 得以进行复制。用塞缪尔·巴特勒（Samuel Butler）的话来说，蛋白质只是一个基因制造另一个基因的手段，而基因只是一个蛋白质制造另一个蛋白质的手段。厨师离不开菜谱，但是菜谱也需要厨师。生命就是蛋白质和 DNA 这两种化学物质相互作用的结果。

蛋白质代表着化学、生命、呼吸、新陈代谢和行为——生物学家将它称为表现型。DNA 代表着信息、复制、繁殖和性——生物学家将它称为基因型。两者相辅相成，缺一不可。这是经典的“先有鸡还是先有蛋”的问题：是先有 DNA 还是先有蛋白质？不可能是先有 DNA，因为 DNA 是被动存在的数学信息片段，无法催化任何化学反应；也不可能是先有蛋白质，因为蛋白质是纯化学物质，就目前所知，是无法准确进行自我复制的。DNA 创造蛋白质应该是不可能的，蛋白质创造 DNA 应该也是不可能的。要不是这个“词”在生命之丝上留下了蛛丝马迹，人们或许会一直受困于此。正如我们现在知道的，蛋在鸡（所有下蛋鸟类的爬行动物祖先）出现之前就早已有之，也有越来越多的证据表明 RNA 的出现早于蛋白质。

RNA 是跨界联结 DNA 和蛋白质的化学物质，它主要是将信息从 DNA 语言翻译成蛋白质语言。但就其运作方式而言，它毫无疑问是两者的先祖。如果说 DNA 是罗马的话，那么 RNA 便是希腊；如果说 DNA 是维吉尔，那么 RNA 便是荷马[㊀]。

RNA 才是开篇所说的那个“词”。RNA 比蛋白质和 DNA 更早出现，有 4 个方面的证据。首先，即便在今天，DNA 的成分也是靠修饰 RNA 成分而非通过其他更为直接的途径来实现的；其次，DNA 中的字母 T 是由 RNA 中的字母 U 转变而来；再者，如今的许多酶虽然成分是蛋白质，

㊀ 维吉尔，被奉为罗马的国民诗人，是古罗马最伟大的诗人之一，写过史诗《埃涅阿斯纪》；荷马，相传为古希腊的吟游诗人，创作了影响深远的《荷马史诗》。——译者注

不过得依赖于一些小的 RNA 分子才能发挥作用；此外，DNA 和蛋白质不同的是，RNA 可以在没有外援的情况下自我复制：给予正确的成分，便会将其整合成信息。观察细胞中的任一部分，不难发现最原始、最基本的功能都需要有 RNA 的参与。由 RNA 组成的 RNA 依赖性酶，是由基因参与生成的，携带着信息。核糖体仿佛是一台带有 RNA 的翻译器，可以翻译出此信息，并由一种小 RNA 分子负责转运氨基酸。但最重要的是，不同于 DNA，RNA 可以起催化剂的作用，解开和连接包括 RNA 在内的其他分子。它可以解开这些分子，将其末端相连，合成并延伸 RNA 链。RNA 甚至可以自行操作：剪掉一小段序列，然后将游离端重新拼接在一起。[7]

20 世纪 80 年代初，托马斯·切赫（Thomas Cech）和悉尼·奥尔特曼（Sidney Altman）发现了 RNA 的这些非凡特性，颠覆了我们对生命起源的理解。现在看来，第一个基因“ur-gene”很可能兼具复制和催化的功能，是一个消耗周遭化学物质以自我复制的“词”。它很可能是由 RNA 构成的。对试管中随机 RNA 分子的催化能力反复进行选择，就可以慢慢筛选出具有催化活性的 RNA，从而模拟生命起源的过程。一项最令人惊诧的结果是，这些合成的 RNA 通常以一段非常类似核糖体 RNA 基因（如 1 号染色体上的 5S 基因）序列的 RNA 序列作为结尾。

在第一头恐龙、第一条鱼、第一条虫、第一棵植物、第一种真菌、第一株细菌出现之前，RNA 统治着这个世界——大概是在约 40 亿年之前，那时地球刚形成，宇宙本身也只有 100 亿年的历史。我们并不清楚那时这些“核糖体生物”是什么样的，只能从化学角度猜想它们是如何生存的。我们无法知晓在此之前世界究竟是什么样子，不过基于现存生物的线索，我们可以肯定的是 RNA 确实曾称霸一时。[8]

这些核糖体生物有一个很大的问题：RNA 是不稳定的物质，在数小时内便会分解掉。如果这些生物到了热的地方，或是长得过大，将面临遗传学家所说的错误灾难，即基因信息的迅速衰减。RNA 通过反复试错演化出了一种全新且更为强韧的类型——DNA，以及一种从中复制 RNA 的系统，此系统包含有一台被我们称为原核糖体的设备。它必须工作高效且务必精准。因此，它在遗传复制过程中将每三个字母编成一组，在效率和准确度方面都更好。每个三联体都带有一个由氨基酸制作的标签，以使原核糖体更易识别。后续，这些标签结合在一起形成蛋白质，而包含三个字母的词则成为蛋白质的一种编码形式，即遗传密码。（如今，遗传密码子由包含三个字母的词组成，每个密码子均对应着 20 种氨基酸中的特定一个，而氨基酸是蛋白质的合成材料。）由此诞生了一种更为复杂的生物，它将遗传成分存储在 DNA 上，依靠蛋白质来工作，并用 RNA 将 DNA 和蛋白质联结起来。

这种生物称为“Luca”，是指地球生物最原始的共同祖先。她长什么样，住在哪里呢？常见的回答是，她看起来像细菌，可能是生活在温泉旁温暖的池塘中，或是在海洋泻湖里。在过去几年里，大家更倾向于认为她的生活环境险恶，因为很明显，陆地和海洋下面的岩石中充斥着数以十亿计的化能自养型细菌。“Luca”如今通常生活在地底深处，炽热的火成岩裂缝中，以摄入硫、铁、氢和碳为生。时至今日，生活在地球表面的生命只是九牛一毛。地底深处的嗜热菌的有机碳总含量是地表生物圈的 10 倍，也许正是它们生成了我们所说的天然气。[9]

不过，要想找到最早的生命形式，存在概念上的难题。那时，大多数生物都无法从父母那里获得基因，但并非总是如此。即便是现在，细菌也可以仅通过摄食其他细菌来获取基因。曾经可能存在着广泛的基因交换，甚至是基因窃取。在久远的过去，染色体可能多而短，每条染色体只有一个基因，很容易丢失或获得。卡尔·乌斯（Carl Woese）指出，如果是这样，那么该生物还不是一个持久不变的实体，只是一个临时搭伙的基因集合。因此，最终出现在我们所有人体内的基因可能来自许多不同的“物种”，试图将其分门别类是徒劳的。我们并非起源于唯一的祖先“Luca”，而是起源于携带有遗传信息的“生命共同体”。乌斯说，生命的来源在事实上可考，从系谱上却无法推导。[10]

你大可以将“我们都是社会的产物，而非某个物种的后代”这样的论调看作宣扬全局意识的模糊哲学，这让人感觉良好，抑或是将其视为对自私基因理论的有力证明：那时基因之间的博弈相较今天而言可谓有过之而无不及，它们把生物体当作临时战车，仅形成短暂的联盟。而如今，更多的是团队合作。你觉得呢？

即便曾有很多个“Luca”，我们仍可推测它们居于何地以及以何为生。这是有关嗜热菌的第二个问题。三位新西兰人发表于 1998 年的调查结果很有意思，得益于此，我们开始认识到在每本教科书中都可见到的生命之树，是倒过来的。这些书都认为最初的生物就像细菌那样，是具有一个环状染色体的简单细胞，而所有其他生物都是由一群细菌联合在一起而形成的复杂细胞。真相很可能恰恰相反。最早出现的现代生物可能不像细菌，也没有生活在温泉或深海火山口中。它们更像是原生动物：基因组是由几条线性染色体，而非一条环形染色体组成，是“多倍体”，即每个基因都有以助纠正拼写错误的多个备份。此外，它们原本喜欢凉爽的气候。正如帕特里克·福泰尔（Patrick Forterre）长期以来一直声称的那样，现在看起来细菌好像是在有了DNA和蛋白质之后很久才出现的，是“Luca”的后代，功能高度异化，结构高度简化。它们的诀窍在于丢弃RNA时代的许多装备，从而得以生活在炎热的地方。而我们却在自己的细胞中保留了“Luca”的原始分子特征，这么说来，细菌比我们更为“高度演化”才是。

分子“化石”的出现为这一奇想提供了佐证：人类细胞核中的一些RNA（向导RNA、穹窿体RNA、核小RNA、核仁小RNA、自剪接内含子），做着类似于将自身从基因中切除的事情，好似没啥用处。细菌中就没有，这种机制与其说是我们人类发明的，倒不如说是细菌所废弃的。（令人惊讶的是，除非有其他的理由，否则相较复杂的解释而言，科学界更倾向于认为简单的解释可能性更大。这一原理在逻辑上称为“奥卡姆剃刀”。）细菌在进入诸如温泉或温度可高达170° C的地岩等高温环境时，精简装备，丢弃了这些看似可有可无的RNA，以最大限度地减少由高温引发的问题。摈弃掉这些RNA后，细菌发现在诸如寄生和食腐等环境中，它们的新式高效细胞装备使其得以在“贴身肉搏”时占据繁殖速度优势。人类保留了这些古老的RNA，尽管这些上古装备不再发挥作用了，但残骸依旧，从未被完全剔除。细菌世界竞争激烈，得靠简单快速才能取胜。不同的是，我们（所有动物、植物和真菌）从未遭遇过如此激烈的竞争，以致更倾向于变得复杂并拥有尽可能多的基因，而非使用高效的细胞装备。[11]

每个生物中的三联体密码子都是一样的。CGA代表精氨酸，GCG代表丙氨酸——无论是在蝙蝠、甲虫、山毛榉，还是在细菌中，都是如此。甚至对于生活在大西洋海面以下数千英尺[㊀]的沸腾硫磺泉中的古细菌（名

㊀ 1英尺 = 0.3048米。——编者注

字具有误导性），或在那些被称为病毒的蜿蜒曲折的微囊里，亦是如此。无论在世界上的任何地方，无论看到的是哪种动物、植物、昆虫或其他东西，只要是活物，使用的都是同一套密码子和对照表，所有生命无一例外。除了一些微小的局部改变外（主要发生在纤毛虫内，具体原因未知），所有生物的遗传密码均是相同的。我们都使用完全一样的语言。

这意味着创世纪只有一次，生命是在这唯一的创世纪里被创造出来的（宗教人士或会认为此论据铿锵有力）。当然，生命也可能诞生在不同的星球上，并由宇宙飞船播种到地球，抑或起初有着成千上万种生命形态，但只有“Luca”能在贫瘠得一无所有的原始汤中幸存下来。然而，直到 20 世纪 60 年代破译了遗传密码，才得以知晓：万物归一。海藻是你的远亲，炭疽杆菌是你的尊长。生命是统一的，这是从经验中得出的事实。伊拉斯谟·达尔文有个论断与此异常相近：“所有有机生命均起源于同一种有生命的丝状物。”

通过翻阅基因组这本天书，可以得到一些简单的事实：生命具有的统一性，RNA 的重要性，地球上最早生命的化学特性，以及大型单细胞生物可能是细菌的祖先（而非反过来）。由于缺乏 40 亿年前有关生命的化石记录，我们只得仰仗基因组这本天书。小指细胞里的基因是第一个复制分子的嫡系后裔。通过数以百亿计的复制，才有了如今身上承载着可追溯往昔峥嵘岁月的数字化信息的我们。如果人类基因组能够告诉我们有关原始汤中发生的事情，那么对于接下来的 40 亿年中会发生些什么，我们将知晓得更多。人类基因组实质上就是用遗传密码书写的人类历史。

2号染色体

物种

人，即便拥有世间一切高贵品质，那深埋在躯体之下的卑微烙印，也永不磨灭。

——查尔斯·达尔文

有时真相近在眼前。直到 1955 年，人们还一致认为人类有 24 对染色体。大家都想当然地觉得这是铁板钉钉的事情，是因为在 1921 年，一位名叫西奥菲勒斯 · 佩因特（Theophilus Painter）的得克萨斯人将因为精神失常而受虐自宫的两个黑人和一个白人的睾丸制成了薄切片，用化学试剂进行固定，并在显微镜下进行观察。佩因特试着数了数这几个倒霉蛋的精母细胞里那些缠成一团的、不成对的染色体，最后得出了 24 这个数。他说，“我相信这数字是正确的”。之后，其他人又用别的方式重复了他的实验，所有人都认为就是 24 对。

30 年来，没有人对此“事实”提出过异议。为此，有一组科学家放弃了对人类肝细胞的研究，因为他们只能在细胞中找到 23 对染色体。另一位研究者发明了一种分离染色体的方法，但他仍然认为自己看到的是 24 对。直到 1955 年，一位名叫蒋有兴（Joe-Hin Tjio）的印尼华人从西班牙去往瑞典与艾伯特 · 莱文（Albert Levan）一起共事时，真相才浮出水面。蒋有兴和莱文使用更为先进的技术，清楚地看到了 23 对。他们甚至回过头来在一些书的照片里数出了 23 对，尽管照片下面的文字标注说的是24对，真是睁着眼睛说瞎话。[1]

人类并没有24对染色体，这着实令人惊讶。黑猩猩、大猩猩和红毛猩猩都有24对染色体。在猿类中，我们人类是个例外。在显微镜下，我们人类和其他所有猿类最明显的区别就在于我们少了一对染色体。很快就发现，其原因并非人类缺少一对猿染色体，而是两个猿染色体在我们体内融合在了一起。实际上，人类的第二大染色体——2号染色体，是由两个中等大小的猿染色体融合而成的，这可以从相应染色体上的黑色条带的图案中看出。

教皇约翰保罗二世（Pope John Paul II）在1996年10月22日给教宗科学院的致辞中指出，祖猿与现代人类之间存在着“本体论的非连续性”，即上帝将人类灵魂注入了动物的骨子里。因此，教会可以与演化论达成和解。可能是当两条猿染色体融合在一起时，产生了本体的跃迁，而灵魂的基因就处在2号染色体中间附近。

尽管教皇这么说了，但人类绝非演化的巅峰。演化无终无极，亦没有高下之分。自然选择不过是生命形式发生改变以适应物理环境和其他生命形态的过程。生活在大西洋海底硫黄喷口的黑烟囱菌，源自“Luca”时代结束后不久就与我们祖先分道扬镳的一个菌群，起码在基因水平上，可以说它比银行职员在功能上演化得更为彻底。由于它的代际更迭时间较短，因此有更多的时间来完善其基因。

本书专门探讨人类这个物种的情况，但并不是说该物种是最为重要的。人类当然很是独特。在他们的两耳之间，有着地球上最为复杂的生物机器——大脑。但是复杂并不代表万能，亦非演化的目的。地球上每个物种都是独一无二的。可以说，世界上最不缺的就是唯一性了。尽管如此，我仍要在本章中探讨这种人类的独特性，以发掘我们这个物种特质的成因。请原谅我的狭隘。起源于非洲的无毛灵长类动物，曾繁荣一时，不过它们的故事却也只是生命史上的过眼云烟。然而在无毛灵长类动物的历史中，却是至关重要的。那么，我们人类这个物种的独特卖点（selling point）到底是什么呢？

人类对于适应环境很是在行，或是整个地球上数量最多的大型动物。全世界共有约 60 亿人，其生物量总计达 3 亿吨。那些在数量上达到或超过人类水平的大型动物，要么是那些被我们驯化了的动物，如牛、鸡、羊。要么是依靠人为生境才得以生存的动物，如麻雀和老鼠。相比之下，世界上只有不到 1000 只山地大猩猩，即便在人类开始屠杀它们并毁坏其栖息地之前，其数量可能也不到目前的 10 倍。而且，人类这个物种在不同的生境，无论冷或热、干或湿、高或低、海洋或沙漠，均具有强大的生存能力。除人类之外，只有鹗、仓鸮和粉红燕鸥是在除南极洲以外各洲均能大规模繁衍生息的大型物种，不过它们的栖息地都太过受限。毫无疑问，人类为适应各种生态环境付出了高昂的代价，我们注定大难将至：作为成功物种，我们对未来持悲观态度。不过到目前为止，我们还算成功。

然而，一个异乎寻常的事实是，人类经历过一长串的失败。人类是猿类的后代，而猿类在 1500 万年前与“更强”的猴子展开竞争时落了下风，几近灭绝。人类是灵长类的后代，而灵长类哺乳动物在 4500 万年前与“更强”的啮齿动物展开竞争时落了下风，几近灭绝。人类是合弓纲四足动物的后代，而此爬行动物祖先在 2 亿年前与“更强”的恐龙展开竞争时落了下风，几近灭绝。人类是远古叶鳍鱼的后代，在 3.6 亿年前，在与“更强”的辐鳍鱼的竞争中落了下风，几近灭绝。人是脊索动物，在 5 亿年前的寒武纪与“更强”的节肢动物展开竞争时，侥幸活了下来。不得不说，我们最终适应环境存活下来，实属意外。

在“Luca”之后的这 40 亿年里，这个“词”变得越来越适于制造理查德·道金斯（Richard Dawkins）所说的“生存机器”：大型的、由血肉浇筑的生物体，擅长减小局部的熵以更好地在体内进行基因的自我复制。它们是通过一次次郑重而繁杂的试错过程，即所谓的自然选择来做到这一点的。数以万亿计的生物体被造出来，历经重重检验，只有那些适应日趋严苛生存条件的生物体，才得以繁衍下去。起初，这只是一个简单的化学效率问题：最好的生物体是那些能够找到将其他化学物质转化为 DNA 和蛋白质的途径的细胞。这一阶段持续了大约 30 亿年。其他星球上的生命在那时是什么样子我们不得而知，但在地球上，生命仿佛就是在不同种类的变形虫之间来回拉锯。在那 30 亿年间，存活过的单细胞生物不计其数，每个生物在短短几天内就得历经繁殖和死亡。循环往复，不断试错。

不过这并非生命的终结。大约 10 亿年前，更大的多细胞生物诞生了，并且大型生物突然大爆发，这宣告着一种新的世界秩序已骤然而至。从地质学角度来看，仅在眨眼之间（俗称的寒武纪大爆发可能只持续了一两千万年），便出现了结构无比复杂的庞然大物：跑得飞快且将近一英尺长的三叶虫，比这还长的粘蠕虫，半码[㊀]长的游藻。单细胞生物仍占主导地位，但是这些笨重的庞然大物也在开疆拓土。奇怪的是，这些多细胞体竟意外地向前迈进了一步。尽管偶有陨石会从太空砸向地球而造成一些

㊀ 1 码等于 0.9144 米。——编者注

零星的倒退（很不幸的是，这种灾难往往倾向于给更大、更复杂的生命形式带来灭顶之灾），但仍存在清晰可辨的演化趋势。动物存在的时间越长，其中的一些就变得越复杂。尤其是那些最聪明的动物的大脑，变得越来越大：古生代最大的大脑小于中生代最大的大脑，中生代最大的大脑小于新生代最大的大脑，而新生代最大的大脑小于当代最大的大脑。这些基因发现了一种能实现自己“野心”的方法：制造一种不仅能够生存，而且还具有智能行为的机器。现今，如果动物体内的基因发现自己受到了冬季暴风雪的威胁，便会凭借自己的身体做些聪明的事，比如向南迁移或搭建避风所。

让我们一口气从 40 亿年前来到距今 1000 万年前的时候。暂且不去讨论当时出现的第一个昆虫、鱼类、恐龙和鸟类，按大脑与身体比例来看，那时地球上拥有最大大脑的生物或许是我们的祖先类人猿。在那时，即距今 1000 万年前，非洲或许生活着不少于两种猿类。其中一种是大猩猩的祖先，另一种是黑猩猩和人类的共同祖先。大猩猩的祖先有可能在非洲中部的重重山林里安顿了下来，与其他猿类有了基因隔离。在那之后的 500 万年间，另一种猿的后代形成了两个不同的分支，最终分别演化成了人类和黑猩猩。

我们之所以知道这个故事是因为它就刻在基因里。就在不久之前的 1950 年，伟大的解剖学家约翰·扎卡里·杨（J. Z. Young）还在说尚不清楚人类是来自与猿类共有的祖先，还是起源于在 6000 万年前从猿类谱系中分离出来的另一灵长类分支。还有一些人仍然认为红毛猩猩很可能会被证明是我们最为近亲的物种。[2] 然而时至今日，我们不仅知道黑猩猩从人类谱系中分离出来的时间晚于大猩猩，还知道猿类从人类谱系中分离出来的时间不超过 1000 万年，甚至可能还不到 500 万年。基因中那些随机拼写错误的累积率可以印证物种之间的关系。无论是查看基因、蛋白质序列，还是任意一段 DNA 序列，你会发现，大猩猩与黑猩猩之间的差异均大于黑猩猩与人类之间的差异。用最平实的话来讲，这意味着人和黑猩猩 DNA 分子杂交所形成的杂合双链，相较黑猩猩和大猩猩或大猩猩和人 DNA 分子杂交所形成的杂合双链，需要更高的温度才能解开。

校正分子钟以给出准确的时间就要困难得多了。由于猿类寿命长且生育年龄较晚，因此它们的分子钟走得比较慢（拼写错误大多发生在复制期间，即精卵形成的时候）。然而针对于此，目前尚不清楚该如何校正分子钟。此外，基因之间也不尽相同。有些 DNA 片段似乎暗示着黑猩猩和人类早就分道扬镳了。而其他 DNA 片段，如线粒体 DNA 片段，得出的却是一个更近的时间点。总之，500 万到 1000 万年是一个被普遍接受的范围。[3]

除 2 号染色体融合之外，黑猩猩和人类染色体之间的可见差别微乎其微。有 13 对染色体是看不出来明显差异的。如果随机选取黑猩猩基因组中的一个“段落”，并将其与人类基因组中相应的“段落”进行比对，你将发现仅有个别“字母”不同：平均而言，每 100 个字母中只有不到 2 个不同。我们就是黑猩猩，这句话有 98% 的准确度；黑猩猩就是人，这句话的置信限是 98%。如果你仍旧不以为然，那么请思考一下这个问题：黑猩猩的 97% 是大猩猩，人类的 97% 也是大猩猩。换句话说，我们比大猩猩更像黑猩猩。

怎么会这样？人和黑猩猩太不一样了。黑猩猩的毛发更为浓密，头形、身形、四肢、发声也都与人大相径庭。说黑猩猩与人有 98% 的相似度，似乎完全不沾边。是真的吗？怎么比的呢？如果你将两个橡皮泥老鼠模型中的一个捏成黑猩猩模样，另一个捏成人形，那么所做的大多数改动都是一样的。如果你将两个橡皮泥变形虫模型中的一个捏成黑猩猩模样，一个捏成人形，那么所有的改动几乎也都是相同的。两者都需要 32 颗牙齿、5 根手指、2 只眼睛、四肢和 1 个肝脏；也都需要头发、干燥的皮肤、一根脊柱以及中耳里的三块小骨头。从变形虫或受精卵的角度来看，黑猩猩和人类相似度为 98%。黑猩猩有的骨头，人类一块不少。黑猩猩大脑里有的化学物质，人脑中也均能找到。无论是黑猩猩还是人类，都同样拥有免疫系统、消化系统、血管系统、淋巴系统和神经系统。

甚至于黑猩猩大脑中的脑叶与人大脑中的脑叶也并没什么两样。维多利亚时代的解剖学家理查德·欧文爵士（Sir Richard Owen）曾经声称人类大脑所特有的海马体小叶是灵魂的归宿，为神创论提供了证据。他拼命捍卫他那人非猿类后裔的论调，这是因为他在探险家保罗·杜·沙伊鲁（Paul du Chaillu）从刚果带回来的大猩猩新鲜大脑标本中没能找到海马体小叶。托马斯·亨利·赫胥黎（Thomas Henry Huxley）愤怒地回应说海马体小叶明明就在类人猿的大脑里。欧文说："不，并没有在。""不对，明明就在。"赫胥黎回应道。简单说来，1861 年，"海马体问题"在维多利亚时代的伦敦风靡一时，《潘趣》（*Punch*）杂志和查尔斯·金斯莱（Charles Kingsley）的小说《水孩子》（*The water babies*）里都讽刺过此事。赫胥黎的观点（如今仍有众多追随者）不仅限于解剖学：[4]"我并没有把人类的高贵归因于直立行走，也不会影射如果类人猿有海马体小叶，人类就变得庸俗了。相反，我已尽量保持谦卑。"顺带说一句，赫胥黎在"海马体问题"上的说法，是对的。

毕竟，由于这两个物种的共同祖先都生活在非洲中部，人类繁衍了还不到 30 万代。如果你与母亲相牵，母亲再与她的母亲相牵，依次类推，直到与“缺失环节”（与黑猩猩的共同祖先）相牵，排成一条线也不过是从纽约到华盛顿的距离。500 万年是一段很长的时间，但是演化不按年，而是按世代来算的。对细菌而言，历经这么多代仅需要短短的 25 年。

那缺失的一环是个什么样子呢？通过对人类先祖的化石记录顺藤摸瓜，科学家们日趋接近真相。离丢失的一环最为接近的或许是距今 400 万年前的一个小型猿人骨架，称为地猿。尽管一些科学家推测，地猿出现在缺失的一环之前，但似乎不太可能，因为这种生物的骨盆十分适合于直立行走。从这种构造退回到黑猩猩或大猩猩那样的骨盆构造，是不可能的。我们需要找到比地猿还早几百万年的化石，以确定我们所找的就是人类和黑猩猩的共同祖先。但是我们可以透过地猿猜到缺失的一环大概是个什么样子：它的大脑可能比现代黑猩猩的小；它靠两条腿支撑身体，像现代黑猩猩一样敏捷；它的饮食习惯很可能像现代黑猩猩那样，以水果和植物为主，且雄性比雌性个头大很多。从人类的角度来看，相较人而言，这一缺失的一环与黑猩猩更为相像。当然，黑猩猩或许不会认可，不过看起来，我们人类这一支比黑猩猩那支经历了更多的变化。

就像曾经生活着的各种猿类那样，缺失的一环可能也是丛林生物：典型的、具现代特征的上新世猿，在丛林中安家。在某个时候，它分成了两支。我们之所以知道这一点，是因为一个种群分成两支时通常会引发物种形成事件：两个分支在基因上逐渐有了差别。或许是一道山脉，或许是一条河流（如今的刚果河将黑猩猩与其姊妹种倭黑猩猩分隔开来），又或者是大约 500 万年前形成的西部裂谷把人类祖先阻隔在了干旱的东侧。法国古生物学家伊夫·科庞（Yves Coppens）称后一种假设为“东边的故事”。如今的理论愈发牵强：有的说也许是刚形成不久的撒哈拉沙漠把我们的祖先阻隔在了北非，而黑猩猩的祖先仍留在了南部；有的说也许在 500 万年前，当时干旱的地中海盆地突然被直布罗陀海峡的巨大洪水（流量比尼亚加拉河大 1000 倍）所淹没，这样就突然把丢失的一环中的一部分阻隔在了地中海的某些大岛上，在那里过着涉水的生活，以捕食鱼类和贝壳类动物为生。这种“水猿假说”一度甚嚣尘上，但却无确凿证据。

无论是哪种机制，我们都会猜想到，人类的祖先是被隔绝的一小支，而黑猩猩的祖先是主流分支。我们可以这样进行猜测是因为从人类基因里，我们发现人类经历了比黑猩猩更为严重的遗传瓶颈（即人口骤减期）：人类基因组中的随机变异比黑猩猩的要少得多。[5]

无论这座孤岛是否存在，让我们想象一下岛上那群被阻隔的动物吧：近亲繁殖，濒临灭绝，受到遗传奠基者效应的影响（小种群偶然间便发生很大的遗传变化），这一小群猿产生了一个很大的突变：它们的两条染色体融合了。从此以后，即便“小岛”重新归入“大陆”，它们也只能在自己的种群内进行繁殖。它们与其大陆表亲之间杂交不育。（我不禁去想：我们可以与黑猩猩进行杂交吗？不过，科学家对我们人类这个物种的生殖隔离表现出的兴趣不大。）

这个时候，其他一些惊人的变化开始出现了。骨架的形状已变，可以用两条腿直立行走了，还很适合在平坦的地面长途跋涉，而其他猿类则更适合在崎岖的山区短途行走。皮肤也发生了变化，毛发变得不那么浓密了，在高温下会大量出汗。这一点对于猿类而言，是比较少见的。这些特征，再加上用以遮阴的一簇头发，以及头皮里便于散热的血管，表明我们人类的祖先不再生活于荫蔽的雨林里。他们得以在开阔的陆地上漫步，在赤道炽热的阳光下行走。[6]

究竟是怎样的生存环境使得我们祖先的骨骼发生了巨变呢？你大可尽情去猜。不过，只有少数几种推测可被证实或证伪。迄今为止最靠谱的一个说法是我们祖先被阻隔在了一块比较干燥和开阔的草原。是环境选择了我们，而非我们主动选择的环境：在那个时候，在非洲的很多地区，稀树草原取代了森林。在大约 360 万年前的时候，从萨迪曼火山突然喷出的湿火山灰吹入了现在的坦桑尼亚，三个原始人出于某种目的从南走向北，个头最大的走在最前，中等个头紧随其后，个头最小者落在最后，大步流星才勉强跟上。过了一会儿，它们稍作停顿，向西偏了偏，然后继续前行，像你我那样，直立行走。正如我们所设想的那样，莱托利（Laetoli）的脚印化石清晰地展示了我们祖先是如何直立行走的。

但是我们知道的仍然很少。利特里猿人是一个男人、一个女人和一个孩子，还是一个男人和两个女人？它们吃些什么？喜欢住在什么样的地方？随着大裂谷阻挡了从西面而来的潮湿的风，东非自然就变得越来越干旱了，但这并不意味着猿人当时是在找寻干旱的栖息地。事实上，我们很需要水。我们易出汗，喜吃富含油脂的鱼类食物，以及一些其他因素（尤其是我们热衷于海滩和水上运动）均暗示着某种水生偏好。我们也很擅长游泳，那么，我们最初是生活在森林河畔还是湖边呢？

过了一段时间，人类突然变成了肉食性的动物。而在此之前，出现过一种（实际上是多种）全新的猿人，它们是类似利特里猿人那样的生物的后代，却不是人类的祖先，且可能是专门的素食主义者。它们被称为粗壮型南猿，不过这种类型的南猿已不复存在，此时基因方面的研究就显得无能为力了。正如倘若我们不去解读基因，就永远无从知晓我们与黑猩猩的近亲关系那样，如果我们（此处的“我们”，主要指利基家族，唐纳德·约翰松等）未发现化石，我们将永远不会意识到我们有许多南方古猿近亲。尽管名为“粗壮型”（仅指其厚重的下颚），但它们是一种不大的动物，个头比黑猩猩小且更为憨笨，但直立行走，面容粗犷，有着由发达的肌肉支撑着的硕大颌骨。他们或许喜欢咀嚼草和其他一些坚硬的植物。为便于更好地咀嚼，它们的犬齿逐渐退化掉了。最终，在大约 100 万年前它们灭绝了。我们可能永远不会对它们有更多的了解。没准是我们把它们吃掉了呢。

毕竟，那时我们的祖先更大，跟现代人个头差不多，也许还稍大一些：身材魁梧，能长到近六英尺，就像艾伦·沃克（Alan Walker）和理查德·利基（Richard Leakey）所描述的那具 160 万年前著名的纳利奥克托米男孩骨骼。[7] 他们已经开始用石器工具来代替坚硬的牙齿，完全有能力杀死和吃掉一只手无寸铁的粗壮型南猿。在动物界，表亲关系可是靠不住的：狮子杀死豹子，狼除掉土狼。这些暴徒有着厚实的头盖骨和石制武器（两者很可能是搭配在一起使用的）。在没有统一部署的情况下，竞争性冲动推动着这个物种前进，使大脑变得越来越大，以至在日后得以大获成功。一帮喜欢捣鼓数学的人曾计算过，大脑每 10 万年就增加 1.5 亿个脑细胞，这种毫不实用的统计数据倒是很合旅游指南的胃口。大脑发达、食肉、发育缓慢、成年之后仍保留孩童时期特征（皮肤光滑、下颚小、颅骨呈拱形），所有这些人类的祖先都同时具备。如果不吃肉，需要补充足够蛋白质的大脑就成了昂贵的奢侈品。如果没有新型颅骨，大脑发育空间便受限。如果发育过快，就没有时间学习如何最大程度地优化大脑。

推动这整个过程的可能是性选择。除了大脑变化之外，另一个巨大的改变也在发生。相对于雄性而言，雌性正变得更大。在现代黑猩猩、南方古猿以及最早的猿人化石中，雄性的体型是雌性的 1.5 倍，而在现代人中，这一比例要小得多。化石记录中该比例的持续降低，是我们史前最被忽视的特征之一。这意味着该物种的交配制度正在发生变化。黑猩猩的滥交和短暂性关系，以及大猩猩的一夫多妻制，都被一种类似于一夫一妻制的形式所取代：雌雄异形比例的下降就是确凿的证据。但是在一夫一妻制的体系中，两性都会更为谨慎地选择配偶。在一夫多妻制中，只有雌性是挑剔的。在这种长久的配偶关系之下，猿人生育期内的大部分时间就都和配偶绑定在了一起。此时，质量而非数量，突然变得重要起来。对于雄性来说，选择年轻伴侣突然变得至关重要，因为年轻雌性的繁殖期更长。雄雌两性都偏好青春年少的配偶，这就意味着年轻猿人的拱形大头盖骨很是吃香，大脑增大的过程也就由此开始，后面所发生的一切也就随之而来了。

在食物获取上所产生的劳动分工，使我们习惯于一夫一妻制，或者至少促进了一夫一妻制的发展。我们发明了一种跟地球上所有其他物种都不同的两性合作关系。通过分享女性所收集的植物性食物，男性赢得了肆意冒险猎食肉类的自由。通过分享男性所猎取的肉类，女性便可以获取高蛋白、易消化的食物，无须为此而放弃对孩童的照料。这意味着我们的物种得以在干旱的非洲平原上找到降低饥饿风险的生存方式。当肉类短缺时，植物性食品填补了这一空白。当坚果和水果匮乏时，肉食就填补了这一不足。因此，我们无须演化出大型猫科动物那样的高超捕猎技巧，便可获取高蛋白食物。

因两性分工而产生的习惯已经延展到了生活的其他方面。我们变得非常擅长分享东西，所带来的好处是让每个人都发展出了专攻的特长。正是这种我们物种所独有的专业分工，才得以使我们成功适应环境，因为专业的分工促进了技术的发展。今天，我们生活的社会分工更具创新性，也更为全球化。[8]

从那时起，这种趋势就是一脉相承的。强大的大脑不能没有肉（今天的素食主义者只能通过吃豆类来避免蛋白质缺乏），分享食物可以吃到肉（因为这使捕猎失败的男性也能免费享用到），分享食物得有个强大的大脑（没有精密的计算存储能力，会很容易被吃白食的人欺骗），两性的分工推动了一夫一妻制（一对配偶就是一个经济实体），一夫一妻制导致更倾向于选择青春年少的配偶（年轻的配偶有更大的优势）。如此这般，周而复始，不断调整，螺旋上升，我们便成为今天的我们。我们用薄弱的证据建立了一个不够牢靠的科学假说，但是我们有理由相信，终有一天它将被证实。化石记录所告知的过往太过有限。骨头也不那么有用，提供的信息太少。但是遗传记录吐露了很多。自然选择就是基因改变其序列的过程，然而，在此变化的过程中，根据生物谱系，这些基因记录下了 40 亿年来的世事变迁。只要我们知道如何去解读，那么它将是比珍贵的比德（Bede）手稿更有价值的历史信息来源。换句话说，过去的记录已被刻入了我们的基因之中。

正是这将近 2% 的基因组差异，述说了人类与黑猩猩在不同生活环境与社会环境中的演化故事。当一个典型的人类基因组和普通黑猩猩基因组被完整地转入到我们的电脑中，从背景噪音中提取出活跃基因，以及罗列出两者的区别时，我们将惊奇地看到：更新世时期的生存压力是怎样作用在这两个具有共同起源的物种上的。那些有关基本生化反应和身材相貌的基因是相同的，也许唯一不同的是那些有关调节生长和激素发育的基因。这些基因会以某种数字语言告诉人类胚胎，脚丫要长有平平的脚底、脚跟和大脚趾，而黑猩猩中对应的基因却告诉黑猩猩胚胎，脚掌要长得更为弯曲，脚跟要小，脚趾要长，以便抓握。

很难想象这是怎么做到的。基因究竟是如何控制生长和形态的呢？在科学上仅能找到些许模糊线索，但基因在起着决定性作用，这一点是毋庸置疑的。除基因差异之外，人与黑猩猩之间几无二致。甚至那些强调人类文化环境，否认或怀疑人与人之间、人种与人种之间基因差异重要性的人，也同意人类与其他物种之间的主要不同在于基因。假设将黑猩猩细胞核注射入去核的人的卵子中，并将该卵子植入人的子宫，如果生下来的婴儿能够存活，并在人类家庭中养大，会长成什么样子呢？根本不需要去做这种极不道德的实验就可知道答案：长得像一只黑猩猩。尽管它一开始就有人类细胞质，用的是人类胎盘，被人类养大，但它长得一点都不像人。

不妨用照相来做类比。想象一下，你给黑猩猩拍了张照片。若要冲洗，必须在规定时间内把底片放进显影液，但是不管你怎么费劲，都无法通过改变显影液的配方来洗出一张人的照片。基因好比底片，子宫好比显影液。正如底片需要浸入到显影液中进行冲洗才能出现影像那样，以数字化形式写入卵细胞基因的黑猩猩“配方”，也要有合适的环境（营养、水分、食物和照料）才能长大成人，尽管已经有了怎样成为一个黑猩猩的信息。

同样的道理，在动物行为上就不一定对了。典型的黑猩猩的“硬件”可以放入其他物种的子宫里进行组装，但是安装“软件”可能会有些麻烦。一个被人类养大的幼年黑猩猩，会像被黑猩猩养大的人猿泰山那样，产生认知障碍。例如，人猿泰山无法学会说话，由人类养大的黑猩猩也无法掌握如何讨好上级、欺压下级，如何在树上做巢，如何用白蚁钓鱼。就行为而言，基因不足以决定行为，至少在猿类中是如此。

但是基因是必需的。如果说线性数字化指令中的微小差异就可以导致人类与黑猩猩身上那2%的区别令人难以置信，那么想象一下，只需对同一条指令稍作变化便能精确地改变黑猩猩的行为，是不是更令人惊愕。我顺便提到了各种猿类（滥交的黑猩猩，一夫多妻的大猩猩，以及一夫一妻的人类）的交配体系。我之所以这样顺带一提，是为了假设每个物种都有一个比较典型的行为特征，从而进一步假设这些行为特征是部分受基因控制或影响的。A、T、C、G这四个字母所组成的基因，是如何决定动物是该拥有一个还是多个配偶的呢？我全然不知，不过毋庸置疑的是，基因使然。基因是动物形态和行为的根本所在。

3号染色体
历史

我们已经发现了生命的奥秘。

——弗朗西斯·克里克

1953年2月28日

1902年，年仅45岁的阿奇博尔德·加罗德（Archibald Garrod）已经是英国医疗体系的中流砥柱。他是著名教授阿尔弗雷德·巴林·加罗德爵士（Alfred Baring Garrod）的儿子，加罗德爵士关于痛风（一种典型的上流社会疾病）的研究论文被认为是医学研究史上的一次巨大成功。阿奇博尔德·加罗德自己也在医学领域颇有建树，并因为第一次世界大战期间在马耳他的医疗工作而被加封为爵士。而后他又获得了当时医疗领域的最高荣誉：继伟大的威廉·奥斯勒爵士（William Osier）之后，任牛津大学医学院钦定讲座教授（Regius Professor）[㊀]之职。

你可能会把他想象成典型的爱德华七世时期的那种人：着装严肃乏味、言辞木讷迟钝、头脑死板僵硬、脾气暴躁、讲究礼节、严重阻碍着科学进步，如果这样想的话你就大错特错了。正是在1902年，阿奇博尔德·加罗德大胆地提出了一个猜想，这个猜想显示他的思想其实遥遥领先

㊀ 钦定讲座教授（Regius Professor）是由英国最高统治者授予的一项至高无上的荣誉，用以表彰那些有利于经济增长和提高生产力的学者。在过去，此席位一般是在创立教授职位时产生，并以皇家赞助人的身份授予，是对英国大学里优异的学术表现和大学科研对现实世界的影响力的一种认可。——译者注

于他那个时代的人。他在不知不觉中就参与破解了有史以来最大的生物学谜团——什么是基因。事实上，他对基因的认识如此出色，以至于在他去世很长时间以后，才开始有人理解他所说的：基因是单一化学物质的配方。而且，加罗德认为他找到了其中一个。

在伦敦的圣巴塞洛缪医院和大奥蒙德街（儿童医院）工作期间，加罗德无意中发现了一些患者患有一种罕见但不太严重的疾病——黑尿病。除了类似关节炎这种不舒服的症状外，他们的尿液和耳垢暴露在空气中后，会根据所吃的具体食物而变成微红色或漆黑色。1901 年，其中一位小男孩患者的父母生下了他们的第 5 个孩子，结果也患有这种疾病。这让加罗德开始思考这种疾病是不是家族遗传的。他注意到这两个患儿的父母是表亲。所以他回去重新分析了其他的案例：4 个家庭中有 3 个都属表亲结婚，且 17 例黑尿病患者中有 8 例互为二代表亲。但是这种疾病并不是简单地从父母传给孩子。大多数患者能够生育正常的子女，但在正常子女的后代中可能会再次出现这种疾病。幸运的是，加罗德了解最新的生物学理论。他的朋友威廉·贝特森（William Bateson），对于格雷戈尔·孟德尔（Gregor Mendel）的研究成果被重新发现而感到颇为激动，正在撰写著作以推广并捍卫孟德尔遗传学理论。所以，加罗德知道他所遇到的正是孟德尔所说的隐性遗传：一种携带性状。只有同时从父母双方那里都遗传到了这种特性，才会表现出来。加罗德甚至引用了孟德尔植物学理论中的术语，称这种人是“化学突变体”。

加罗德从中获得了灵感。他认为，或许只有在父母双方同时将其遗传给子女时，才会出现这种疾病，究其原因，是因为这些人体内缺少了某种物质。加罗德不仅精通遗传学，而且对化学了解得也很透，他知道黑色的尿液和耳垢是由一种叫作尿黑酸的物质大量堆积所造成的。尿黑酸可能是人体化学反应的一个正常产物，但在大多数人体内，这种物质会被降解并排出体外。加罗德推测，尿黑酸在体内累积的原因可能是原本用来负责降解尿黑酸的催化剂没有起作用。他认为，这种催化剂一定是一种由蛋白质构成的酶，而且肯定是一种遗传物质（即我们现在所说的基因）的产物。在那些患者体内，该基因编码了一种有缺陷的酶；携带者并未受到影响，是因为从父母另一方那里遗传得来的正常基因可以进行补偿。

于是，加罗德提出了“先天性代谢缺陷”这个大胆的假说，其中一个影响深远的假设是：基因的存在是为了产生化学催化剂，每个基因对应一种高度专业化的催化剂。也许基因就是制造蛋白质催化剂的机器。加罗德写道，“某种酶的缺失或故障，导致新陈代谢过程中某一步骤出现问题，进而导致了先天性代谢缺陷”。因为酶是由蛋白质构成的，它们无疑是“个体化学差异的载体”。加罗德的书出版于 1909 年，得到了广泛的好评。但是评论者们完全未抓住要领，他们认为加罗德只是在谈论罕见疾病，而没有意识到他谈的是对所有生命都适用的基础原理。加罗德的理论在被忽视了 35 年之后才得以重见天日。那时，遗传学领域中的新观点如雨后春笋般涌现，但加洛德已经去世 10 年了。[1]

我们现在知道，基因的主要用途是存储制造蛋白质所需的配方。正是蛋白质完成了人体内几乎所有的化学、结构和调节功能：它们产生能量，抵抗感染，消化食物，形成毛发，转运氧气等。人体内的每一种蛋白质都是通过翻译基因的遗传密码而得来的。这句话反过来说就不完全正确了。因为有些基因，例如 1 号染色体的核糖体 RNA 基因，从不翻译蛋白质。但即使是这些基因，也会间接参与到其他蛋白质的制造过程。加罗德的猜想基本上是正确的：我们从父母那里遗传得来的是一套规模庞大的配方，用以制造蛋白质，以及制造蛋白质所需要的机器。除此之外，别无他物。

与加罗德同时代的人可能无法理解他的观点，但起码给了加罗德应有的荣耀。加罗德站在了巨人肩膀上，但对于这个"巨人"格雷戈尔·孟德尔而言，却没有那么幸运了。孟德尔和加罗德的背景差异巨大。孟德尔的教名为约翰·孟德尔（Johann Mendel），1822 年出生于摩拉维亚北部一个叫作海因策多夫（Heinzendorf，现改名为 Hyncice）的小村庄。他的父亲，安东，是一个小佃农，通过为雇主工作来抵租。约翰 16 岁那年正就读于特罗保（Troppau）文法学校且成绩优异，但是父亲被一颗倒下的树砸伤，全家生计难以维持。安东把农场卖给了他的女婿，用以支付儿子继续上学以及后来在奥洛穆茨（Olmütz，现改名为 Olomouc）大学的学费。但是生活仍然艰难，约翰需要一个更富有的赞助者，所以他成为奥古斯丁（Augustinian）会的一名会士，并取名格雷戈尔。他在布鲁恩（Brünn，现改名为 Brno）的神学院里艰难地完成了学业，成为一名神父。他做了一段时间的教区神父，但并不成功。后又进入维也纳大学学习，试图成为一名科学教师，然而却没能通过考试。

后来孟德尔又回到了布鲁恩，作为一个 31 岁的人，又无一技之长，就只好在修道院生活。他擅长数学和象棋，对数字敏感，性格开朗。他也是一个热情的园丁，从父亲那里学会了如何嫁接和培育果树。正是在这里，他扎根于乡间生活，获取民间知识，为他日后在遗传学领域的洞察力奠定了基础。当时，家畜和苹果育种者们对于颗粒遗传的原理已经有了模糊的认识，但是没有人进行过系统的研究。孟德尔在书中写道："没有一个试验能够做到这样的程度——根据不同世代准确无疑地确定每一代里不同性状的数量，或确定它们之间的统计关系。”听到这里，想必大家都已经不禁开始打瞌睡了。

于是，34 岁的孟德尔神父在修道院的花园里开始了一系列针对豌豆的试验。试验持续了 8 年，种植了超过 30 000 多株不同的豌豆，仅在 1860 年一年就种了 6000 株，这一系列试验最终永远地改变了世界。后来，他自知完成了非常重要的工作，便把研究成果发表在了《布鲁恩自然科学研究学会会报》，所有顶级图书馆都收藏了这份期刊。但是，他的工作一直未能得到认可。随着孟德尔升任为布鲁恩修道院院长，他也逐渐失去了对园艺的兴趣，变成了一个和蔼、忙碌但却不是很虔诚的修道士（在他的文章中提到美食的次数，可是比提及上帝的次数还多）。他的晚年是在日益激烈和孤独的、反对政府向修道院征收新税的运动中度过的。孟德尔成为最后一个纳税的修道院院长。孟德尔晚年回首往事的时候，或许会认为他这一生最大的成就是让唱诗班学校的一个 19 岁天才少年莱奥什·雅那切克（Leos Janacek），成为布鲁恩唱诗班的指挥。

在修道院的花园里，孟德尔一直在对不同品种的豌豆植株进行杂交。但这可不是业余园丁在玩票，而是一个大规模的、系统的、经过深思熟虑的科学试验。孟德尔选择了 7 对性状不同的豌豆品种进行杂交：圆粒种子对皱粒种子，绿色子叶对黄色子叶，饱满豆荚对皱缩豆荚，灰色种皮对白色种皮，绿色未成熟豆荚对黄色未成熟豆荚，腋生花对顶生花，高茎对矮茎。他前期尝试了多少次，我们不得而知。所有这些性状不仅是代代相传的，而且都是由单一基因决定的，所以他一定进行了初步研究并预判了结果，才选出了这 7 对性状。每一对杂交出来的后代都与亲本中的一方相同，而另一个亲本的性状似乎不见了。但事实并非如此。孟德尔让杂交后代自体受精，结果大约 1/4 的个体中又完全重现了消失的亲本性状。他数了又数，发现第二代豌豆共有 19 959 株，其中显性性状 14 949 株，隐性性状 5010 株，比例为 2.98 ： 1。正如罗纳德 · 费希尔爵士（Sir Ronald Fisher）在 20 世纪所指出的那样，这一比例非常接近 3，令人生疑。别忘了，孟德尔的数学很好，他在试验之前就很清楚这些豌豆遵循的是什么样的公式。[2]

孟德尔像着了魔一样，他把试验对象从豌豆换成了吊钟花、玉米等其他植物，都得到了同样的结果。他知道自己在遗传学方面有了大发现：遗传特征不会混杂在一起。遗传的核心是一些坚硬、不可分割、量子化的微粒。遗传物质不像液体或血液那样可以进行融合，相反，它更像是很多小颗粒临时混杂在了一起。回想一下，这种现象其实一直是显而易见的，否则该怎么解释在一个家庭中会既有蓝眼睛的孩子又有棕眼睛的孩子呢？达尔文也多次暗示了这个问题，尽管他的理论是建立在遗传特性的融合性上。他在 1857 年给赫胥黎（Huxley）的信中写道：“我最近隐约想到，通过真正受精而完成的繁殖过程其实只不过是两个不同个体遗传物质的混合，而非真正的融合……除此之外，我想不出其他原因能够解释为什么后代与它们的祖先竟是如此之像。”[3]

在这个问题上达尔文很是忐忑。他当时刚受到一位苏格兰工程学教授的猛烈抨击，这位教授有一个很奇怪的名字，弗莱明 · 詹金（Fleeming Jenkin）。他指出了一个简单却无懈可击的事实：自然选择和融合遗传是互相矛盾的。如果遗传物质均匀融合起来了，那么达尔文的理论就不太可能是正确的，因为每一个新的、有利的变化都可能会在融合过程中被其他因素给稀释掉。詹金用一个故事举例说明了他的观点：一个白人试图通过与黑人生育后代的方式去把岛上的人都变白，然而他的白人血统很快就被稀释到不值一提的地步了。达尔文内心知道詹金是对的，甚至连一向强势的托马斯·亨利·赫胥黎都被詹金的观点弄得哑口无言。但是达尔文也知道，他自己的理论也是正确的。他无法调和这两者，要是他读过孟德尔的文章就好了。

事后看来，很多事情都是显而易见的，但仍然需要一个天才来戳穿这层窗户纸。孟德尔的成就在于他揭示了大部分遗传性状看起来像是融合在了一起，其唯一的原因就是这些遗传性状是由多种不同的“颗粒”所构成的。19 世纪早期，约翰·道尔顿（John Dalton）已经证明了水实际上是由亿万个坚硬的、不可再分割的小微粒——原子——所构成的。这一理论击败了与之竞争的“连续性理论”。现在，孟德尔证明的其实是生物学上的“原子理论”。构成生物的原子曾有过五花八门的名字，光在 20 世纪头一年里使用过的名字就有因子、芽球、原生粒、泛生粒、生源体、遗子和遗子团，但是最终流传下来的是基因这个名字，并一直沿用至今。

从 1866 年起，在随后的 4 年时间里，孟德尔不断地把他的论文和想法寄送给慕尼黑的植物学教授卡尔·威廉·内格里（Karl Wilhelm von Nägeli)，他越来越大胆地指出自己发现的重要意义。但在这 4 年里，内格里竟全然不得要领。他给这位执着的修道士写的回信彬彬有礼，但又不失高人一等的姿态。他劝告孟德尔去研究山柳菊，不过这也未免太过荒谬了：山柳菊是单性繁殖的，也就是说它虽然需要通过授粉来进行繁殖，却无法接受授粉者的基因。所以针对山柳菊的杂交试验结果很是奇怪。后来孟德尔不再与山柳菊纠缠，转而研究蜜蜂。他针对蜜蜂做了大量的实验，但结果如何，无从得知。他发现蜜蜂那奇特的“单倍二倍体”遗传方式了吗？

与此同时，内格里发表了一篇关于遗传学的长文，其中不仅没有提到孟德尔的发现，而且还引述了能极好地契合孟德尔理论的一项自身工作，可自己却浑然不知。内格里提到，如果把一只安哥拉猫与另一个品种进行交配，安哥拉猫所特有的纹理就会在下一代消失得无影无踪，但在第三代小猫的身上又能重现出来。要想解释孟德尔所说的隐性遗传，恐怕没有比这更好的例子了。

不过，在孟德尔的有生之年，他差点就得到了认可。查尔斯·达尔文（Charles Darwin）很善于从他人的工作中汲取灵感，他甚至向一位朋友推荐过一本福克（W. O. Focke）的书，书中引用了 14 篇孟德尔的论文，然而达尔文自己却似乎并未注意到。直到 1900 年，孟德尔的理论才被重新发现，这时距离他和达尔文去世已经很久了。三位植物学家胡戈·德弗里斯（Hugo de Vries）、卡尔·科伦斯（Carl Correns）和埃里希·冯·切尔马克（Erich von Tschermak），在三个不同的地方几乎同时发现了孟德尔的学说。他们都辛辛苦苦地在不同物种上重复了孟德尔的工作之后，才得以重新翻出孟德尔的论文。

孟德尔理论太令生物学界感到意外了。在演化理论中，任何的遗传都不是突然发生的。事实上，孟德尔理论似乎是在动摇着达尔文所辛辛苦苦建立起来的这一切。达尔文认为，演化就是自然选择之下的那些细微的随机变化的累积。如果基因是一些坚硬的微粒，如果遗传性状可以在隐匿了一代之后又完好地再现，那么它们是如何逐步产生这些微妙变化的呢？在 20 世纪早期的时候，从多个角度来看孟德尔理论都是完胜达尔文理论的。当威廉·贝特森说颗粒遗传至少限制了自然选择的作用时，他道出的其实是当时很多人的想法。贝特森是一个头脑混乱、文风沉闷的人。他认为演化是跳跃的，从一种形式跳到另一种，没有中间过渡。为了推销这个古怪的理论，他在 1894 年出版了一本书，说到遗传是颗粒性的。从那时起，他便一直受到“真正”达尔文主义者的猛烈攻击。难怪他会张开双臂欢迎孟德尔，并第一个把它翻译成英文。贝特森写道：“孟德尔的发现并未与正统理论（物种产生于自然选择）相违背。”这听起来就像一个神学家声称自己是圣保罗（伦敦的保护神）的真正诠释者。他还写道：“然而，现代科学研究的目的无疑是为了去掉自然规律有时被赋予的超自然属性……坦率地讲，我们不能否认，达尔文的著作中有一些段落在某种程度上鼓励了对于自然选择理论的滥用。但是如果孟德尔的论文到了达尔文的手里，这些段落必然会被立刻修改掉，这一点我大可以放宽心。”[4]

但是，恰恰是大家都不怎么喜欢贝特森，而他却极力推崇孟德尔遗传学说，使得欧洲的演化论学者对孟德尔学说表示怀疑。在英国，孟德尔学派和“生物统计”学派之间的激烈论战持续了 20 年。这场战火一直烧到了美国，不过在美国，两派之间的争论并不那么激烈。1903 年，美国遗传学家沃尔特·萨顿（Walter Sutton）注意到，染色体的行为就像孟德尔遗传因子一样，它们成对出现，一条来自父方，一条来自母方。了解到这个发现之后，美国遗传学之父托马斯·亨特·摩根（Thomas Hunt Morgan）立马转而支持孟德尔学派。于是，不喜欢摩根的贝特森放弃了原本正确的立场，转而攻击染色体理论。科学发展史往往是由这些琐碎的争斗所决定的。最终贝特森默默无闻，而摩根却成就了一番伟业，创立了一个硕果累累的遗传学派，并以他的名字命名了遗传距离的单位——厘摩。在英国，直到 1918 年，依靠罗纳德·费希尔敏锐的数学思维，达尔文理论和孟德尔理论才得以最终和解：孟德尔理论非但没有否定达尔文理论，反而出色地证明了它的正确性。费希尔认为，“达尔文理论结构并不完整，孟德尔理论恰好弥补了其中缺失的部分”。

然而，突变的问题依然存在。达尔文理论立足于遗传的多样性，而孟德尔理论提供的是遗传的稳定性。如果基因是生物学上的原子，那么改变它们就会像炼金术那样成为异端邪说。基因突变方面的突破性进展是随着第一次人工诱导突变而来的，完成这一突破的是一位与加罗德和孟德尔完全不同的人。除了爱德华七世时代的医生和奥斯定会的会士，我们还必须提到好斗的赫尔曼·乔·马勒（Hermann Joe Muller）。马勒是众多杰出犹太科学家中的典型，20 世纪 30 年代他们作为难民穿越大西洋，只不过马勒是向东走了。他是土生土长的纽约人，父亲是一家小型金属铸造公司的老板。马勒后来被哥伦比亚大学的遗传学专业所吸引，但与他的导师摩根合不来，于是便在 1920 年搬去了得克萨斯大学。在对待才华横溢的马勒的时候，摩根的态度显露出了一丝反犹主义的痕迹，但这种态度在当时并不少见。马勒一生都在到处树敌。1932 年，他不仅婚姻触礁，还被同事窃取了他的想法（他自己是这么说的），在自杀未遂之后，他离开得克萨斯去了欧洲。

马勒的伟大之处在于，他发现了基因突变是可以人为诱导的，后因此成就而获得了诺贝尔奖。这与几年前欧内斯特·卢瑟福（Ernest Rutherford）发现原子是可嬗变的，比较类似。也就是说，在希腊语中意为“不可切割”的“原子”一词，其实是不恰当的。1926 年，马勒自问道：“在生物过程中，突变是独特的存在吗？它是否真的不可被人工改变或控制？它是否和最近在物理学领域发现的原子嬗变情形相当？”

第二年，他回答了这个问题。马勒通过用 X 射线照射果蝇的方法使果蝇的基因发生突变，这样果蝇后代会出现新的畸形。他认为，突变“并不像遥不可及的上帝一样，站在遗传物质的坚固城堡里捉弄我们”。就像原子一样，孟德尔的遗传颗粒也必定有一些内在结构。这些结构可被 X 射线改变。改变之后仍是基因，只是不再是以前的基因了。

人工诱导突变开启了现代遗传学。1940 年，两位科学家乔治·比德尔（George Beadle）和爱德华·塔特姆（Edward Tatum）利用马勒发现的 X 射线诱导基因突变的方法，制造出了一种名为脉孢菌（Neurospora）的面包霉菌的突变体。然后他们发现，突变后的面包霉菌无法产生某种化学物质，因为它们的某种酶失活了。他们提出了一条生物学法则：一个基因对应一种酶。这条法则后被证明是基本正确的，在当时的遗传学家中也很流行。这其实是把加罗德的旧假说以现代生物化学的方式重新进行了阐释。3 年后，莱纳斯·鲍林（Linus Pauling）得出了一个惊人的推断：一种主要影响黑人的严重贫血症，究其病因，是由于其血红素蛋白基因产生了错误，从而使得红细胞变成镰刀状。这个基因错误看起来就像是一个真正的孟德尔突变。事情逐渐变得明朗起来：基因是蛋白质的配方；突变其实就是基因改变所引起的蛋白质改变。

与此同时，马勒却没有继续活跃在人们的视野中。1932 年，出于对社会主义以及选择性生育（即优生学）的狂热执念，他横渡大西洋去到了欧洲。他希望看到孩子们被精心培养成马克思或列宁的模样，不过在他的书再版时，他很识时务地将其目标改为了林肯和笛卡尔。他是在希特勒上台前几个月到达柏林的。在那里他看到，由于老板奥斯卡·沃格特

（Oscar Vogt）没有驱逐手下的犹太人，纳粹分子便砸毁了实验室，这令他惊恐不已。

马勒继续向东迁到了列宁格勒（现圣彼得堡），他来到了尼古拉·瓦维洛夫（Nikolay Vavilov）的实验室，刚到不久，孟德尔理论的反对者特罗菲姆·李森科（Trofim Lysenko）就得到了斯大林的支持。李森科为了支持自己的一些不切实际的理论，开始迫害孟德尔遗传学理论的支持者。他认为，小麦适应新环境，就像俄罗斯人民适应新的政权制度一样，可以通过训练来完成，而不需要培育；不该劝诫那些持不同意见的人，他们应该直接拉出去枪毙。后来瓦维洛夫死于狱中。一直抱有幻想的马勒把自己有关优生学的新著送了一本给斯大林，但听说并不受待见。于是，马勒便找了个借口及时开溜了。后来他参加了西班牙内战，在国际纵队的血库工作，后来又去了爱丁堡。他还是像往常那样厄运连连，刚到爱丁堡，第二次世界大战就爆发了。他发现在苏格兰漆黑的冬天，戴着手套在实验室里做科学研究太难了，于是他想尽办法回到了美国。但是，没有人想要一个好斗、易怒的社会主义者，更何况他讲课不好，而且还在苏联待过。最终，印第安纳大学给了他一份工作。第二年，他因发现人工诱导突变而获得了诺贝尔奖。

但是基因本身仍然神秘且捉摸不透。基因本身定是由蛋白质构成，但它又能决定蛋白质的成分，这种关系着实让人摸不着头脑。细胞里似乎没有其他东西可以比基因更为复杂而神秘了。确实如此，不过染色体上倒是有些神秘之物：一种叫作 DNA 的不起眼的小核酸。1869 年，在德国的图宾根镇，一位名叫弗雷德里希·米歇尔（Friedrich Miescher）的瑞士医生从浸满脓液的伤兵绷带上首次分离出了 DNA。米歇尔本人猜测到了

DNA 可能是遗传的关键。在 1892 年写给叔叔的信中，他惊人地预见到 DNA 可能会传递遗传信息，“同所有语言一样，只要 24 ～ 30 个字母就能组成词汇，表达概念”。但是，那时没有人注意到 DNA，它被认为是一种相对简单的物质：只有四种不同的“字母”，又怎么可能传达遗传信息呢？[5]

受马勒的感召，一个名叫詹姆斯 · 沃森的 19 岁少年来到了印第安纳州的布卢明顿市，他成熟自信，已经获得学士学位。他看起来不像是能解决基因问题的人，但他确实解决了这个问题。在印第安纳大学，他师从了意大利人萨尔瓦多 · 卢里亚（Salvador Luria）（由此可见，沃森与马勒并不合得来）。沃森产生了一种执念：基因是由 DNA 组成的，而不是蛋白质。为了寻找证据，他去了丹麦，由于对那里的同事不满，又在 1951 年 10 月去了剑桥。偶然的机会，他认识了卡文迪什实验室同样聪明的弗朗西斯 · 克里克，两人都对 DNA 的重要性坚信不疑。

之后的事情就都众所周知了。克里克不够成熟，已经 35 岁了，还没有拿到博士学位。一枚德国炸弹摧毁了伦敦大学学院的设备，本来利用这些设备他应该可以测量出热水在压力下的黏度。对他而言，这反倒是一种解脱。之后他从停滞不前的物理学生涯转向生物学，但还没有取得显著成功。那时他已经从剑桥实验室枯燥乏味的工作（在那里他被安排测量细胞在外力之下吞噬了一些颗粒之后的黏性）中逃离出来，正忙着在卡文迪什实验室学习晶体学。但他没有耐性潜心研究自己的课题，也不屑于坚持研究小课题。他的爽朗、自信和才智，以及他总是喜欢自作聪明地为人答疑解惑，使得他在卡文迪什实验室开始讨人嫌了。那时人们大多痴迷于蛋白质研究，而克里克却不敢苟同。基因的结构是一个重大问题，他怀疑

DNA 是答案的一部分。在沃森的蛊惑之下，他放弃了自己的课题，沉迷于研究 DNA。由此，科学史上一个伟大的、友好竞争的、高产的组合就诞生了：一位是年纪轻轻、雄心勃勃、懂得一些生物学知识的美国人，另一位是年岁较长、才华横溢但不够专注、懂得一些物理学知识的英国人。他们必然能够擦出火花。

在短短几个月内，他们利用其他人辛苦收集但未分析透彻的数据，做出了可能是有史以来最伟大的一项科学发现——发现了 DNA 的结构。比起阿基米德从浴缸里跳出来那次，这回更值得大书特书。1953 年 2 月 28 日，弗朗西斯 · 克里克在老鹰酒吧（Eagle Pub）里宣布“我们发现了生命的奥秘”。但是沃森仍保持万分谨慎，生怕自己搞错了。

不过，没有找到任何毛病。突然间，一切就都清楚了：DNA 包含了一种密码，它们写在两条优雅的、相互缠绕的双螺旋阶梯上，长度可以无限延伸。这种密码借助于字符之间的化学亲和力进行自我复制，并通过一种在当时还未破解的密码手册来给出蛋白质的配方。要知道，DNA 和蛋白质之间的关系可正是通过这本密码手册对应着联系起来的。发现 DNA 结构的非凡意义在于，它让一切看起来如此简单，却又如此美妙。正如理查德 · 道金斯所说[6]：“在沃森 - 克里克之后，分子生物学真正的革命性意义在于它已经被数字化了……基因的‘机器代码’与计算机代码惊人地相似。”

沃森 - 克里克的 DNA 结构发表的一个月之后，英国新女王加冕，在同一天，一支英国探险队征服了珠穆朗玛峰。除了《新闻纪事报》上的一小则报道外，双螺旋结构没能登上其他报纸。但在今天，大多数科学家都认为，它是近百年乃至近千年来，最为重大的发现。

DNA 结构发现之后，接踵而来的是多年的诸般困惑。基因密码本身，即基因表达自身的语言，顽强地保持着它的神秘性。对沃森和克里克来说，发现密码也不难，其实把推测、物理学和灵感结合起来就可以了。然而破译密码却需要真正的智慧。很明显，密码是由 A、C、G、T 这四个字母所组成的。而且几乎可以肯定的是，它被翻译成了组成蛋白质的 20 种氨基酸。但是怎么翻译？在哪里翻译？又是通过什么方式翻译的呢？

多数的好点子都源自克里克，包括他所提及的衔接分子，即我们现在所说的转运 RNA。在没有任何证据的时候，克里克就认定这种分子一定是存在的。后来果然出现了。不过，克里克还有一个非常好的点子，堪称历史上最伟大的错误理论。要知道，克里克的“无逗号密码”理论远比自然母亲所用的方法更为考究。它是这样工作的：假设密码的每个词中有三个字母（如果只有 2 个，则总共只有 16 种组合，未免太少了），假设密码里没有逗号，并且词之间没有空隙，现在，再来假设这个密码不包括那些若在错误位置开始读就可能会读错的词。打一个布赖恩·海耶斯（Brian Hayes）曾用过的比方：现在，先想出所有可以用 A、S、E 和 T 这四个字母来组成的三字母英文单词：ass，ate，eat，sat，sea，see，set，tat，tea 和 tee。然后去除那些如果从错误位置起始就可能被误读为另一个词的单词。比如，ateateat 组合可能被误读为“a tea tea t”或“at eat eat”或“ate ate at”。在基因密码里这种三联体密码，只能保留其中一种。

克里克对 A、C、G 和 T 做了同样的处理，他首先排除了 AAA、CCC、GGG 和 TTT。然后他把剩下的 60 个词按每 3 个分为一组，每组包含 3 个相同的字母，字母的顺序是循环的。例如，ACT、CTA 和 TAC

在同一组，因为在这一组中 C 总是在 A 后面，T 总是在 C 后面，A 总是在 T 后面；但是 ATC，TCA 和 CAT 就是另一组了。每组只有一个词会被保留下来，最后正好还剩下 20 个。而蛋白质编码表也刚好有 20 个由氨基酸组成的字母。一个 4 种字母的密码给出了一个 20 种字母的字母表。

克里克告诫人们不要把他的想法太当回事，但却徒劳。“在破译密码这事上，我们用来推测这套密码的论据和假设还不够充分，理论上讲，我们不应对它抱有太大的信心。我们提出这个推论，是因为它能从合理的物理学假设出发，以一种简洁的方式给出了‘20’这个神奇的数字。”但是，双螺旋结构一开始也并没有获得什么证据方面的支持。兴奋之情日渐高涨。在此之后的 5 年里，所有人都认为这个推论是正确的。

但是空谈理论时代已然过去。1961 年，当所有人都还在琢磨克里克推论的时候，马歇尔 · 尼伦伯格（Marshall Nirenberg）和约翰 · 马特伊（Johann Matthaei）通过一种简单的方法破译了这个密码表中的一个“词”：只用 U（尿嘧啶，相当于 DNA 中的 T）制造出一段 RNA 链，并将其扔进氨基酸溶液中。在这个溶液中，核糖体将大量的苯丙氨酸拼接在一起，制造出了一个蛋白质。密码表中的第一个词就这样被破译了：UUU 代表苯丙氨酸。“无逗号密码”理论终究还是错了。过去我们认为它的伟大之处在于，它不会出现所谓的移码突变，即一个字母的丢失使得后面的一切都失去了意义。然而，大自然却选用了另一种方法，虽然不那么考究，但却更能兼容其他错误。它出现了很多重复：多个三字母词表达的均是同一个意思。[7]

到了 1965 年，随着全部遗传密码的破译，开启了现代遗传学的时代。那些在 20 世纪 60 年代的前沿性突破，已然成为 90 年代的常规，见怪不怪。因此，在 1995 年重新回顾阿奇博尔德 · 加罗德研究的那些早已过世的黑尿病患者时，科学可以明确地告诉我们是在哪个基因上发生了什么拼写错误才导致他们患病的。这个故事是 20 世纪遗传学的一个缩影。别忘了，黑尿病是一种非常罕见但不太危险的疾病，通过调整饮食就可以轻易地治好。因此，多年来科学家都没有再去研究它。1995 年，鉴于其在遗传学历史上的重要地位，两名西班牙人展开了对它的研究。他们制造出了一种曲霉菌（一种真菌）的突变体，这种突变体在苯丙氨酸存在的情况下会大量累积紫色色素，即尿黑酸。与加罗德的推测一致，这种突变体中有一种功能缺陷的蛋白质，即尿黑酸双加氧酶。通过用特殊的酶去分解真菌基因组，这两名西班牙人找出了不同于正常霉菌基因组的片段，并读取了其中的密码，并最终找到了出问题的基因。之后他们在人类基因库中进行搜索，期望找到与真菌基因组中的这个基因足够相似的人类基因。他们找到了。在 3 号染色体的长臂上，有一段 DNA 字母序列，与那个真菌基因有 52% 的相似性。从黑尿病患者体内找到这个基因，并把它和正常人体内的同一基因进行比对，结果他们找出了致病的关键：两者的基因在第 690 个字母或第 901 个字母上与正常基因有所不同。每个患者都是因为这两个字母中的一个出了错，从而导致蛋白质无法发挥正常功能。[8]

这个基因只是众多普通基因的一个缩影，它们在身体的既定部位日复一日地做着相同的工作，一旦出了问题，就会引发一种疾病。它不会给人带来惊奇，也没有独特之处。它与智力或同性恋没有关系，它不能告诉我们生命的起源，它不是自私的基因，它不能违背孟德尔定律，它不会致死或致残。实际上，地球上的每一种生物都有完全相同的基因——即使是面包霉菌也有，并且做着与人类完全相同的事情。然而，编码尿黑酸双加氧酶的基因无愧于它在历史上所占的一席之地，因为它的故事是整个遗传学发展的缩影。这个不起眼的小基因展示出了一种足以让格雷戈尔·孟德尔眩晕的美。因为是它让抽象的孟德尔理论有了具体、实在的表达：一个关于微小的、缠绕在一起的、相互配对的双螺旋故事，关乎那些由四字母组成的遗传密码，也昭示了所有生命在化学上的统一性。

4号染色体
命运

先生，您说的这些只不过是科学上的加尔文主义。

——一名苏格兰士兵在听完讲座后对威廉·贝特森说[1]

打开任何一份人类基因组的目录，你所面对的不是人类到底有多少潜能，而是一个疾病清单。这些疾病大多是以一两个不知名的中欧医生的名字所命名的。好比尼曼匹克症（Niemann-Pick disease），沃夫－贺许宏氏症候群（Wolf-Hirschhorn syndrome）。给人的印象是，基因就是导致疾病的。有关基因的网站常以这种方式来发布前沿科学报道："发现了有关精神类疾病的新基因"，"发现了导致早发性肌无力的基因"，"肾癌基因被成功分离"，"自闭症与血清素转运蛋白基因有关"，"发现了一个新的阿尔茨海默病基因"，"发现了强迫行为背后的遗传机理"。

然而，用基因引起的疾病来定义基因，就像用身体器官引起的疾病来定义器官一样，很是荒唐。好像是在说：肝脏的功能是导致肝硬化，心脏的功能是得心脏病，大脑的功能是导致中风。基因名录之所以如此，不是因为我们对基因很了解，相反，这反映出了我们对于基因的无知。事实上，我们对某些基因的了解仅限于它们功能失常时会导致某种特定的疾病。而对于一个基因来说，事实上这只是冰山一角，且极具误导性。这只会使得人们想当然地认为："某人拥有沃夫－贺许宏氏症候群基因。"大错特错！颇为讽刺的是，除了那些患有沃夫－贺许宏氏症候群的人，我们每个人都有沃夫－贺许宏基因。他们之所以得这种病，正是因为他们没有这个基因。对我们其他人来说，基因呈现的是一种积极，而非消极的作用。患病是因为基因发生了突变，而不是因为有了这个基因。

沃夫－贺许宏氏症候群特别罕见，且造成的后果也尤为严重。也就是说，其基因的作用非常关键，以至于患者常常早逝。然而，位于 4 号染色体上的这个基因，实际上是所有“致病”基因中最为著名的，因为该基因还会导致另外一种非常不同的疾病：亨廷顿舞蹈症。基因突变会导致亨廷顿舞蹈症，而该基因完全缺失则会导致沃夫－贺许宏氏症候群。我们对基因在日常生活中的作用知之甚少，但我们现在对基因如何、为何出错，错误从何而来以及对身体有何影响有了极为深入的了解。这个基因包含一个一再重复的“词”：CAG，CAG，CAG，CAG……这种重复有时是 6 次，有时是 30 次，有时超过 100 次。人的命运、神智和生命，都被这种重复所束缚。如果这个“词”重复不超过 35 次，你就会没事，而我们大多数人都有大约 10 到 15 次的重复。如果“词”重复了 39 次及以上，你就会在步入中年之时慢慢开始失去平衡，生活变得越来越不能自理，最后过早地死去。这种衰退开始于智力的轻微衰退，然后是四肢抽搐，最后令人陷入深度抑郁，偶尔出现幻觉和妄想。毫无疑问，这种疾病是无法治愈的，但这个过程需要耗费 15 到 25 年的时间，没有比这更为悲惨的了。事实上，一旦家族里有人出现了这种疾病的早期症状，那种恐惧感对于很多尚未得病的人来说，也是很糟糕的。毕竟，等待疾病袭来的时候，那种紧张和压力，是毁灭性的。

致病的根源在于基因，和其他无关。要么你带有亨廷顿舞蹈症的突变，会得病；要么你没有携带亨廷顿舞蹈症的突变，不会得病。这是加尔文做梦也没有想到的决定论、宿命论和命运论。乍一看，这似乎是基因起主导作用的终极证明，我们对此无能为力。不管你是吸烟还是服用维生素片，不管你是健身还是天天窝在沙发上看电视，亨廷顿舞蹈症发病的年龄完全取决于 CAG 这个“词”在一个基因的某个位置上重复出现的次数，一点通融的余地都没有。如果一个人带有 39 次重复，到 75 岁时便有 90% 的概率患上痴呆症，且大概会在 66 岁时首次发病；如果带有 40 次重复，那么平均来说会在 59 岁时发病；如果带有 41 次重复，54 岁时发病；如果带有 42 次重复，37 岁时发病；以此类推，那些带有 50 次重复的人，会在大约 27 岁时发病。这样打个比方：如果你的染色体长得能够绕赤道一周，两三厘米的差别就足以决定你到底是健康还是精神错乱。[2]

没有哪个占星术能达到这样的精度。无论是弗洛伊德的、马克思主义的、基督教的还是泛灵论的人类因果关系理论，都从未达到如此精确的境地。无论《旧约圣经》中的先知、古希腊凝视内心的圣人，还是博格诺里吉斯（Bognor Regis）码头上拿着水晶球占卜的吉卜赛人，都从未假装自己有能力可以告诉人们生活将会在什么时候被毁掉，更不用说去做正确的预测了。我们面对的是一个可怕的、残酷的和不可改变的预言。你的基因组中有 10 亿个由 3 个字母组成的“词”。然而，这个“词”的重复次数，就能决定我们正常与否。

1967 年，亨廷顿舞蹈症夺去了民谣歌手伍迪·格思里（Woody Guthrie）的生命，一时甚嚣尘上。1872 年，该病被一位名叫乔治·亨廷顿（George Huntington）的医生在长岛东端首次诊断出来。他注意到这个病似乎存在着家族遗传。后续的研究显示，长岛病例起源于新英格兰的一个大家族。在这个大家族的 12 代人中，出现了超过 1000 个患者。他们都是 1630 年从萨福克郡移民来的两兄弟的后代。1693 年，可能是因为这种疾病太过恐怖，他们的几个后代在塞勒姆被当作女巫给烧死了。但由于这种突变导致的病症只有步入中年时才得以显现出来，而那时大家都已成家生子，所以致病的基因突变没有被自然选择给淘汰掉。事实上，在一些研究中，那些携带突变的人似乎比他们未患病的兄弟姐妹生下了更多的后代。[3]

亨廷顿舞蹈症是人类发现的第一个完全显性的人类遗传疾病。这意味着它不像黑尿病那样必须得有两个分别来自父母的突变基因才能患病，只要一个突变就足矣。如果遗传自父亲，则病症似乎会更糟，而且随着父亲年龄的增长，重复次数的增多，突变的增长往往会变得更加严重。

20 世纪 70 年代末，一位意志坚定的女性决心要找出亨廷顿舞蹈症的致病基因。在伍迪 · 格思里死于这种疾病后，他的遗孀成立了一个抗亨廷顿舞蹈症委员会。一位名叫米尔顿 · 韦克斯勒（Milton Wexler）的医生也加入了她的行列，他的妻子和妻子的 3 个兄弟都患有这种疾病。韦克斯勒的女儿南希（Nancy）知道自己有 50% 的概率带有这种致病突变，便义无反顾地踏上了对这种基因的寻找之旅。有人劝她不要自找麻烦，说此事犹如大海捞针，是不可能找到这种基因的，劝她等上几年，等科技进步到有可能实现的那一天再说。“但是，”她写道，“如果你也有亨廷顿舞蹈症，就不会再等了。”在看到委内瑞拉医生阿梅里科 · 内格雷特（Americo Negrette）的报告后，她于 1979 年飞往委内瑞拉，访问了马拉开波湖畔的三个分别名为圣路易斯（San Luis）、巴兰基塔斯（Barranquitas）和拉古内塔（Laguneta）的村庄。实际上，马拉开波湖是一个巨大的、几乎被陆地包围的海湾，位于委内瑞拉的最西端，在梅里达山脉（Cordillera de Merida）的后面。

该地区有一个亨廷顿舞蹈症发病率很高的大家族。据家族记载，该病来源于 18 世纪的一名水手。韦克斯勒成功地将疾病家族史追溯到了 19 世纪初一位名叫玛丽亚·康塞普西翁（Maria Concepcion）的女性身上。这位女性曾住在普韦布洛斯德阿瓜（Pueblos de Agua），那是一个由建在水面上的房子所组成的村落。作为一个子嗣颇多的妇人，她的家族已传承了 8 代，共有 1.1 万人，在 1981 年的时候，仍有 9000 人还活着。在韦克斯勒初次访问之时，就有不少于 371 人患有亨廷顿舞蹈症，另有 3600 人至少有 1/4 的患病可能，因为他们的祖父母中至少有一人已表现出了症状。

韦克斯勒有着非凡的勇气，要知道她本人就可能携带有致病突变。“看着这些生气勃勃的孩子们，真让人崩溃，”她写道[4]，“尽管贫穷，尽管不识字，尽管男孩子们在湍急的湖中乘着小船捕鱼既危险又劳累，尽管那么小的女孩就要操持家务并照顾生病的父母，尽管残酷的疾病夺走了他们的父母、祖父母、姨妈、叔伯和表亲，他们仍满怀希望、忘我地生活，直到疾病来袭。”

韦克斯勒开始做着大海捞针般的繁重工作。首先，她采集了 500 多人的血样，过程可没那么好受——又热又吵。接着，她把血样送到吉姆·古塞拉（Jim Gusella）在波士顿的实验室。通过随机选择一些 DNA 片段，并与遗传标志物进行比对，他希望以此找到致病基因。对于患者和正常人而言，所选的这些随机片段或会有所区别，或没有区别。最终，幸运之神招手了。到 1983 年年中，他在离致病基因很近的地方，分离出了一个标记，并将其定位在了 4 号染色体短臂的顶端。古塞拉知道这个基因就在基因组 3/1 000 000 的序列里。大功告成了吗？还没那么快。这个基因所在的区域长达 100 万个字母。范围是缩小了些，但仍有很大的工作量。8 年过去了，该基因依然迷雾重重。“这项任务极其艰巨，”韦克斯勒写道，听起来就像是个维多利亚时代的探险家所说的，[4]“在 4 号染色体顶端这片荒凉的地带探索，环境极其凶险。过去的 8 年，俨然就是在攀登珠穆朗玛峰。”

坚持不懈的努力终于得到了回报。1993 年，终于发现了这个基因。人们对它进行解读并找到了致病的突变。随后该基因所编码的蛋白被分离了出来，并命名为亨廷顿蛋白。基因中间重复的 CAG 这个“词”会使得蛋白质的中部含有一长串谷氨酰胺（在基因语言里，CAG 特指谷氨酰胺）。而且，对亨廷顿舞蹈症来说，谷氨酰胺越多，发病年龄就越小。[5]

对此疾病进行这般解释，似乎很没有说服力。如果亨廷顿基因有问题，为何它在病人生命的前 30 年里没有异常呢？显然，突变型的亨廷顿蛋白逐渐聚集成块。就像阿尔茨海默病和疯牛病那样，正是这种黏糊糊的蛋白质在细胞内的聚集导致了细胞的死亡，也许是因为它诱发了细胞自杀。在亨廷顿舞蹈症中，这种情况主要发生在大脑专用的运动控制室中。其结果是，会出现运动失调或失控。[6]

最令人意想不到的是，CAG 这个词的一再重复并不只限于亨廷顿舞蹈症。另外还有 5 种神经系统疾病，也是由所谓的“CAG 发生了错误的重复”所引起的，不过是发生在完全不同的其他基因里，比如小脑共济失调。甚至有一份奇怪的研究报告称，将一个长的 CAG 重复序列插入到小鼠体内一个随机的基因之后，会导致类似亨廷顿舞蹈症的迟发性神经疾病。因此，无论 CAG 重复出现在哪个基因中，都可能导致神经系统疾病。此外，还有其他一些神经退化的疾病也是由一些词的一再重复所引起的，这些重复往往以 C 开头，以 G 结尾。已发现有 6 种病是由 CAG 所导致的。此外，在 X 染色体起始处的 CCG 或 CGG 一旦重复超过 200 次，就会导致“脆性 X 综合征”。这是一种很常见的痴呆症，不同病人之间症状差别很大。在正常人体内，这种重复一般少于 60 次，而在病人体内，常常超过 1000 次。如果 CTG 在 19 号染色体上的一个基因中重复 50 到 1000 次，就会导致强直性肌营养不良。有十几种人类疾病都是由三字母词重复过多所引起的，它们被统称为多聚谷氨酰胺病。在所有病例中，过长的蛋白质都倾向于积累成无法正常降解的蛋白质块，进而导致它所在的细胞凋亡。这些疾病有不同症状，只是因为在身体的不同部位上，基因的表达不太一样。[7]

除了表示谷氨酰胺之外，这个以 C 开头、以 G 结尾的“词”，还有什么特别之处呢？一种被称为“预期效应”的现象给了人们一些启发。人们早就知道，那些患有严重亨廷顿舞蹈症或脆性 X 综合征的人，其子女发病时间一般早于父母，且病情也更为严重。预期效应意味着，父母体内的重复越多，复制到下一代时，所增加的长度就越长。我们知道，这些重复片段形成了一种叫作发夹的 DNA 小环。DNA 会自身回折，形成一个像发夹一样的结构，把以 C 开头、以 G 结尾的单词中的字母 C 和字母 G 在“发夹”中连接了起来。当 DNA 复制时，“发夹”被打开，复制过程偶尔会出个小错，就把更多的词插入到了 DNA 里。[8]

打个简单的比方，也许会有助于理解。如果把 CAG 这个词重复 6 次——CAG，CAG，CAG，CAG，CAG，CAG，你会很容易数得一清二楚。但如果重复 36 次 ——CAG，CAG，CAG，CAG，CAG，CAG，CAG，CAG，CAG，CAG，CAG，CAG，CAG，CAG，CAG，CAG，CAG，CAG，CAG，CAG，CAG，CAG，CAG，CAG，CAG，CAG，CAG，CAG，CAG，CAG，CAG，CAG，CAG，CAG，CAG，CAG，恐怕就会数错了。DNA 也是如此。重复次数越多，复制机器在复制 DNA 的时候就越有可能插入一个额外的重复。手指稍微一滑，就忘了自己数到哪儿了。另一种（或可能是附加的）解释是，被称为错配修复的系统主要用于查出较小的差误，但像词重复这么大的差误太过严重，反而无能为力。[9]

这也许可以解释为什么这些疾病会在一定年龄之后才发病。伦敦盖伊医院的劳拉 · 曼吉亚里尼（Laura Mangiarini）制造出了一只转基因小鼠，携带有亨廷顿基因片段，其中包含 100 多个重复序列。随着小鼠的长大，除了后脑里负责运动机能的小脑外，其他所有器官中该基因的重复次数都增加了，最多的增加了 10 次。一旦小鼠学会走路，小脑里的细胞就不再需要改变了，所以它们不再进行分裂。当细胞和基因分裂时，就会产生复制错误。在人体内，小脑里的重复次数会减少，尽管在其他组织中重复次数会增加。在那些制造精子的细胞里，CAG 的重复次数逐渐增加，这就解释了为什么亨廷顿舞蹈症的发病与父亲的年龄有关：年龄越大的父亲，其儿子发病年龄越早，病情越严重。顺便提一句，现在已经知道，在整个基因组中，男性的突变率大约是女性的 5 倍。这是因为男性终其一生都在不断提供新鲜的精子细胞，而基因的不断复制对此是必需的。[10]

对于某些家族而言，亨廷顿基因的突变发生率似乎会更高一些。原因不仅是因为他们的 CAG 的重复次数恰好低于临界值（比如说，在 29 到 35 之间），更为重要的是，他们的这一数值越过临界值，与其他具有相似重复次数的人相比，要容易得多。原因很简单，与基因序列的碱基组成有关。对比下面这两个人：一个人有 35 次 CAG 重复，后面跟着一堆 CCA 和 CCG。如果复制 DNA 的机器滑了一下，多加了一个额外的 CAG，则重复次数就加了一次。另一个人有 35 次 CAG 重复，接着是一个 CAA，然后是两个 CAG。如果复制 DNA 的机器滑了一下，把 CAA 误读成了 CAG，其结果就是多重复了三次，而非一次。因为后面已经有两个 CAG 在那里等着了。[11]

前面用很大篇幅介绍了有关亨廷顿蛋白基因中 CAG 这个词的细节，好像有些跑题。不过，仔细想想，这些知识在 5 年前几乎都不为人所知。那时，亨廷顿基因还未被发现，CAG 重复序列尚未被鉴定出来，亨廷顿蛋白还是个未知物。没人猜到它与其他神经退行性疾病会有所关联，对于突变率和突变原因更是完全不了解，也没人能解释父亲的年龄为何会对孩子的症状有影响。从 1872 年到 1993 年，人们对亨廷顿氏病几乎一无所知，只知道它是遗传性的。从那时起，有关亨廷顿舞蹈症的信息爆炸式地出现了。相关信息太多，以至于需要在图书馆里泡上好几天才能一窥究竟。自 1993 年以来，有将近 100 位科学家发表了有关亨廷顿基因的研究论文，并且都是关于一个基因的（是人类基因组中 6 万到 8 万个基因中的一个）。如果你仍然需要令人信服的证据，以证明詹姆斯 · 沃森和弗朗西斯 · 克里克在 1953 年打开的潘多拉魔盒具有多么巨大的意义，那亨廷顿的故事怎么也该说服你了吧。基因组学给我们带来的知识信息太过丰富，如果说生物学的其他分支开辟的是一条小溪，那么基因组学所给予的，就是整条江河。

然而没有一例亨廷顿舞蹈症得以被治愈。我所讲的这些值得大书特书的知识甚至都没有对这种病的治疗提供任何建议。如果说这些知识产生了什么影响的话，那就是 CAG 这个无情的简单重复令那些寻求治疗的人感到愈发地无望。大脑中有 1000 亿个细胞，要怎样做才能把每个亨廷顿基因的 CAG 重复序列都缩短一点呢？

南希·韦克斯勒讲述了这么一个故事：在马拉开波湖畔住着一位妇女。有一天她来到韦克斯勒的小屋做检查，以查看自己是否罹患此病。她看起来身体很好，但韦克斯勒知道，早在病人自己发现症状之前很久，通过某些检查就可以发现亨廷顿舞蹈症的细微征兆。果然，这个女人表现出了这样的前兆。但与大多数人不同的是，当医生做完检查后，她反复地问医生结果如何。她得这种病了吗？医生反问她："你觉得怎么样？"她觉得自己没事。医生没有告诉她真正的检查结果，只是提到在给出诊断之前需要更好地了解患者。这个女人一离开房间，她的朋友就冲了进来，近乎歇斯底里地问医生：你们跟她说了什么？医生们复述了他们所说的话。"感谢上帝。"这位朋友说。她解释道：这位女士曾对朋友说，她会询问诊断结果。如果患了亨廷顿舞蹈症，就会立马去自杀。

这个故事着实令人感到不安。首先，这不过是个虚假的圆满结局而已。那个女人确实带有突变，无论是主动处置还是等待召唤，她已被判了死刑。即便专家们善言相待，她仍无法逃脱厄运。当然，她有权选择如何面对她患病这个事实。可是，如果她想据此采取行动、选择自杀，医生就有权隐瞒真相吗？然而，医生没有告知真相，也算是做了"正确的事"。对于一个病人，最痛苦的不是得到一份致命疾病的检测结果，而是明知道自己有病，却无药可医。医生与其例行公事般直截了当地告知病人检查结果，倒不如说一个善意的谎言，让人觉得自己没事。假设这个女人还能有

5 年毫不知情的幸福日子，又何必告诉她，令她惶惶不可终日呢。

一个人如果目睹自己的母亲死于亨廷顿舞蹈症，她就会知道自己有 50% 的机会得这种疾病。但这是不对的，不是吗？对于个体而言，得病的机会不是 50%。她要么是 100% 患病，要么就是处于零风险，这两者的概率是相等的。因此，基因检测所能做的就是揭示风险，并告诉她，表面上的 50% 对她而言，实际上是 100%，还是零。

南希·韦克斯勒担心科学正扮演着提瑞西阿斯（Tiresias）的角色。提瑞西阿斯是一位底比斯（Thebes）的盲人先知，他因为无意中看到了雅典娜在洗澡，而被刺瞎双眼。后来雅典娜后悔了，却无法恢复他的视力，便给了他预知未来的能力。然而，看到未来却是一种悲惨命运的开始，因为他可以看到未来，却无法改变未来。提瑞西阿斯对俄狄浦斯（Oedipus）说："具有智慧，却无法从中获益，这不过只是一种悲哀罢了。"或者用南希·韦克斯勒的话来说，"如果无法改变命运，你还想知道自己什么时候会死吗？"自 1986 年以来，许多有可能患上亨廷顿舞蹈症的人本可以通过检测来确定自己是否携带有致病突变，但他们却选择了置之不理。只有大约 20% 的人选择去做检测。奇怪的是，不做检查的男性比例是女性的 3 倍。但这也不难理解，因为男人更关心他们自己，而非他们的后代。[12]

即使那些有患病风险的人选择去做检测，其中所涉及的伦理也是错综复杂的。如果家庭里的一名成员接受了检测，实际上便是给整个家庭里的人做检测。要知道，很多父母都是为了孩子才勉强去做检测的。而且，即便是在教科书和医学知识宣传册上，对亨廷顿舞蹈症的误解也比比皆是。有的会告诉携带有致病突变的父母：你的孩子中或有一半会患病。但这是不对的，应该说每个孩子有 50% 的概率会得病，这是两个完全不同的概念。同时，检测结果的告知方式，也要极为注意。心理学家发现，相比告知有 1/4 的概率会生下患病的孩子，当人们被告知他们有 3/4 的机会生下一个不患病的孩子时，感觉会更好。尽管两种表述是同一回事。

亨廷顿舞蹈症是遗传学里的一个极端例子。它是纯粹的宿命论，完全不受环境因素的影响。好的生活方式、优良的药物、健康的饮食、相亲相爱的家庭或大笔的财富，都于事无补。命运只取决于你的基因。就像纯粹的奥古斯丁会会士所宣称的那样，你上天堂是靠上帝的恩典，而不是靠你的善行。它提醒我们，基因组这部浩瀚巨著，或会告诉我们有关自身的悲观一面，让我们学到一些关于命运的知识。并非那种我们可以改变的命运，而是像提瑞西阿斯那样的宿命。

然而，南希 · 韦克斯勒之所以痴迷于寻找这种基因，是因为她希望在找到该基因后对其进行修复，从而让疾病得以治愈。毫无疑问，相较 10 年前，她离这个目标又近了一步。“我是一个乐观主义者，”她写道，“尽管目前只能预测而无法预防，两者之间存在巨大的落差，前路漫漫……但我相信这一切都是值得的。”

南希 · 韦克斯勒自己呢？20 世纪 80 年代末，她和姐姐艾丽斯与父亲米尔顿多次坐在一起，商量是否应该去做检测。几次争辩都剑拔弩张，没有定论。米尔顿反对去做这项检测，因为检测结果并不是 100% 的准确，仍有误诊的可能。南希原本已经下定决心要去做检测的，但在这种可能患病的现实面前，她的决心一点点消失殆尽了。艾丽斯将这些讨论记录在了一本日记里，后来汇编成了一本名为《命运的筹划》的书，以示反省。最终，两姐妹都没有去做检测。如今，南希的年龄和她母亲被确诊时相当。[13]

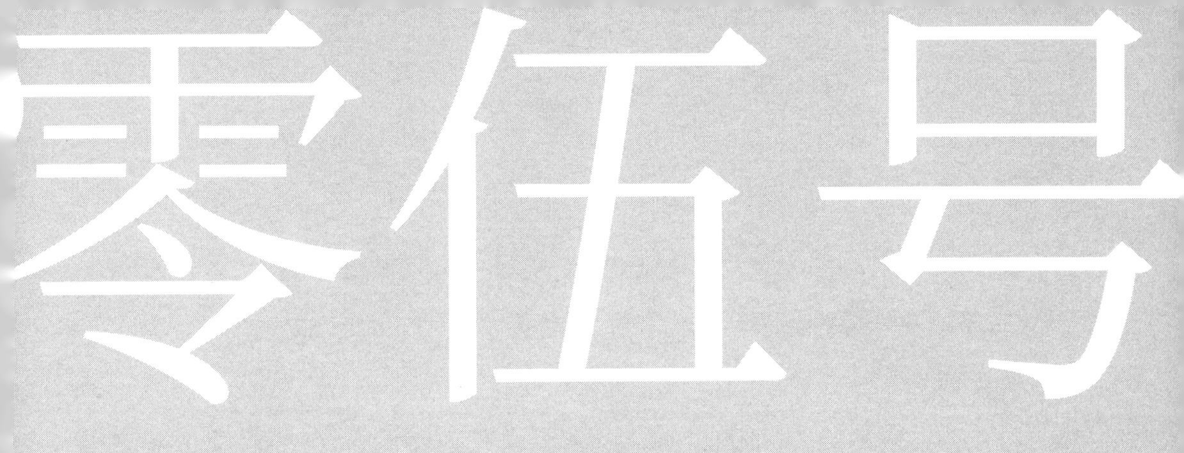

5号染色体
环境

谬误如芒，浮萍之上；
欲求珍珠，深潜寻访。

——《一切为了爱》(约翰·德莱顿)

读者朋友们，是时候给你们泼盆凉水了——此书的作者一直在误导你。他反复使用“简单”这个词，唠叨着遗传学的本质是多么的简单。他说，“基因只不过是一种用简洁语言写就的一句散文”，且为自己这个比喻而感到洋洋得意。3 号染色体上有这么一个简单的基因，一旦被破坏，便会导致尿黑酸尿症。此外，在 4 号染色体上的一个基因如果被延长，就会导致亨廷顿舞蹈症。你要么带有突变并罹患某种遗传病，要么没有突变健健康康，无须东拉西扯，也用不着统计数据，胡编乱造更显多余。遗传是数字化的，全是微粒遗传：你的这颗豌豆要么是皱粒的，要么是圆粒的。

你被误导了。世界不是非黑即白，而是灰色，是有着微妙差异，需要定语修饰，视情况而定的。孟德尔遗传学对于理解现实世界中的遗传现象，基本相当于运用欧几里得几何学去理解橡树的形状。除非你非常不幸患上了一种罕见的重型遗传疾病——我们大多数人都不会这么不幸，否则基因对我们生活的影响就是渐进的、局部的，而且还得考虑到其他因素混在一起所发挥的作用。你不会像孟德尔的那些豌豆一样，要么人高马大，要么体型矮小，而是介乎两者之间。你的皮肤也不会像豌豆那样，要么皱纹要么光滑，而是介于两者之间。这并不奇怪，因为正如我们所知道的，把水想象成是由许多被称为原子的小球所组成的，是远远不够的，同样，如若把人体当成是一个个孤立的基因所组成的产物，也是不对的。生活经验告诉我们，基因之间的相互影响，极其复杂。在你的脸上可以看到你父亲的样子，但也有些你母亲的影子，而且你又和姐姐长得不一样。你自己的长相有其独特之处。

本章将讨论多效性和多元论。你的外貌并不是由一个“外貌”基因所决定的，而是受到多个“外貌”基因和非遗传因素，尤其是时尚潮流和自由意志的影响。如果想要构建一幅比先前章节更为复杂、细致的“灰色”画面，一睹基因真容，那么 5 号染色体会是个好的选择。但我不会讲得太深，得一步步来，所以我先讲讲这种疾病，尽管它的病因尚不明确，也绝非“遗传”病。号称“哮喘基因”的几个主要候选基因就位于 5 号染色体。提起这些基因，就不得不提及一个专业术语——基因的多效性，它是指多个基因的多种影响。研究表明，很难简单地把哮喘的发病原因归结到基因身上，毕竟个体差异很大。几乎所有人都得过哮喘，或对其他某些物质过敏，只是发生的时期有所不同。至于人为什么会得哮喘，为什么会过敏，众说纷纭。与此同时，一个人的政治观念也会在很大程度上影响其科学观。那些负责治理污染的人，倾向把哮喘患者的增多归结为污染；那些认为人类变得太过娇弱的人，把哮喘归结为集中供暖和全覆盖式的地毯；那些不信任义务教育的人则把哮喘归结为孩子在学校操场得了感冒；那些不爱洗手的人则将它归结为过度清洁。换句话说，哮喘更像是真实的生活写照。

此外，哮喘只不过是诸多“特异反应性”中的一种，大多数哮喘患者也对其他某些东西过敏。哮喘、湿疹、过敏和过敏反应，都属同一种综合征，都是由体内的一种“肥大”细胞所引起的，而这种细胞受一种名为免疫球蛋白 E 的分子所激活和触发。每 10 个人中就有 1 个会出现某种过敏，不同的人症状不同。有些人对花粉过敏，只是感到些许不适；有些人是因蜂蜇或误食花生而引发过敏，其后果可能是致命的。如果能找到导致哮喘增加的根源所在，也必定能解释其他的特异反应性。对花生严重过敏的孩子，如果长大之后这种过敏症状逐渐消失了，那么他们得哮喘的可能性也随之减少了。

然而，几乎每一种关于哮喘的说法都会受到质疑，也包括“哮喘患者越来越多”这个说法。有一项研究表明，过去 10 年间，哮喘发病率增长了 60%，患者死亡率增加了 2 倍，花生过敏者增加了 70%。几个月后发表的另一项研究同样言之凿凿地说，哮喘患者的增加只是个假象。随着人们对哮喘更为了解，他们更愿意一出现轻微症状就去看医生，而医生也更愿意把曾视作感冒的案例诊断为哮喘。在 19 世纪 70 年代，阿曼德·特鲁索（Armand Trousseau）在他的《临床医学》一书中，用了一整个章节来谈哮喘。书中描述了一对孪生兄弟，他们住在马赛和其他地方时，患有很严重的哮喘，但搬到土伦（Toulon）之后，竟然不治自愈了。他觉得这很奇怪。特鲁索用了一整章的篇幅来谈哮喘，可见哮喘在当时并不罕见。不过，经过综合考虑可以得出，哮喘和过敏的情况正在日趋严重，究其原因，就是两个字：污染。

但是，是什么样的污染呢？我们大多数人吸入的烟雾量要远少于我们的先祖——他们用木柴生火，烟囱又简陋。因此，一般的烟雾似乎不太可能是导致哮喘增加的原因。一些现代的合成化学物质会导致哮喘发作，且症状危急。这些用于制造塑料的化学物质被装在油罐车里在乡间运来运去，有时会泄漏到我们所呼吸的空气中。诸如异氰酸盐、1,2,4- 苯三酸酐和邻苯二甲酸酐这样的化学物质，都是新的污染物，或会引发哮喘。如果一辆运输异氰酸盐的车在美国某个地方发生了泄漏，当时在现场疏导交通的警察终生都将饱受严重哮喘之苦。然而，就化学物质来说，大剂量地短暂接触，与日常生活中的少量接触，是有着本质区别的。到目前为止，还没有证据表明小剂量接触会引发哮喘。事实上，社区里的有些人，从未接触过这些化学物质，也一样会得哮喘。那些从事传统工作的人，尽管技术含量低，同样可能会患上职业性哮喘，比如马夫、咖啡烘焙师、理发师和金属研磨工。职业性哮喘的已知病因有 250 多种，其中最常见的诱因，是不起眼的尘螨粪便，占比近乎一半。这种生物和我们一样，喜欢在有集中供暖的室内过冬，以我们的地毯和被褥为家。

美国肺脏协会给出的哮喘诱因清单涵盖了生活的各个方面：花粉、羽毛、霉菌、食物、感冒、紧张情绪、剧烈运动、冷空气、塑料、金属蒸气、木材、汽车尾气、吸烟、油漆、喷雾剂、阿司匹林、心脏病药物。甚至还有一种型别的哮喘，其诱因是睡眠。任何人都能在这个清单中找到自己想要的依据。例如，有人认为哮喘在很大程度上是一种城市病，因为它会在一些刚刚城市化的地方突然出现。位于埃塞俄比亚西南部的金马（Jimma），是一个在过去 10 年中迅速崛起的小城市，而住在那里的人们也已有 10 年的哮喘病史。然而，这到底意味着什么，尚不清楚。的确，市中心通常受汽车尾气和臭氧污染更为严重，不过卫生条件也要相对更好一些。

有一种理论认为，那些小时候勤洗手或在日常生活中接触泥巴较少的人，更易得哮喘：问题在于太过讲卫生。那些有哥哥姐姐的人得哮喘的可能性较小，这可能是因为他们的哥哥姐姐在外面玩耍过后，会把尘土带进家里。一项针对住在布里斯托尔附近 14 000 名孩子的研究显示，那些每天洗手 5 次及以上、每天洗澡 2 次的儿童，有 25% 的机会得哮喘；而那些每天洗手少于 3 次、每 2 天才洗 1 次澡的孩子得哮喘的风险要低一半。该理论认为，尘土中含有细菌，尤其是分枝杆菌，它们会刺激免疫系统的某个部分，而常规疫苗接种刺激的是免疫系统的另一部分。由于免疫系统的这两个部分（分别为 Th1 细胞和 Th2 细胞）正常情况下是相互抑制的，一个现代的、讲卫生且接种过疫苗的孩子，其 Th2 系统十分活跃，而 Th2 系统是通过大量释放组胺来清除寄生在肠胃里的微生物的，因此便有了花粉热、哮喘和湿疹。我们的免疫系统需要得到外界的刺激才能发挥作用，如果在小时候没有受到土壤中分枝杆菌的刺激，免疫系统就会失衡，容易出现过敏。为支持这一理论，有实验通过简单粗暴地强迫吸入分枝杆菌，来避免对蛋清蛋白过敏的小鼠患上哮喘。所有的日本学龄儿童都接种卡介苗，以预防结核病。尽管只有 60% 的人因此而获得免疫，但相较而言，获得免疫的人患上过敏和哮喘的可能性要小得多。这可能意味着接种分枝杆菌能刺激 Th1 细胞，进而又会抑制 Th2 细胞，从而减小了得哮喘的可能性。所以，扔掉消毒器，拥抱分枝杆菌吧。[1]

另一个有点类似的理论认为，哮喘是免疫系统中那些对抗寄生虫的“部门”宣泄不满的结果。早在石器时代，或者说中世纪，免疫球蛋白 E 系统正全力对抗蛔虫、绦虫、钩虫和吸虫，无暇去顾及尘螨和猫毛。可如今，免疫系统没那么忙了，开始搞起恶作剧了。这个理论建立在一个关于人体免疫系统工作方式的假设之上，有些可疑，不过支持者颇多。但是，假设要以得绦虫病的代价来治花粉热，你会做何取舍呢？

还有一种理论认为，与其说哮喘与城市化有关，倒不如说哮喘其实与富裕与否关联更为紧密——富人老是待在室内，把房子弄得暖暖的，睡在布满尘螨的羽毛枕头上。此外有一种理论则是基于这样一个事实，即随着公共交通的发展和义务教育的普及，偶然接触到一些非烈性病毒（如普通感冒），变得越来越普遍了。所有家长都知道，孩子会从操场上带回很多新病毒。在不便远行的过去，新病毒难以传播。但到了今天，由于父母经常穿梭于各国，且在工作中常与陌生人打交道，于是，在那唾液飞溅、细菌泛滥的小学里，新的病毒就层出不穷了。光是那些导致普通感冒的病毒，就多达 200 种以上。孩童时期接触过非烈性病毒（比如说呼吸道合胞病毒），与是否容易得哮喘，绝对是有关联的。最新的一种时髦理论认为，有一种可以导致女性非特异性尿道炎的细菌感染，越来越常见，且和哮喘的增长速度大致相同，或会建立一种在此后生活中对过敏原反应更为强烈的免疫系统。各种理论随你挑吧。就我个人而言，最喜欢的是卫生假说，不过我不会因为这个理论就不讲卫生了。认为哮喘患者的增加是因为“哮喘基因”在增加，这肯定是不对的，因为基因的变化远没有这么快。

那么，为何有这么多科学家坚持认为哮喘至少在一定程度上是一种“遗传疾病”呢？他们究竟是什么意思呢？哮喘的产生过程是这样的：人体内的免疫球蛋白 E 对某些分子非常敏感，一旦遇到这些分子就会激活，进而引起肥大细胞释放组胺，而组胺会导致呼吸道收缩，从而引发哮喘。在生物学上，这就是很简单的因果串联事件。哮喘有多种诱因，会受到免疫球蛋白 E 结构的影响。这种蛋白质有多种形式，每一种都对应着特定的外界分子或过敏原。虽然一个人的哮喘可能是由尘螨诱发的，而另一个人的哮喘可能是由咖啡豆诱发的，但潜在的机制都一样：免疫球蛋白 E 系统被激活了。

哪里有简单的生化反应链，哪里就有基因。链上的所有蛋白质都是由一个基因所编码的（免疫球蛋白 E 例外，它由两个基因所编码）。有些人天生（或后天）就对动物毛发过敏，这大概是因为他们的基因与其他人略有不同，这得归功于某些突变。

比较清楚的是，哮喘具有家族聚集性。顺便说一句，早在 12 世纪时，科尔多瓦（Cordoba）的犹太先知迈蒙尼德（Maimonides）就已经知道这一点了。在有些地方，由于一些偶然的历史事件，哮喘突变特别的多。特里斯坦 – 达库尼亚（Tristan da Cunha）这个孤岛就是这么一个地方，岛上居住的全都是哮喘易感者的后代。尽管有着温和的海洋性气候，但超过 20% 的居民仍有明显的哮喘症状。1997 年，一群遗传学家在一家生物技术公司的资助下，漂洋过海来到该岛，采集了岛上 300 个居民中 270 人的血液，以寻找导致哮喘的基因突变。

找到那些突变的基因，你就找到了导致哮喘发生的主要原因，也就找到了治愈哮喘的各种可能性。虽然卫生因素或尘螨可以解释为何哮喘发病率在上升，但只有基因上的差异才能解释为什么一个家庭中的某个人得了哮喘而另一个却没有得。

当然，要想对“正常”和“突变”下精准的定义，并不容易。对黑尿病而言，很明显基因的一个版本是正常的，而另一个是“异常”的。对哮喘来说，就不那么明显了。回到石器时代，在羽毛枕头出现之前，免疫系统对尘螨的攻击并不会对人造成什么影响。因为在大草原上的一个临时狩猎帐篷里，根本就不存在尘螨的问题。如果同样的免疫系统能够很好地杀死肠道寄生虫，那么所谓的“哮喘”就是自然而然的，而其他人则是异常的“突变体”，因为其基因使得他们更容易感染肠道寄生虫。比起其他人，那些具备敏感的免疫球蛋白 E 系统的人更能抵御寄生虫感染。近几十年来，人们逐渐意识到，很难界定什么是“正常”，什么是“突变”。

20 世纪 80 年代末，多个科学家小组满怀信心地寻找“哮喘基因”。到了 1998 年年中，他们找到的不是 1 个，而是 15 个。仅在 5 号染色体上就有 8 个候选基因，6 号和 12 号染色体上各有 2 个，11 号、13 号和 14 号染色体各有 1 个。这还不包括处于核心地位的由 1 号染色体上的 2 个基因所编码的免疫球蛋白 E。哮喘的遗传机理可能是由这些基因所共同决定的，只是不同基因的重要性不同；当然，也可能是由这些基因以及其他一些基因所共同决定的。

到底哪个基因才是真正的“哮喘基因”，大家各执一词，情绪激动。牛津大学的遗传学家威廉·库克森（William Cookson）描述了在他发现哮喘易感性与 11 号染色体上的一个标记有关时，竞争对手们的反应。有些人表示祝贺；有的急于发表论文以反驳他的观点，而这些论文要么漏洞百出，要么样本量太小；有个人在医学期刊上发表了一篇傲慢的评述，嘲笑他“逻辑不通”和他的“牛津郡基因”；有一两个人在公开场合批评他的发现，语言尖酸刻薄；还有一个人匿名指责他造假。在外界看来，科学界的纷争竟到了如此恶劣的程度，令人大跌眼镜。相比之下，政治斗争反而显得相对文明。事情并没有因为报纸在周末版块上用充满激情、夸大其词的语言对库克森的发现进行了报道而得到改善。一个电视节目对这篇报道进行了攻击，紧跟着报纸又向广播电视管理部门提起了抗议。“经过了 4 年的互不信任和相互攻击之后，”库克森淡淡地说[2]，“我们都身心俱疲。”

这就是寻找基因过程的真实写照。那些象牙塔里的道德哲学家倾向于把这样的科学家贬低为争名逐利的淘金者。有些人声称找到了诸如“酗酒基因”和“精神分裂症基因”这样的基因，却又在事后矢口否认，从而沦为笑柄。但是，不能把这种事后否认看作是对基因与疾病之间内在关联的否定，只不过是寻找这种关系的方式出了点问题而已。这种批评很是在理。报纸上简单粗暴的大标题往往具有误导性，然而，如果有人发现了疾病与基因之间存在某种联系的证据，就应该将其发表。即便这些发现后被证明是错误的，也没有什么坏处。可以说，由于证据不足而错误地认为没有关系，而后被证明是有关系的假阴性，远比错误地认为有关系，而后被证明是没有关系的假阳性，所造成的危害要大得多。

库克森和他的同事们最终找到了哮喘基因，并确定了一个在哮喘患者体内更为多见的突变。这勉强算是一个哮喘基因，但它只能解释 15% 的哮喘病，而且很难在其他患者身上得到验证。在寻找哮喘基因的过程中，这一现象屡见不鲜，令人沮丧，颇为抓狂。1994 年，库克森的一个竞争对手戴维·马什（David Marsh）基于对 11 个阿米什人家族的研究，提出哮喘与 5 号染色体上的白细胞介素 4 基因有着很强的关联，不过这一发现也很难得到验证。1997 年，一个芬兰的研究小组彻底否定了这个基因和哮喘的关系。同年，一项针对美国混血人群的研究得出结论，说染色体上有 11 个区域可能与哮喘易感性有关，不过，其中 10 个区域都是某一种族或民族所特有的。也就是说，黑人的哮喘易感性基因，与白人的、拉美裔的，都不一样。[3]

性别差异和种族差异同样明显。美国肺脏协会的研究表明，烧汽油的汽车所排出的臭氧会诱发男性哮喘，而烧柴油的汽车所排出的烟尘颗粒更易引发女性哮喘。有这么一个规律：男性一般在小时候比较容易过敏，长大之后就会有所好转，而女性则在 20 至 30 岁期间开始出现过敏症状，且症状不会随着年龄增长而消失。当然，任何规律都有例外，也包括“任何规律都有例外”这句话本身。这可以解释哮喘遗传机制中的一些奇特之处：很少有人从父亲那里遗传到哮喘，多半是从过敏的母亲那里遗传到的。这可能仅仅是因为父亲得哮喘时年岁尚小，早就不记得了。

问题似乎是，有如此多的方法可以改变人体对哮喘诱因的敏感性，在导致哮喘的链式反应中，很多基因都可能是“哮喘基因”，然而每个基因都只能解释很少的几个病例。例如，位于 5 号染色体长臂的 ADRB2 基因，编码一种名为 β-2- 肾上腺素受体的蛋白质，该蛋白控制着支气管的扩张和收缩，而支气管的收缩正是哮喘的最直接症状。最常见的抗哮喘药物都是通过刺激该受体而起作用的。那么，ADRB2 的突变肯定是一种主要的“哮喘基因”了吧？该基因最初是在中国仓鼠的细胞中发现的，它是一个相当普通且长达 1239 个字母的 DNA 序列。人们很快便发现，严重的夜间哮喘患者和那些非夜间哮喘患者相比，两者的基因上有一处“拼写”不同：前者第 46 个字母是 G，而不是 A。但这远非盖棺定论的时候。约有 80% 的夜间哮喘患者第 46 个字母是 G，而 52% 的非夜间哮喘患者也是 G。科学家们认为，这种差异足以阻止通常在夜间才发生的过敏系统受抑制的情况。[4]

但夜间哮喘患者为数不多。更为复杂的是，该拼写差异还与另一个问题有关：对哮喘药物的抗药性。那些在两条 5 号染色体上第 46 个字母都是 G 的人，会发现他们的抗哮喘药物（如福莫特罗），在数周或数月内便逐渐失去药效。可同样的药物，对于那些字母都是 A 的人而言，就不会失效[㊀]。

“更有可能”“或许”“在某些情况下”，这般遣词可与我在解释 4 号染色体上的亨廷顿舞蹈症基因时斩钉截铁的风格全然不同。ADRB2 基因上第 46 位字母由 A 变到 G，显然与哮喘易感性有关，但不能称之为“哮喘基因”，也不能用它来解释为何有些人会得哮喘而有些人则不会。它充其量只是冰山一角，只适用于一小部分人，作用有限且很容易被其他因素所遮盖掉。所以，要对这种不确定性见怪不怪才是。随着对基因组研究的日趋深入，这种不确定性就会越来越多。不那么黑白分明的不确定性、易变的因果关系、模模糊糊的先天因素，是该系统的特征。这并不是说我在前几章中所说的那些简单的颗粒遗传都是错的，而是因为多种简单的要素叠加在一起就让事情变得复杂起来了。基因组就像人生一样，具有很强的复杂性和不确定性。这对我们来说应该是一种宽慰。简单的决定论，无论是基因决定论还是环境决定论，对于那些崇尚自由意志的人来说，都是不被看好的。

㊀ 药物体内代谢、转运及药物作用靶点基因的遗传变异可通过影响药物的体内浓度和敏感性，导致药物反应性个体差异。目前市面上主流的个体化用药基因检测（如安觅方®药物基因检测），即可通过检测并解读相关遗传信息，提示药物疗效和不良反应的个体差异，保障用药安全。——译者注

零陆号

6号染色体
智商

遗传论者的谬误不在于他们宣称智商在某种程度上是“可遗传的”，而在于他们将“可遗传”与“必然遗传”画上了等号。

——斯蒂芬·杰·古尔德

我一直在误导大家，并且一再破坏自己的规矩。我应该把“基因不是为了致病而存在的”这句话写上100遍，以示惩戒。因为即使一个基因遭到破坏而导致了疾病，但我们体内绝大多数的基因仍是完好的，只是表现形式有所不同而已。蓝眼基因并非坏掉的棕眼基因，红发基因亦非残缺的棕发基因。从专业角度来说，它们是不同的等位基因——同一个基因片段的不同版本而已，都是完好且能发挥功能的合规基因。何为正常的基因，目前并未有统一的定义。

是该停止东一榔头西一棒子，集中精力对付那丛枝蔓缠绕的灌木的时候了，是得专心对付基因森林中最粗壮、最扎人、最密不透风的那丛荆棘——智商的遗传性了。

6号染色体是探寻智商遗传性奥秘的最佳之地。1997年底，一位莽撞的科学家首次向全世界宣布，说他在6号染色体上发现了“智商”基因。他确实勇气可嘉，因为无论他的论据多么充分，依然有很多人拒绝承认这一事实。他们之所以充满疑虑，不仅仅是因为在过去几十年里，科学研究受政治影响颇大，很多人一再染指智商遗传领域让人厌烦，还因为大量的生活常识表明智商也被非遗传因素所左右。大自然不可能盲目地放任一个或几个基因去决定人类的智商，我们得在父母、学习、语言、文化及教育的共同作用下，才能塑造自己的智力。

罗伯特·普洛明（Robert Plomin）宣称这就是他和同事们的最新发现。每年夏天，都会有一群年龄在12岁到14岁、天赋异禀的孩子从全美各地聚集到艾奥瓦州参加夏令营活动。只有连续5年参加智商测试，且成绩能挤进前1%，智商差不多达到160的孩子才能被选中参加本次夏令营活动。普洛明研究小组认为这些孩子体内的那些影响智商的基因一定是最优良的，并且基于之前的研究认为这些基因位于6号染色体上，因此他们采集了这些孩子血液样本并对遗传物质进行提取，然后分析这群孩子在6号染色体上是否存在一些异于常人的基因片段。不久，他发现这些孩子的6号染色体长臂上的一段DNA序列往往与常人不同，常人这段序列是相同的，而高智商孩子都或多或少发生了改变。这段序列位于IGF2R基因的中间。[1]

对于智商的研究一直不尽如人意，而有关智商的争论更是满天飞，各种愚蠢的看法横行，这在科学史上是少有的。我们中的许多人，包括我自己，总是不信任别人，带着自我偏见来讨论这一问题。以我为例，我不知道我的智商是多少，虽然我曾参加过一次学校的智商测试，但一直未被告知结果。当时我并没有意识到测试需要在规定时间内完成，以致结束时题目都没能做完，想必一定是低分了。不过细想起来，没有意识到测试的时间限制，本身就已说明我智商不够高了。此番经历让我顿时对这类用简单的测试数字去衡量一个人智商水平的做法感到不齿，仅用半小时时间去完成智商测试这件复杂的事情，也未免太过荒谬了。

事实上，早期对智商的测试在动机上就存在偏见。为了将先天和后天的才能区分开来，弗朗西斯·高尔顿（Francis Galton）率先开展了对双胞胎的研究，他对开展这个项目的原因毫不隐讳：[2]

> 我研究的主要目的是通过记录不同遗传背景的个体，以及不同家庭和种族之间的巨大差异，以更多了解用更优秀的人种取代低劣人种的可行性，并考虑我们是否有义务用合理的方式来将其付诸实践。这样，我们就可以更为平稳迅速地推进演化过程，而非任由其发展。

换句话说，他想像繁育牛那样，对人进行选育。

但智商测试真正让人感到厌恶的，发生在美国。法国人阿尔弗雷德·比奈（Alfred Binet）发明的智商测试被戈达德（H. H. Goddard）搬到了美国，应用于美国公民和想移民去美国的人，测试结果使他轻易地得出了如下结论：许多美国移民都是“傻子”，工作人员只要受过培训，便能一眼把他们给识别出来。他的这种智商测试题目明显偏向中产阶级或西方文化价值观，符合该阶层人群的利益。试问有多少波兰犹太人知道网球场中间有网？这样的智商测试太过于主观，其实戈达德早已对“智商是天生的，智商的高低与种族相关”这点深信不疑[3]，他认为“每个人的智商水平早在生殖细胞中的遗传物质融合时就已决定，除非发生严重的事故破坏了脑部结构或机能，否则几乎不受任何后天因素的影响”。

持有这样的观点，戈达德显然是个怪人。他用充分的理由说服国家相关部门出台政策，以允许对埃利斯岛（Ellis Island）上的移民进行智商测试。不过后来又有人持更为极端的观点。在第一次世界大战时期，罗伯特·耶基斯（Robert Yerkes）说服美国陆军让他对数以百万的新兵进行智商测试，测试结果并没有得到军队的关注，却为耶基斯和某些人的政治主张或商业目的提供了数据支撑，他们借此宣称可以利用智商测试快速便捷地将人们划分成不同的层次。这种对军人的智商测试显然影响更大，据此，1924 年美国国会通过了移民限制法案，严格限制南欧和东欧的移民人数，理由竟是与 1890 年前在美国人口中占主导地位的北欧人相比，南欧人和东欧人更为愚蠢。这一法案无关乎科学，它更多地反映出了种族偏见和地方保护主义，智商测试充其量只是个借口罢了。

人种优化论的内容将留在后面的章节中再行阐述，不过，难怪这段智商测试的历史让大多数学者，尤其是社会科学的学者，对与智商测试有关的任何事情都抱有深深的不信任感。第二次世界大战前夕，社会主流思想开始质疑种族歧视和优生学，在当时，谈及智商的遗传性几乎成为一种禁忌。耶基斯和戈达德这些人完全忽略了环境对智商的影响，他们对不会英语的人进行英语测试，要求不识字的人首次起笔作答，以致测试结果后来受到批评家们的广泛质疑，认为根本没有任何证据可以支持智商的可遗传性。事实上，人类是有学习能力的，他们的智商会受到后天教育的影响，所以，研究人类的心理学或许应该建立在这样的假设之上：人类的智商不受遗传因素的影响，智商完全是由后天训练决定的。

科学应该是一个不断建立假说，再通过实证和反证来进行检验的过程，只有这样才能推动科学的进步。但事实并非如此，20 世纪 20 年代的遗传决定论者及 20 世纪 60 年代的环境决定论者，都只是根据自己的主观意识，偏向性选择一些实证证据，而对本应积极进行的反证漠不关心或视而不见。这些专家竟比外行人还不着调，实在是令人惊愕。一直以来，普通人都知道后天的教育同与生俱来的遗传对于一个人的智商发展同样重要，可是专家们却持荒谬立场，走向了极端。

对于智商，还没有一个公认的定义。它或许是指思维速度、推理能力、记忆力、词汇量、心算能力、精神力量，又或许只是一个人对智商追求的渴望，以表明自身足够聪明。聪明人在某些事上会显得过于愚钝，如缺乏常识、处世呆板、走路不避灯柱等。一名优秀的足球运动员能在一瞬间判断出传球的最佳时机和方式，来一记妙传，虽然他在学校里的学习成绩很差。要知道，音乐、流利的语言，甚至是理解他人思想的能力，很难兼备。霍华德·加德纳（Howard Gardner）曾力证多元智商理论，认为人的智商是多元化的。罗伯特·斯腾伯格（Robert Sternberg）提出人的智商从本质上可分为三类，即分析能力、创造能力和实践能力。分析能力是指综合方方面面的信息，处理由他人所提出的明晰问题的能力，答案是唯一的，且与日常经验或个人兴趣无关，简而言之，就像学校的考试一样。实践则需要自己去认识和阐述问题本身，它往往缺乏必要的信息，与日常生活相关，答案可能还不止一个。在巴西街头，你会发现一些在学校数学成绩很差的孩子却对日常生活中需要使用到的数学了如指掌。如果裁判员仅凭智商这一指标来预测赛马成绩，无疑是不靠谱的。一些赞比亚儿童在只用画线或圈点作答的智商测试上表现出色，但在需要用纸笔作答的智商测试上却表现得不尽如人意；而对于英国的儿童而言，正好相反。

学校侧重分析能力的培养，智商测试也是如此，这一点毫无疑问。智商测试无论形式和内容如何变化，在其本质上都会偏向于某些类型，不过测试结果确实也能反映出一些规律。如果比较人们在不同类型智商测试中的表现，你会发现他们往往有着一致的变化趋势。统计学家查尔斯·斯皮尔曼（Charles Spearman）于 1904 年首次注意到这个现象，他发现在某个科目上表现出色的孩子，往往在其他学科上同样表现出色。不同类型的智商并非各自独立，而是存在某种紧密联系，斯皮尔曼称其为“一般智商”，简称为“G”。一些统计学家认为“G”只是统计上的一种巧合，是衡量不同类型智商测试结果的方法之一。还有一些人认为“G”只是代表人们对谁“聪明”、谁“不聪明”的主流看法。然而，毫无疑问，用“G”来衡量一个人的智商是最有效的，对于预测孩子日后在学校的表现，其准确性几乎无与伦比。现实生活中的一些事情也证实了“G”的客观性，如人们在执行信息浏览和检索任务时，其速度与他们的智商成正比。一般智商在不同的年龄段相当恒定：在 6 岁到 18 岁之间，人的智商发育突飞猛进，但相对于同龄人而言，智商的变化却很小。事实上，婴儿适应一种新刺激所需的时间长短与其之后的智商有着很大的相关性，我们或可在孩子才几个月大的时候便预测出他成年后的智商，但前提是孩子未来的教育环境是比较确定的，因为智商的高低与学校的考试成绩也是密切相关的，高智商的孩子似乎能更多地汲取学校所传授的知识。[4]

这并不是说教育的宿命论观点是合理的。就拿数学或其他学科来说，不同学校、不同国家之间成绩良莠不齐，这足以体现出教育的作用。“智商基因”不是在真空中起作用的，它需要环境的刺激才能发挥功效。

智商就是几项智商测试结果的平均值，这个定义看起来有点傻，我们暂时先接受这个定义，来看看它将会把我们引向何方。由于智商测试在过去很粗糙、不准确，现在也不够完美，更谈不上客观，但不同类型的测试结果却出奇的一致，这着实有点不可思议。通过马克 · 菲尔波特（Mark Philpott）的“不完美测试的迷雾”[5]如果能发现智商与某些基因存在一定联系，那就更能说明遗传因素对智商有着很强的影响。此外，现在的测试已经做了很大改进，受试人的测试结果受文化背景和是否懂得某种专业知识的影响已经很小了，因此其客观性已经得到了很大的提升。

为优生而进行的智商测试在 20 世纪 20 年代处于鼎盛时期，当时还没有证据证明智商具有遗传性（不过是智商测试从业人员的一种假设）。如今，情况已发生改变。暂不论智商是什么，智商具有遗传性这一假设已在双胞胎和被收养的儿童这两类人身上进行了测试，无论从哪种角度去看，结果都令人吃惊——所有研究均显示遗传因素在很大程度上影响着一个人的智商。

20 世纪 60 年代的一种流行做法是，双胞胎一出生便被分开抚养，尤其是送给不同的人家来收养。这么做并非出于某种特别的考虑，但也有一些人是出于其隐蔽的科研目的而这样做的，即用以检验和（希望）证实大多数人所持有的那种观念——塑造人格的是养育方式和生活环境，而非基因。最著名的例子当属两个纽约的双胞胎女孩贝丝（Beth）和埃米（Amy），她们一出生便被一个极富好奇心的弗洛伊德学派心理学家分送到了两个家庭进行抚养。埃米的养母是一位很胖，没有安全感，没有爱心的穷人，埃米长大之后也成为一个神经过敏且内向的人，这完全符合弗洛伊德理论的预测。不过，最后细细看来，贝丝也是如此，尽管贝丝的养母是一位安详、乐观且有爱心的富人。当贝丝和埃米 20 年后再次见面时，竟发现她们二人在性格上的差别之小，难以分辨。这项研究结果不仅没有表明后天因素在塑造我们性格方面所起的作用，反而证明了先天的力量。[6]

最开始研究双胞胎分开抚养的，是环境决定论者，但随后持相反观念的学者也开始了对双胞胎的研究。明尼苏达大学的托马斯·布沙尔（Thomas Bouchard）就是个代表人物，他从1979年开始，在世界各地找寻那些被分开抚养的双胞胎，将他们召集起来进行性格和智商的测试，根据被收养的人与他们的养父母、亲生父母、同胞手足之间的关系统计智商测试结果，得到如下这个表格（表格中数字后省略了百分比单位，数字代表的是两个人之间的智商相关性，100意味着两人智商完全一样，0则意味着两人的智商毫无关联）。

同一个人进行两次智商测验	87
一起长大的同卵双胞胎	86
分开长大的同卵双胞胎	76
一起长大的异卵双胞胎	55
非孪生兄弟姐妹	47
生活在一起的父母与子女	40
没有生活在一起的父母与子女	31
亲生父母不同却被同一个家庭收养的孩子	0
没有血缘关系且没有生活在一起的人	0

不出所料，测试结果显示一起长大的同卵双胞胎因为拥有相同的基因，来自同一个子宫，来自同一个家庭，智商相关性最高，已经近似于同一个人做两次测试的情况。异卵双胞胎虽然来自同一个子宫，但他们基因的相似性并不比非孪生兄弟姐妹高。然而，可能是受到在子宫或早期家庭生活中所经历事情的影响，其智商相关性要比非孪生兄弟姐妹的高一些。令人惊讶的是，亲生父母不同却被同一个家庭收养的孩子，他们之间的智商相关性为零，说明在同一家庭环境下智商没有受到任何明显的影响。[7]

直到最近，人们才认识到子宫的重要性。有一项研究表明，在智商相似性上，双胞胎有20%可以归因到子宫环境，而两个非孪生的兄弟姐妹只有 5%。孪生与非孪生的区别在于孪生是在同一时期共处一个子宫。子宫里发生的各种情况对我们智商的影响是我们出生之后父母对我们教育所起作用的 3 倍，这部分即便没归结到遗传，也属于一种早已成为过去、不可更改的“后天因素”。反而是属于先天因素的那些基因，一直到青少年时期都在持续表达。所以，是先天因素（而不是后天因素）要求我们不要在孩子很小的时候就对他们的智商妄下定论。[8]

这个观点确实很奇怪，它违背了我们公认的常识，但还是可以用遗传来解释同一家庭中孩子与父母智商的相似性。我们的智商难道不会被童年时期所接受的书本教育和生活环境影响？当然会受到影响，但这不是问题所在，问题在于目前研究对象仅限于双胞胎和被收养的孩子，还没有人比较过亲生父母与养父母对孩子智商的影响。对双胞胎和被收养孩子的研究虽强烈支持孩子智商与遗传相关，但研究纳入的样本数量太小，故研究结果可能会受到误导。他们大多是白人中产阶级家庭，极少有穷人或黑人家庭，考虑到所有白人中产阶级家庭所接触的书籍及受教育方式大致相同，也许就不足为奇了。对跨种族收养者进行的研究发现，孩子的智商与其养父母的智商之间有很小的相关性（19%）。

但这种影响仍然很小。所有这些研究得到的一致结论是你的智商大约一半由遗传决定，不到 1/5 由你与你的兄弟姐妹们共同生活的环境——家庭所决定，剩下的受子宫环境、学校教育及其他诸如同龄人等外部因素的影响。但这个结论也存在误导性。一个人的智商会随着年龄的变化而变化，遗传因素对它的影响同样也会变化。随着年龄的增长、经验的积累，基因的影响也在不断增加。什么？应该是减少才对吧？不是的。遗传因素对儿童智商的影响占比约为 45%，而到青春期末期会上升到 75%，所以随着一个人的成长，先天智商会逐渐凸显出来，而其他因素的影响逐渐减弱。人会选择适合自己天性的环境，而非通过调整自己以适应环境。这证明了两件至关重要的事情：遗传对智商的影响并非在受孕时就固定下来了，环境对智商的影响不会一直累积下去。智商是遗传的，并不意味着它是一成不变的。

在这场漫长的争辩开始之前，弗朗西斯·高尔顿曾做过这样一个非常贴切的比喻。他提到，“这就像很多人把木棍扔进小溪里，看着它们随波逐流。有的被一个又一个的障碍物所阻挡，拦了下来。有的受周遭纷繁环境的影响，加速前进。他或许会将其归咎于每一个事件，认为每个都很重要，并且思考木棍的命运在多大程度上是由这一系列看起来微不足道的意外所共同决定的。但不管怎样，所有的木棍都顺流而下，而且从长远来看，它们的速度几乎相同。”让孩子接受更多更好的教育会对他们的智商得分产生巨大影响，但只是暂时的。在小学毕业之后，那些参加过启蒙计划的孩子并没有胜过那些没参加此计划的孩子。

也有人认为这个研究仅限于单一社会阶层的家庭，在一定程度上夸大了遗传的作用。如果你也认可这样的观点，那么你会发现平等社会的遗传作用显然要比不平等社会更大。事实上，人们将精英社会定义为一个由基因决定成就的社会，因为他们所处的环境是相同的，这颇具讽刺意味。人们旋即用同样的逻辑来考量身高问题：过去，营养不良导致许多儿童成年后达不到应有的遗传身高。如今，随着儿童营养状况的普遍改善，个体之间的身高差异更多是由基因造成的。因此，我怀疑遗传在身高方面的决定作用正在上升。但这一观点对于智商就不适用了，因为社会中的一些环境变量，如学校好坏、家庭习惯或者富裕程度，这些都可能让社会变得更加不平等。但如果认为在平等社会中基因的贡献更大，就未免有些说不通了。

对于智商遗传因素的评判，只适用于评估个体之间的差异，而不适用于群体。在不同的人群或种族中，遗传对于智商的影响看起来大致相同，但事实可能并非如此。仅凭两个人的智商差异约有 50% 可以归因到遗传，就类推到黑人和白人之间或白人和亚洲人之间平均智商的差异也是由基因决定的，这不仅在逻辑上是不对的，而且到目前为止，从经验上看也是错误的。最近出版的《钟形曲线》（*The Bell Curve*）[9] 一书，虽然支持黑人和白人的平均智商存在差异，但没有证据表明这些差异存在遗传性。跨种族收养的案例证据也表明，被白人抚养长大的黑人的平均智商和白人没什么差别。

假如智商有 50% 是可遗传的，那么必定有一些基因能对其产生影响。我们可能并不知晓到底有多少个基因，但可以确定的是影响智商的这些基因是可变的，即基因在不同的人身上存在不同的版本。遗传或许影响智商与遗传决定智商是两个截然不同的概念。实际上影响智商的最重要的基因完全有可能是一样的，在这种情况下，这些基因遗传就不会造成遗传差异，因为基因是相同的。正如我同大多数人一样，每只手都有 5 根手指，是因为遗传指令规定的就是得有 5 根手指。但如果我在世界各地寻找有 4 根手指的人，就会发现所找到的 95% 以上都是在事故中失去了手指。所以我会发现 4 根手指的出现几乎都是由环境造成的，受遗传因素的影响非常少，但这并不意味着基因与手指数量无关。正如基因可以决定不同的人拥有不同的体征，一个基因也可以决定不同的人拥有相同的体征。罗伯特·普洛明对智商基因的寻觅行为，只会找到不同的基因，而发现不了那些没有变异的基因，因此可能会漏掉一些关键基因。

普洛明发现的第一个智商基因名叫 IGF2R，位于 6 号染色体长臂上，乍一看不大可能是候选的“智商基因”。在普洛明将其与智商联系起来之前，它为众人所知是由于与肝癌相关，所以称为“肝癌基因”或许更为恰当，这也恰恰说明了通过所引起的疾病来给基因命名是多么不可取。有时候，我们不得不去考虑这个基因的抑癌功能和对智商的影响究竟哪个为主、哪个居次。事实上，它们都有可能只是起到了次要作用。这个基因编码的蛋白质有着非常单一的功能，只不过是把磷酸化的溶酶体酶从高尔基复合体和细胞表面运送到了溶酶体中。它只是分子水平的运输车，看起来与提高人的智商毫不相关。

IGF2R 是个异常庞大的基因，总共包含 7473 个字母，其中有义信息散布在基因组里由 98 000 个字母所组成的一段上，中间被一些无意义的序列，即内含子打断了 48 次，就像杂志上的一篇文章中间插入了 48 段广告一样，怪烦人的。在基因内部存在一些重复片段，其长度不是固定的，或许会对不同人的智商差异带来影响。它看起来似乎与胰岛素样蛋白和糖分的分解相关，这正好与另一项研究的发现有关，即高智商的人在大脑中利用葡萄糖的效率更高。高智商的人在学习玩俄罗斯方块的电脑游戏时，上手之后，同低智商的人相比，其体内葡萄糖下降的幅度更大。就像一个濒临死亡的人抓住了一根救命稻草，这或许也给普洛明的研究带来了一线曙光。不过这个基因即便被证明真的与智商相关，也只是影响智商的众多基因中的一个而已。[10]

尽管人们仍然认为研究双胞胎和被收养的孩子过于间接，不足以证明遗传对智商的影响，但他们对直接研究伴随智商水平的波动而相应变化的基因无可辩驳，这也正是普洛明的发现的主要价值所在。该基因的一种类型在智商超常的艾奥瓦州孩子中出现的比例是常人的 2 倍，这不可能只是个偶然，但它对智商测试影响不大，平均只能增加 4 分，所以它肯定不是什么“天才基因”。普洛明在艾奥瓦州智商超常的孩子身上已经发现了十余个这样的“智商基因”。智商具有遗传性这一观点重新回归科学界的同时，也引起不少的担忧和质疑，不禁使人回想起 20 世纪二三十年代让科学蒙羞的优生学理论。正如斯蒂芬·杰·古尔德对遗传决定论的严厉批评，他说道：“一个人的智商部分受遗传影响，即使是一个智商低的人，其智力通过恰当的教育也是有可能得到提高的，当然也可能不会。所以仅凭遗传的作用，还不能对一个人的智商水平妄下定论。”事实的确如此，但这也正是症结所在。人们在看到遗传证据时，并非都会成为宿命论者。发现孩子患上了由基因突变而引发的阅读障碍症，并不会让老师因此而放弃这个孩子，恰恰相反，这更加激励着他们去开发一些针对这种孩子的特殊教育方式。[11]

事实上，最著名的智商测试先驱，法国学者阿尔弗雷德·比奈特别强调，他测试的目的不是为了奖励有天赋的儿童，而是对天资较差的儿童给予特别关注。普洛明声称自己就是个智商测试的受益者。作为芝加哥的一个大家族 32 个孩子中唯一上了大学的人，他把自己的时运归功于在智商测试中取得了好成绩，以至于父母把他送到一所学术氛围更浓的学校学习。美国对这类智商测试的喜爱与英国对此唯恐避之不及，形成了鲜明的对比。英国历史上曾短暂有过针对 11 岁以上孩子进行的强制性智商测试。该项测试依据的是西里尔·伯特（Cyril Burt）的数据，而这些数据有可能是编造出来的。这项测试臭名昭著，将非常聪明的孩子送进了二流的学校。相反，在崇尚精英教育的美国，类似的考试却是那些有天赋的穷人取得学术成就的通行证。

智商的遗传性可能还隐含了一些其他的意味，比如，它证明了高尔顿试图一劳永逸地区分遗传与后天养育的影响是行不通的。既然大多数高智商的人比低智商的人耳朵更对称、体形更匀称，那就推论脚、踝、腕、肘的宽度和手指长度都与智商存在相关性，这显然是极其愚蠢的事情。

在 20 世纪 90 年代早期，人们又重新开始了对身体对称性的研究，因为它可以揭示生命早期的身体发育情况。人体内某些器官是不对称的，但有规律可循，比如，大多数人的心脏位于胸腔左侧。但也有些不对称性不是那么明显，且无规律可循，比如，有的人左耳比右耳大，有的人右耳却比左耳大。这种所谓的波动性不对称程度，反映出身体在发育过程中承受的压力变化，这些压力可能来自感染、毒素或营养不良等。高智商的人拥有更匀称的身体，这一事实表明他们在子宫内或胎儿时期受到的发育压力较小，或者是他们对这些压力的抵抗力更强，而且这种抗压性或许是可遗传的。因此，智商的遗传性很可能并非由“智商基因”直接引起，而是由那些抗毒素或抗感染的基因间接决定的，换句话说，是由那些与环境相互作用的基因引起的。所以一个人遗传的不是智商，而是特定环境下发展出高智商的能力。如果这样，又如何能将影响一个人智商的因素区分为先天因素和后天因素呢？坦白地说，是做不到的。[12]

弗林效应为这一观点提供了支持。在 20 世纪 80 年代，居住在新西兰的政治学家詹姆斯·弗林（James Flynn）发现世界各国人民的智商水平都在以平均每 10 年约 3 分的速度在不断提高，很难确定到底是由什么原因引起的。或许同身高增加的原因一样，都归因于儿童营养状况的改善。当危地马拉的两个村庄连续多年按儿童身体需要（ad-lib）即时供应蛋白质补充剂时，10 年后测得的儿童智商已经显著上升，这就是弗林效应的缩影。但在营养良好的西方国家，智商得分仍旧同样增长迅速。这也不能归因于学校的教育，因为中断学业对智商产生的影响只是暂时的，并且那些能让智商测试得分增长最快的题目，是测试抽象推理能力的，而这恰恰是学校所不教授的。科学家乌尔里克·奈瑟尔（Ulric Neisser）认为弗林效应的原因在于现代日常生活中少了枯燥的文字信息，更多的是复杂的视觉图像——卡通、广告、电影、海报、图形和显示器上的其他内容，所以孩子们所经历的视觉环境比以前丰富得多，这有助于提升他们解决与视觉有关的智商测试题的技能，而这正是智商测试中最为常见的题型。[13]

但是，乍一看，这种环境影响很难与双胞胎研究所表明的高智商遗传性相吻合。正如弗林自己提到的那样，智商在 50 年间提高了 15 分，这意味着要么 20 世纪 50 年代世界上到处都是傻瓜，要么当今世界上到处都是天才。由于我们当前并没有经历文艺复兴，因而他认为智商不能测出任何先天因素。如果奈瑟尔的观点是对的，那么当今世界的环境有利于促进一种智力的发展，即视觉图像识别能力。这对“G”而言是一个冲击，但它并没有否认不同种类的智力中至少有部分是遗传的这一观点。在过去 200 万年的文化发展历程中，我们的祖先很好地传承了当地的传统，人类大脑通过自然选择已经有能力发现这些传承的技能，并加以掌握。孩子所经历的环境是受基因和其他外部因素共同影响的，孩子自己找寻并创造出属于自己的环境。如果爱好机械，就会对机械方面的技能多加练习，如果是个书虫，就会去找书来读。基因可以创造出爱好，而非才能。毕竟，近视的遗传性很强，但遗传的不仅是眼球的形状，更是读写的习惯。因此，智商的遗传不仅包括先天能力，还有后天能力。到此，由高尔顿引发的有关智商遗传性的世纪之争，终于画上了一个圆满的句号。

7号染色体

本能

我们并非生来就是白纸一张。

——威廉·唐纳·汉密尔顿

没人怀疑过基因对人体结构的作用，然而基因能够影响人的行为这一说法，就不那么容易让人接受了。我希望通过这一章的内容说服你，让你相信在 7 号染色体上真有这么一个基因，它的一个重要作用是使人拥有一种在人类所有文化中都占据着核心地位的本能。

动物都拥有本能。三文鱼长大后会洄游到出生地；掘土蜂会重复父母的行为，尽管父母早已不在；燕子会迁徙到南方过冬。所有这些，都是本能。而人类的生存不依赖本能，他们依赖的是学习，人类是有创造力的、受文化环境影响的、有思想意识的生物，他们所做的每一件事都受自由意志、大脑思考和父母教育的影响。

在 20 世纪，这种传统的思想统治着心理学和其他一些社会科学。如果谁不这么认为，而是一味相信人类行为与生俱来，认为一个人的命运早在出生之前就已经被他的基因所决定了，那么他就深陷基因决定论的泥沼之中了。事实上，社会科学中还存在很多比基因决定论更为触目惊心的决定论，如弗洛伊德的父母决定论、弗朗茨 · 博厄斯（Franz Boas）和玛格丽特 · 米德（Margaret Mead）的同侪压力文化决定论、约翰 · 沃森和斯金纳（Skinner）的刺激反应决定论、爱德华·萨丕尔（Edward Sapir）和本杰明·沃尔夫（Benjamin Whorf）的语言决定论。在近100 年的时间里，社会学家都在试图说服持有不同观点的人去相信动物本能所导致的行为属于决定论，而受环境影响产生的行为则属于自由意志；动物有本能，人类则没有。

在 1950 到 1990 年间的某一刻，环境决定论这座大厦轰然倒塌。20 年精神治疗都未能治好的躁狂抑郁症，用一次锂剂就治愈了。自那一刻起，弗洛伊德的理论就失去了市场。1995 年，一名妇女起诉她的心理医生，因为这位医生给她进行了 3 年多心理治疗都没能治好的病，在服用 3 周的百忧解之后，就痊愈了。德里克·弗里曼（Derek Freeman）发现玛格丽特·米德的理论（青少年具有很强的可塑性，其行为可被文化任意塑造）是建立在主观偏见、不充分的数据材料的基础之上，并且所研究的那些青少年也是刻意安排的，就这样，文化决定论也随之崩塌了。而行为主义的幻灭，则源于 20 世纪 50 年代在威斯康星州所做的一个著名实验。在那个实验里，尽管失去双亲的幼猴只能从一个用铁丝做的模型那儿得到食物，它们仍对用布做的母亲模型更为依恋，这就违背了“哺乳动物会与任何给予它们食物的东西建立起感情”这一理论。看来，对母亲柔软与温暖的偏好，或许才是天生的。[1]

诺姆·乔姆斯基（Noam Chomsky）的著作《句法结构》（*Syntactic Structures*）为语言决定论的坍塌撕开了第一道口子。在这本书里他谈到，人类语言是我们所有行为中最具文化性的一种行为，也是最具本能的一种行为。乔姆斯基重新提出了一个关于语言的旧观点，那就是达尔文曾说过的“掌握艺术的一种本能倾向”。威廉·詹姆斯（William James）

是小说家亨利（Henry）的哥哥，也是一位早期的心理学家，他极力主张人类远比动物存在更多的本能行为。遗憾的是，他的这一观点在 20 世纪的大部分时间里一直被人所忽视，是乔姆斯基把这些理论重新发掘了出来。

通过研究人类的说话方式，乔姆斯基发现所有语言都有内在的某种相似之处，也就是说人类语言存在一种共同的语法。尽管很少有人意识到语法的存在，但大家都知道如何去使用它，这就意味着人类大脑学习语言的特殊能力，部分是由基因赋予的。说白了，词汇不可能是天生的，否则我们说的就是一成不变的语言。或许一个孩子由于其本能，在学习了某些词汇后，天生便会把这些词汇套入到一套思维规则中去。乔姆斯基用语言学的例子作为这一观点的证据：人们说话的时候会遵循一定的规律，而这套规律既不是父母教的，也不是轻易就能从日常对话中学会的。例如，在英文中，要把一个陈述句变成一个疑问句，就需要把主要动词放到句子最前面去，但人们怎么知道该把哪个动词移到最前面呢？看一看这个句子："A unicorn that is eating a flower is in the garden."（花园里有一只正在吃花的独角兽。）你可以把第二个"is"挪到最前面去，句子就变成了："Is a unicorn that is eating a flower in the garden ?"（花园里有一只正在吃花的独角兽吗?）但如果你把第一个"is"挪到最前面去，就变成了"Is a unicorn that eating a flower is in the garden?"，那就说不通了。区别在于，第一个"is"是名词短语的一部分，告诉我们这里所说的不是随便的一只独角兽，而是一只正在吃花的独角兽。即便是一个从未学习过名词短语的 4 岁孩子，也能轻松自如地运用这一规则，仿佛他们天生就会，即便从未听说过或使用过"a unicorn that is eating a flower"（一只正在吃花的独角兽）这个短语，他们也知道这个规则，这就是语言的美妙之处。要知道，我们所说的每一句话几乎都是全新的语言组合。

在随后的几十年里，乔姆斯基的推测得到许多来自不同领域的强有力证据的支持，所有这些证据归结起来，就是心理语言学家史蒂芬·平克（Steven Pinker）的一个结论：人类学习语言是出于本能。平克被誉为首位可以写出通俗易懂作品的语言学家，他收集了很多令人信服的证据以证明语言技能是天生的。第一，语言具有普遍性。所有人都会一种或几种语言，不同语言的语法复杂度都差不多，即便是那些自石器时代就与世隔绝的新几内亚高地上的居民所使用的语言，也是如此。所有人都认真地遵循着那些没有明确成文的语法规则，即便是那些没有受过教育的人和操着方言的人。黑人区里的“黑人英文”，其语法规则的规范性并不亚于英国女王的标准英文。因此，认为一种语言优于其他语言，完全是偏见，例如，在法语中使用双重否定（“没有人不会对我做……这样的事”）就被认为是得当的，但在英文中就会被看作俚语。其实，说这两种语言的人遵循的都是相同的语法规则。

第二，如果学习这些语法规则就像学习词汇一样，是需要通过模仿才能习得的，那么，为什么一个 4 岁的孩子在正确使用“went”这个词后的一两年，却突然改用“goed”[㊀]了呢？事实上，人类的本能中并不包括读写能力，所以必须由我们教会孩子读和写，但他们在很小的时候，几乎用不着我们的帮忙就能学会说话。没有父母会用“goed”这个词，但大多数孩子在某一时刻都会这么说。也没有家长去解释“杯子”这个词指

㊀ 在英文中，一般情况下表达过去时，直接在动词词尾加 -ed 即可。但“go”这个单词属于不规则变化的动词，其过去形式是“went”，而非常规意义上的直接在词尾加 -ed，即“goed”。——译者注

的是所有杯状物，而非一个特定的杯子，也不是这个杯子的把手或制作杯子的材料，更不是指着杯子的动作或是杯子的抽象概念，当然也不是指杯子的大小或温度。但如果一台计算机需要学习某种语言，我们不得不为它费力地配备一个可以自动过滤掉所有错误含义的程序，这个程序就可被视为一种“本能”。孩子们像是被预先设置好了程序一样，天生就知道哪些用法是对的。

但在语言本能方面最让人感到诧异的证据来自一系列的自然实验，即让孩子们去接触一种完全没有语法规则的语言，发现孩子们自己会给这种语言加上语法规则。当中最著名的当属德里克·比克顿（Derek Bickerton）所做的一项研究。在 19 世纪，一群外国劳工来到了夏威夷，为方便内部交流，他们混合了一些字词和短语，形成了一种“洋泾浜语”[一]。与大多数洋泾浜语类似，这种语言缺乏系统的语法规则，表达方式非常复杂，表达能力也相对有限。但当他们的孩子在幼时接触和学习这种语言时，一切都不一样了，这时洋泾浜语已经有了词形变化、字词顺序和语法规则，变成了更实用和高效的克里奥尔语。简言之，正如比克顿所总结的那样，洋泾浜语只有经过一代孩子的学习之后，才能演变成一种新的方言，这是因为孩子们有进行这种改变的本能。

比克顿的假说得到了手语研究的有力支持。有这样一个例子，尼加拉瓜在 20 世纪 80 年代首次建立了聋儿学校，之后便形成了一种全新的自主语言。在这所学校里，学生没有学会使用唇语，但当孩子们在操场上一起玩耍时，把各自在家里所使用到的手势凑到了一起，便形成了一种简单粗糙的洋泾浜语。不过几年，当更小的孩子入了学，也学会了这种洋泾

[一] 指带有其他语言特色的混杂语言。——译者注

浜语之后，它蜕变成一种真正的手势语言，同标准的口语一样，有语法规则，也具有一定的复杂性、实用性和高效性。在这个例子里，孩子们再一次创造了语言，这一事实似乎表明，儿童进入成人期后，语言的本能就消失了，这就是成年人很难学习新语言或是新口音的原因所在。因为成年人不再拥有语言的本能。这也解释了为什么在教室里学习法语比在法国度假时学法语更难，即使对一个孩子来说也是如此：语言本能只对所听到的语言起作用，而对于需要记忆的语言规则是不起作用的。许多动物的本能都存在一个明显的“敏感期”，有些东西只有在这个“敏感期”内才能学会，过期不候。例如：苍头燕雀只有在特定的年龄段里聆听同类吟唱才能学会标准的唱法。其实人类也是如此，发生在一个女孩身上的真实故事就残酷地揭示了这一点。女孩名叫吉妮（Genie），在洛杉矶的公寓里被发现时，才 13 岁。自出生起，她便一直被关在一间简陋的小房间里，几乎从不与外人接触。她只会两个词：“别这样”和“不要了”。她被解救出来后很快就学会了大量的词汇，但始终没有学会语法规则，因为她已经过了语法学习敏感期，语言本能已经没有了。

然而，无论一个理论再怎么荒谬，要彻底摒弃它，也是需要耗费很大精力的。在很长一段时间里都有这么一个错误观念，认为语言是一种可以改变大脑的文化形式，而非大脑塑造了语言。尽管历史上也有一些事例支持这种说法，比如，霍皮语中缺乏时间的概念，因而认为霍皮人的脑子里也没有时间的概念，但后来发现这些事例也都是假的。即便如此，许多社会科学学科仍然认为，语言是人脑神经网络形成的原因而非结果，这种说法显然是站不住脚的。比方说，德语中有个词“Schadenfreude”[一]，意

[一] 中文直译过来，其意思是“幸灾乐祸”。——译者注

指把自己的快乐建立在别人的痛苦之上，但这并不意味着其他国家的语言中若是没有这个词，那里的人们就无法理解这一概念了。[2]

支持语言本能的证据很多，还有更多来自其他方面的。其中比较突出的是关于儿童在出生后的第二年里如何发展语言能力的研究。不管大人直接对这些孩子说了多少话，也不管是否有人教过孩子怎么遣词造句，这些孩子的语言技能发展都有着固定的模式和先后顺序。双胞胎的研究表明，语言发育早晚具有很强的遗传性。但对大多人来说，对语言本能最有说服力的证据还是来自硬科学领域——神经病学和遗传学。中风患者有真实的基因做证据，反对派也不好说什么了。大多数人的左半脑里有一部分是专门用来进行语言处理的，即使是用手语“交谈”的聋人也是如此，尽管手语也需要用到右半脑。[3]

如果大脑中影响语言处理的某一特定部位受损，就会患上“布罗卡氏失语症”，即丧失了使用或理解语法的能力，除非是最简单的语法。但对句子的理解能力不受影响。例如，布罗卡氏失语症患者可以很容易地回答诸如“你能用锤子切割东西吗？”这样的问题，但很难回答“狮子被老虎咬死了，是谁死了？”这样的问题，因为回答第二个问题必须懂得字词顺序方面的语法规则，而负责这部分功能的大脑区域恰好受损了。如果大脑的另一个区域韦尼克区受损，则会出现相反的症状。这种患者能说出一大串语法结构异常丰富但却毫无意义的话。由此看来，布罗卡区像是在生成语言，而韦尼克区则是在告诉布罗卡区应该生成什么样的语言。但这并非故事的全部，因为还有一些其他的大脑区域也参与了语言的加工处理过程，尤其是脑岛，后者或是引发阅读障碍的功能区域。[4]

有两种遗传病会影响语言能力，一种是由 11 号染色体上一个基因突变引起的威廉斯综合征（Williams Syndrome），罹患这种病的孩子一般智力低下，但说起话来生动丰富，十分健谈。他们常喋喋不休，用词复杂、句式考究。如果让他们描述一种动物，与别人选择猫或狗不同，他们常会选择一个颇为奇怪的动物，比如土豚。他们学习语言的能力很强，但是理解力低下，智力迟钝。我们中的很多人曾经都认为思考就是一种不发声的语言，然而威廉斯综合征患者的存在似乎证明了这种想法是错误的。

另一种被称为特定型语言障碍（SLI）的遗传病则有着相反的症状，患者语言能力降低，但智商不会受到明显的影响，至少不会长时间地对智商造成影响。这种疾病是一场科学争论的核心议题，争辩双方分别支持新兴的演化心理学和旧的社会科学，论题是应该用基因来解释行为还是用环境来解释行为。处在争论旋涡之中的这个基因，正是位于 7 号染色体。

这个基因是否存在，并非双方争辩的焦点。对双胞胎的细致研究明确地指出特定型语言障碍具有极强的遗传性，这种病与出生时的神经损伤无关，与成长过程中接触的语言较少也无关，亦不是由智商低下所造成的。虽然对于这种疾病有着不同的定义，但经过一些检查，发现这种病的遗传性接近 100%。也就是说，同卵双胞胎患病的概率大约是异卵双胞胎的 2 倍。[5]

毫无疑问，这个基因位于 7 号染色体上。1997 年，来自牛津大学的一组科学家在 7 号染色体的长臂上发现了一个总是与特定型语言障碍同时出现的遗传标记。虽然这个证据只是从英国的一个大家族里得到的，但结论一目了然。[6]

对特定型语言障碍到底是什么，争辩得非常激烈。有人认为这只是大脑的整体病变，影响到语言产生的多个方面，主要是影响用嘴发声和用耳听声的能力。根据这个理论，病人在语言方面遇到的困难来自这些感官问题。对于其他一些人来说，这个理论非常具有误导性。许多患者的确存在着听力和发音问题，但除此之外，还有一些问题更加值得关注，那就是他们对语法的理解和使用存在问题，而这与任何感官缺陷无关。争辩双方都能达成一致的是，媒体把这个基因炒作为一种“语法基因”，有点过于简单化，太不理性，很丢媒体的面子。

故事围绕着一个英国的大家族展开，我们在此称他们为 K 家族。这个家族一共有 3 代人。1 个患有特定型语言障碍的女子与 1 个正常的男子结婚，两人育有 4 女 1 子，除 1 女外，其余 4 个孩子都是特定型语言障碍患者。而这些孩子又结婚生子，总共生了 24 个孩子，其中 10 个孩子为特定型语言障碍患者㊀。很多心理学家都认识这家人，其他科学家则为他们做了一系列的检查，希望借此能有更为深入的了解。牛津大学的研究团队通过研究他们的血液，在 7 号染色体上发现了这个基因。这个科研团队与伦敦儿童健康研究所有合作关系，两者都支持“综合病变论”，认为 K 家族成员的语法能力缺陷是由他们的听说问题所造成的。和他们持相反意见的主要是加拿大的语言学家玛瑞娜 · 戈普尼克（Myrna Gopnik），她是“语法病变论”的主要倡导者。

1990 年，戈普尼克首次提出，K 家族和其他类似病症的患者在理解英文的基本语法规则方面存在障碍，他们不是不能理解语法规则，而是需要专门的用心学习才能掌握这些规则，但对于正常人而言，这些语法规

㊀ 语言障碍的病因复杂，如果是具有家族遗传病史的语言障碍患者或是伴有智力发育异常的患者，可以考虑通过基因检测（如觅因可 ® 单基因遗传病基因检测）查找遗传病因。——译者注

则是一种本能。有这样一个案例，戈普尼克向某人展示一幅画着卡通动物的图片，图面上配有“这是一个Wug”的标识，然后给他们一张画有两只这种卡通动物的图片，问道“这是……”，大多数人会不假思索地回答“Wugs”，但是对于特定型语言障碍患者，他们很少能回答得出来，即便是回答出来了，也要经过深思熟虑，看起来他们并不知道英文中大多数词的复数规则是在其末尾加一个“s”。但是，特定型语言障碍患者可以记住大多数名词的复数形式，只是碰到以前没有见过的新词时会被难倒，此外，他们还会犯这样的错误，即在那些我们正常人不会加s的词后面加s，比如“saess”。戈普尼克提出这样一种假设，认为这些患者是把每个单词的复数形式都作为一个新的单词来记，但他们记不住相应的语法规则。[7]

当然，特定型语言障碍患者不仅仅是在名词的复数形式方面存在问题，还在过去时态、被动语态、词序规则、后缀、词汇组合以及所有这些本该知道的英文语法规则方面存在问题。戈普尼克研究了英国这个患病家族，首次公开了她的这些发现，但立即遭到了猛烈的抨击。一位批评者认为将问题归咎于语言处理系统，而非基础的语法规则，要合理得多，因为有语言障碍的人在使用英文时本身就很容易用错复数和过去时态这类语法规则。另一位批评者则认为戈普尼克没有说明K家族成员有着严重的先天性语言障碍，而这种语言障碍本身会削弱他们运用语言、音素、词汇、语义及句法的能力。他们很难理解一些复杂和不常见的语法结构，如可逆被动句、定语后置、关系从句、插入语等。[8]

这些批评都有些片面。首先，K家族并不是戈普尼克发现的，她怎么敢对这个家族的疾病情况妄下结论？此外，批评声中也有一部分和她的观点一致，那就是K家族成员对所有的句法结构都有障碍。如果说语法障碍一定是由口语表达障碍所引起的，究其原因主要是口语表达障碍与语法障碍往往同时出现，这无疑就陷入了循环论证的怪圈。戈普尼克并没有轻言放弃。她将研究范围扩展到了希腊和日本，在那里，她设计了各种巧妙的实验，也得到了同样的结果。例如，希腊语中“likos”代表狼，“likanthropos”代表狼人，狼的词根“lik”从来不会单独出现。大多数讲希腊语的人潜意识里都知道“likos”如果与一个以元音开头的单词（如“-anthropos”）组合在一起时需要去掉"-os"，留下“lik-”这个词根，但与一个辅音开头的单词组合在一起时则只需要去掉“s”，变成“liko-”词根。这个规则听起来十分复杂，但即便是说英文的人也能很快掌握，正如戈普尼克所指出的，英文中也一直在使用相同的组词规则，如“technophobia”(技术恐惧)。

有特定型语言障碍的希腊人不能掌握这个规则，他们可以学会“likophobia”或“likanthropos”这样的词汇，但很难分辨出这些词汇的词根和后缀这些复杂结构。因此，为了弥补这种不足，他们需要掌握比常人更多的词汇量。戈普尼克指出“必须把这些人当作没有母语的人”，他们学习母语就像我们成年人学习外语一样，需要死记硬背语法规则和词汇，非常费劲。[9]

戈普尼克承认，一些特定型语言障碍患者在非语言智商测试中得分较低，但也有一些患者的得分会高于平均水平。给一对异卵双胞胎进行非语言智商测试，患有特定型语言障碍孩子的得分高于不患病的那个孩子。戈普尼克还承认，大多数特定型语言障碍患者在听说方面同样存在问题，但并不是所有人都这样，并且语言障碍和听说困难同时存在只是一种巧合。例如，特定型语言障碍患者能够掌握“ball”和“bell”的区别，但生活中却常在该用“fell”的时候错误地用成了“fall”（两者是同一个词，只是语法上有别）。同样，他们也能够分辨押韵的词，如“nose”和“rose”。一位批判者称外人根本听不懂 K 家族成员的语言，戈普尼克对这样的质疑感到非常愤怒，因为她花了数小时跟他们一起聊天、吃比萨、参加家族庆祝活动，发现与他们的沟通是完全没有问题的。为了证明语言障碍与听说能力之间没有关联，她还设计了一个笔试，例如，下面这两个句子：“He was very happy last week when he was first.”（他上周得了第一名，他很高兴。）“He was very happy last week when he is first.”（他得了第一名，他上周很高兴。）大多数人能够一眼看出，第一个句子合乎语法规则，而特定型语言障碍患者则认为这两句话都是对的。很难想象这个问题与听说能力能有什么关联。[10]

尽管如此，研究听说能力的理论家仍然没有放弃。最近，他们又指出特定型语言障碍患者还存在“声音掩蔽”方面的问题，他们很难注意到被前后其他声音所掩蔽的纯音，除非把正常人能听到的这个纯音音调再提高 45 分贝。换句话说，特定型语言障碍患者很难识别出隐藏在一串重音中的轻音，所以他们很可能会漏掉单词末尾诸如“-ed”这样的轻音。

但这不足以解释特定型语言障碍患者的所有症状，包括语法规则障碍的问题，这印证了更有趣的演化论观点：大脑中负责听说能力的区域紧挨着负责语法能力的区域，在特定型语言障碍患者体内，两者都有受损。7 号染色体上的一个基因如果发生异常，就会在妊娠晚期对胎儿的大脑造成损伤，从而导致特定型语言障碍。通过磁共振成像，可以确认脑内这种损伤及其大致位置。不出所料，损伤发生在专门负责语言形成和表达的两个区域之一，即布罗卡区或韦尼克区。

猴子的大脑中正好存在两个对应的区域。与人类布罗卡区对应的区域负责控制猴子面部、喉部、舌头及口腔肌肉，与人类韦尼克区对应的区域负责辨别声音和识别其他猴子的叫声。许多特定型语言障碍患者所面临的语言问题以外的其他问题正是不能很好控制面部肌肉和聆听声音。换句话说，人类祖先最先演化出的语言本能，起源于大脑中控制发声的区域，该区域仍保留了控制面部肌肉和辨别声音的功能，并在此基础上演化出了负责语言本能的区域，使人类天生能够将语法规则附加在所使用的词汇之上。因此，尽管还没有其他的灵长类动物能够学会拥有语法结构的语言，我们还是得感谢那些多次被障眼法所骗的训练师，是他们勤奋工作，试遍了各种可能的办法，才终于让我们知道黑猩猩和大猩猩是学不会语言的——语言与发音和语音处理密不可分。（其实有时也并没那么密切，比如聋人是用眼和手作为语言的输入和输出模块。）因此，大脑中这一部位的遗传性损伤，会影响语法、听力和表达这三方面的能力。[11]

19 世纪，威廉 · 詹姆斯猜测人类的各种复杂行为是基于在人类祖先的本能之上增加了新的本能，而非以学习替代本能。上述案例可能就是这个猜想的最好证明。20 世纪 80 年代末，一群自诩为演化心理学家的科学家重新拾起了詹姆斯的理论，其中最著名的是人类学家约翰 · 图比（John Tooby）、心理学家勒达 · 科斯米德斯（Leda Cosmides）以及心理语言学家史蒂芬 · 平克。他们的观点可以概括如下：20 世纪社会科学的主要目标是研究社会环境如何影响我们的行为；现在，我们应该反过来思考这个问题，改为研究人类与生俱来的本能是如何造就了这样的社会环境。据此，当一个人在快乐时会微笑，在忧虑时会皱眉，所有文化背景下的男性都喜欢年轻漂亮的女性，这些也许都是出于人的本能，而非文化的原因。或者说，人们之所以普遍追求浪漫的爱情，并持有宗教信仰，可能是出于人类的本能，而非传统的影响。图比和科斯米德斯曾假设，文化是个体心理的产物，而非文化造就了个体心理。此外，把先天本能与后天培养对立起来也是一个天大的错误，因为人只有拥有了内在的学习能力，才能去学习，至于学到什么是由内在因素所制约的。例如，教猴子（或人）怕蛇比教它怕花要容易得多，但还是得教。怕蛇是一种需要后天学习的本能。[12]

演化心理学中的“演化”并不一定指血统的变迁，也不是指自然选择的过程本身，虽然这两方面都很有趣，但它们进行得太慢，目前还无法用现代化手段去进行研究。这里的“演化”是指达尔文理论的第三个特点，即适应的概念。人们可以通过“逆向工程”来识别复杂的生物器官的作用，就像研究复杂机器的作用那样。史蒂芬·平克喜欢从兜里掏出一个专门用来去橄榄核的小玩意来解释“逆向工程”的原理。勒达·科斯米德斯则更喜欢用一把瑞士军刀来解释同一过程。这两种工具只有在面对特定的对象时，才能发挥作用，否则就毫无意义，比如，一定要说明这个刀片是用来做什么的。如果在描述照相机的工作原理时不提及它的拍摄功能，这样的讲解就是没有意义的。同样，描述人类（或动物）的眼睛时，如果不提到它的视觉作用，也是没有意义的。

平克和科斯米德斯都指出，这同样适用于人类的大脑。人类大脑拥有不同的模块，就像瑞士军刀拥有不同的刀片那样，不同的模块具有各自特定的功能。另一种观点则认为：大脑的复杂性是随机的，而大脑不同的功能不过是大脑复杂物理机制的副产品，人类只是出于幸运，才获得了这些功能。尽管没有任何证据支持这种观点，乔姆斯基依然对此钟爱有加。没有证据能支持这么一个假说：微处理器的网络越复杂，它所能实现的功能就越多。事实上，认为人类大脑是一个由神经元和突触连接而成的多功能网络，这一理念在很大程度上存在误导性。据此，人们使用神经网络的“联结主义”方法去研究上述假说，却发现这个假说站不住脚。要想解决已有的问题，就需要预先设计好解决方案。

尤为讽刺的是，“自然设计”（design in nature）的概念曾一度是反对演化论的最有力论据之一。事实上，整个 19 世纪上半叶，正是有关“自然设计”的观点阻止了演化论的发展。“自然设计”最具代表的倡导者威廉 · 佩利（William Paley），曾有过这么一段名言：若在地上发现了一块石头，你或许对它从何而来毫无兴趣。若在地上发现了一块手表，你必会联想到钟表匠。因此，生物体拥有更为精细完美的构造就是上帝存在的证据。达尔文的聪明之处在于，他使用同样的论据，却得到相反的结论，表明佩利是错的，从而捍卫了自己的观点。用理查德 · 道金斯的话来说，有一个“盲人钟表匠”，名叫“自然选择”，它从生物体的自然变异出发，循序渐进，历经数百万年，经历数百万个生物体，便可以像上帝一样使生物体变得复杂，以适应环境。所以，这一证据很好地支持了达尔文的假说，使复杂适应性成为支持自然选择的最有利证据。[13]

人类所拥有的语言本能明显就具有这种复杂的适应性，这是一个精密也不乏美感的体系，有了它，个体之间才能清晰地交流复杂的信息。不难想象，它给我们的祖先带来了多大的便利，它使非洲平原上人们可以相互分享详细而精确的信息，这对其他物种而言是不可能的。“沿着山谷走一小段路，然后在池塘前面的树那里向左拐，你就会看到我们刚刚杀死的长颈鹿。要避开长满果实的树右边的灌木丛，因为我们看到一只狮子钻进去了。”听懂了这两句话的人才可以生存下来，成为自然选择中的幸运儿。当然，要听懂这两句话，就需要掌握许多的语法知识。

还有很多证据证明人类的语法能力是与生俱来的。有证据显示，位于 7 号染色体上的某个基因对语言本能的形成起了作用，但是到底起了多大的作用，暂不得而知。有些基因的主要作用似乎是直接让人发展出语法本能，但大多数社会科学家仍强烈反对这一观点。即使有证据支持 7 号染色体上的这个基因与语法能力的形成相关，一些社会科学家依旧倾向于认为这个基因的直接作用是使大脑有了理解语言的能力，而它在语言本能方面的影响只不过是副作用而已。一个世纪以来，大家普遍认为本能是“动物”所特有的，人没有本能，也就不足为奇了。然而，如果将这种说法与詹姆斯的观点（有些本能得靠学习和接受外部刺激才能建立起来）联系在一起，那么这个学说就要垮掉了。

本章紧跟演化心理学的观点，尝试利用人类行为“逆向工程”的方法去了解它所需要解决的问题。演化心理学是一门非常成功的新学科，它给许多领域带来了与人类行为研究相关的全新见解。作为 6 号染色体那一章节的主题，行为遗传学旨在达到大致相同的目的，不过这两个学科的研究方法是全然不同的，以至于会相互冲突。两者的区别在于：行为遗传学寻求的是个体之间的差异，并试图将这种差异与基因联系起来；而演化心理学寻求的是人类行为的共性，即我们每个人身上都有的特征，并试图解释这种行为中的一部分是如何成为人类本能的。因此，它假定不存在个体差异，起码对于特别重要的行为是如此。这是因为自然选择的任务就是消除个体差异，如果基因的一种形式比另一种形式好得多，那么较好的基因形式就会迅速普及，而较差的则会很快被淘汰掉。所以，演化心理学得出这样一个结论：如果行为遗传学家发现某种基因存在不同的形式，那么这个基因就不会很重要，而只能起次要作用。而行为遗传学家则反驳道，迄今为止被研究过的每一个人类基因都有不同的形式，所以，演化心理学的论断肯定有失偏颇。

在实践过程中，我们或许会慢慢发现这两个学科之间的分歧被夸大了。一个研究的是常见的、具普遍性、具特定物种属性的遗传学；另一个研究的则是个体差异的遗传学。两者都有可取之处。所有的人都有语言本能，而所有的猴子则没有。然而，这种本能是存在着个体差异的，即使是特定型语言障碍患者，他们学习语言的能力仍然远比沃肖（Washoe）、科科（Koko）、尼姆（Nim）或其他任何久经训练的黑猩猩和大猩猩，要强得多。

对于许多非专业人士而言，仍然难以认同行为遗传学和演化心理学的结论，最令人费解的是，一个基因，一串 DNA“字母”，怎么就造成了一种行为？将蛋白质的形成同学习英文过去时态的能力联系起来，其底层机制是什么？我承认，乍一看，两者之间确有一条无法逾越的鸿沟，更多的是需要信念，而非理性。然而事实并非如此，因为行为的遗传与胚胎发育的遗传并无本质区别。发育中的胚胎大脑里存在一系列的化学梯度，形成了神经元的路线图，可以设想一下，大脑中的每个模块都是参照这个梯度发育成熟的，而这些化学梯度本身就可能是遗传机制的产物。基因和蛋白质已经确定了它们在体内的位置，虽难以想象，但无疑是事实。在讨论 12 号染色体时，我将提到这样的基因是现代遗传学研究中最激动人心的发现之一。行为基因的概念并不比发育基因的概念奇怪多少。尽管两者都让人颇费脑筋，但大自然从不会因此而有任何的妥协。

X 和 Y

X和Y染色体冲突

Xq28——感恩妈妈所给予的这个基因。

20 世纪 90 年代中期，
同性恋书店在售 T 恤上的文字

在上一章绕道谈论了语言学，可谓直面了演化心理学的重大意义之所在。如果它给你留下了一种不安的感觉，让你觉得你的能力、语言和心理并非由意志所决定，而是在某种程度上由本能所左右，那么看完这一章，情况将会变得更糟。这一章所要讲的或是整个遗传学历史上最令人感到惊诧的故事。我们已经习惯于把基因当作配方，认为它们在消极地等待机体的集体决策，以确定要不要开始转录，分明就是身体的仆人。而在这里我们却遇到了另一个事实：野心勃勃的基因把我们的机体当作了侵害对象、玩物、战场和媒介。

长度排在 7 号染色体之后的是 X 染色体。X 是染色体中的异类，不像其他染色体那样成对出现。与之在序列上具有高同源性的另一条是短小而“慵懒”的 Y 染色体。在雄性的哺乳动物和果蝇以及雌性的蝴蝶和鸟类中，都是 X 和 Y 配对。相反，在雌性哺乳动物或雄性鸟类中是两条 X 染色体，但它们仍然有些古怪：在机体的每个细胞中，两条 X 染色体的遗传信息并非等量表达，其中有一条 X 染色体会将自己卷曲成一个紧密的、呈惰性状态的巴氏小体（Barr body）。至于具体选择哪条 X 染色体，则是随机的。

X 染色体和 Y 染色体被统称为性染色体，原因很明显，因为它们近乎完美地决定了人类的性别。每个人都从母亲那里遗传得到了一条 X 染色体，如果从父亲那里遗传得到了 Y 染色体，就是男性；如果从父亲那里遗传得了一条 X 染色体，就是女性。也有极少数例外，如表面上具有女性特征的人却拥有一条 X 染色体和一条 Y 染色体，这是性别决定规则以外的特殊个例，原因在于这些人体内的 Y 染色体上决定男性性别的关键基因，发生了缺失或受损。

无须在学校学习太多的生物学知识，大家就会了解到 X 和 Y 染色体。很多人还知道色盲、血友病和一些其他疾病在男性中更为常见，是因为这些疾病的相关基因位于 X 染色体。因为男性只有一条 X 染色体，他们比女性更有可能患上这些隐性遗传的疾病。正如一位生物学家所说，在男性中，X 染色体上的基因是在没有副驾驶的情况下独自飞行。但是，关于 X 染色体和 Y 染色体还有很多事情是人们所不知道的，其中，一些令人不安的、奇怪的事实甚至还撼动了生物学的根基。

在所有科学出版物中，英国《皇家学会哲学汇刊》当属是最严肃的了，从中你很少能读到这样的文字："因此，哺乳动物的 Y 染色体很可能卷入了一场战斗，在这场战斗中，它被对手所击败。然后 Y 染色体丢掉所有对其功能不重要的转录序列，逃走并躲了起来。"[1]"战斗""击败""对手""逃走"？我们很难期望 DNA 分子能做这些事情。然而，同样的语言（用语稍微更专业一点）又出现在了另一篇关于 Y 染色体的科学论文中，其标题为《内在的敌人：基因组间的冲突、基因位点间的竞争演化（ICE），以及物种内的红皇后假说》。在这篇论文中有部分内容是这样的："通过一些温和、有害突变的基因上的'搭便车'现象，Y 染色体和其他染色体之间永久的位点竞争演化会不断侵蚀 Y 染色体的遗传质量。Y 染色体的衰减是基因搭便车的结果，但正是基因位点间的竞争演化催化并持续推动了雄性与雌性之间既拮抗又协同的演化[2]。"尽管这话对你来说仿佛难以理解，但还是有一些很吸引眼球的词，比如"敌人"和"对抗"（拮抗）。最近还有一本教科书，也是同样的题材。书名很简单，叫作《演化：一场持续了 40 亿年的战争》[3]。到底是怎么回事呢？

在过去的某个时候，我们的祖先从像爬行动物那样通过环境温度来决定性别，转变成了用基因来决定性别。这种转变的原因可能是为了在怀孕之时便对不同性别的胎儿进行针对性的训练。对于人类而言，性别决定基因会成使我们成为男性，否则就是女性。而对于鸟类，情况正好相反。Y 染色体上存在很多有利于雄性的基因，比如，使肌肉发达的基因，或者是使人更好斗的基因。但这些基因并非雌性所需要的，雌性更愿意把精力用在哺育后代上。因此这些基因便在一种性别中占据优势，但在另一种性别中处于劣势。学术界称之为性别拮抗基因。

当有另一个突变基因抑制了两条配对染色体之间正常的遗传物质交换过程时，拮抗关系这个难题便得到了解决。现在，性别拮抗基因可能会分化，走上不同的道路：当位于 Y 染色体上时，它可以利用钙来制造鹿角；当位于 X 染色体上时，可以利用钙来生成乳汁。因此，一对原本是普通基因载体的染色体，被性别决定过程劫持，变成了性染色体，各自吸引一套不同的基因。在 Y 染色体上，积聚的是有利于男性，但往往不利于女性的基因。在 X 染色体上积累的是对雌性有益而对雄性有害的基因。例如，最近在 X 染色体上新发现了一个叫作 DAX 的基因，很少有人在出生时同时拥有 X 和 Y 染色体且在 X 染色体上有两份 DAX 基因拷贝。结果就使得这些人尽管从遗传学角度上看是男性，但却会发育成正常的女性。现在来看，究其原因，就是 DAX 和 SRY（Y 染色体上决定男性性别的基因），彼此之间存在拮抗。只有 1 个 DAX 基因的时候，它便是 SRY 基因的手下败将，但如果有 2 个 DAX 基因的话，就可以反过来让 SRY 基因称臣了。[4]

这种基因间的拮抗作用是非常危险的。打个比方，如果两条染色体不再把对方的利益放在眼里了，它们还会关心整个物种的利益吗？或者，更确切地说，X 染色体上基因的传播实际上是以牺牲 Y 染色体为代价的，反之亦然。

举个例子，假设 X 染色体上有这么一个基因，这个基因会制造出一种致命毒药，而这种毒药只杀死携带 Y 染色体的精子。那么，拥有该基因的人子嗣虽不会减少，但他只会有女儿，不会有儿子。他所有的女儿都会携带这种新基因。如果他会有儿子的话，儿子们是不会携带这种基因的，但可惜他是不会有儿子的。因此，这种基因在下一代中出现的概率是通常情况下的两倍，并迅速扩散开来。只有当这种基因灭绝掉了大多数男性，以至于男性过少，威胁到了该物种的存续，这种基因才会停止传播。[5]

这是异想天开吗？当然不是。在一种名为非洲细蝶（Acrea encedon）的蝴蝶中，这种情况就真实发生了。结果就是，97% 的蝴蝶都是雌性。这只是这种被称为“性染色体驱动”的演化冲突形式的众多案例之一。大多数已知的类似例子仅限于昆虫，但这只是因为科学家们对昆虫的研究更为详尽深入。如此看来，前文中所引述过的有关冲突的奇怪用语，开始变得更有意义了。有一个简单的统计材料：因为女性有两条 X 染色体，而男性有一条 X 和一条 Y 染色体，所以 3/4 的性染色体都是 X 染色体，只有 1/4 是 Y。换句话说，X 染色体有 2/3 的时间都是在女性体内度过的，只有 1/3 的时间在男性体内。因此，X 染色体演化出攻击 Y 染色体能力的可能性，是 Y 染色体演化出攻击 X 染色体能力的 3 倍。Y 染色体上的任何基因都容易受到新演化出来的 X 染色体基因的攻击。结果就是 Y 染色体扔掉了尽可能多的基因，并关闭了剩下的基因，以“惹不起，还躲不起”的姿态，藏了起来，剑桥大学的威廉·阿莫斯（William Amos）辅以术语，如是说道。

人类 Y 染色体如此有效地关闭了它的大部分基因，以至于它的大部分区域由非编码 DNA 组成，非编码 DNA 根本没有任何功能，也正是这样，才不会成为 X 染色体的靶子。Y 染色体上有一小块区域似乎是最近才从 X 染色体上“溜”过来的，也就是所谓的假常染色体区域（pseudo-autosomal region），其中包括了一个非常重要的基因，即前面所提到的 SRY 基因。该基因通过启动一系列的级联反应，从而导致了胚胎的雄性化。单个基因竟能有如此强大的功能，实属罕见。虽然它只是启动了一个开关，但有很多事情是紧随其后的。比如，生殖器官发育成阴茎和睾丸的样子，身形和构造与女性渐行渐远（单就人而言是这样的，不过鸟类和蝴蝶并非如此），各种激素也开始在大脑中起作用。几年前，《科学》杂志曾刊登过一幅关于 Y 染色体的漫画，作者声称已经找到了那些决定男性典型行为特征的基因，比如不断地变换电视频道、善于记住并复述笑话，对报纸的体育板块感兴趣、喜欢死亡和暴力题材的电影、不善于通过电话表达情感。这幅漫画很是有趣，是因为我们认可这些全都是典型的男性行为。在搞笑的同时，这幅漫画强化了基因在控制经典行为中的重要性。这幅漫画的唯一错误在于，并非每一种男性行为都有与之对应的特定基因，应是睾酮等雄激素使大脑普遍雄性化，从而导致男性在现代环境中倾向于表现出这种行为。因此，从某种意义上说，许多男性所特有的习惯，均是 SRY 基因的产物，正是因为 SRY 基因，才引发了一系列导致大脑和身体男性化的事件。

SRY 基因很特别。它的序列在不同男性之间是非常一致的，几乎没有点突变，也就是说没有变过任何一个字母。从这个意义上说，SRY 是一个没有变化的基因，自大约 20 万年前人类的最后一个共同祖先到现在，就没有变过。然而，我们的 SRY 基因与黑猩猩的很是不同，与大猩猩的亦相差甚远。在不同物种之间，SRY 基因的变异是其他基因的 10 倍。与其他有活性的（也就是可以表达的）基因相比，SRY 是演化最快的基因之一。

我们该如何解释这一悖论呢？威廉·阿莫斯和约翰·哈伍德（John Harwood）认为，答案就在于被他们称为“选择性清除”的逃走并躲起来的这个过程。有时，X 染色体上会出现一种驱动基因，通过识别 SRY 产生的蛋白质来攻击 Y 染色体。对于任何罕见的 SRY 突变体来说，一旦突变后差异足够大而无法被识别，那么就会具备竞争优势，这种突变体就会取代其他男性开始广泛进行传播。X 染色体上的驱动基因试图改变性别比例，使其向女性倾斜，但新的 SRY 突变体的传播又把这个比例给扳了回来。最终结果就是该物种的所有成员共享一个全新的 SRY 基因序列，几乎没有任何变异。这场突然发生的演化速度极快，没有留下任何遗传证据。最终，产生了种间差异极大、种内差异寥寥的 SRY。如果阿莫斯和哈伍德是对的，那么自 500 到 1000 万年前黑猩猩祖先和人类祖先分离之后，到 20 万年前所有现代人类共同的祖先出现之前，至少发生过一次这样的“清除”。[6]

你可能会感到有点失望。我在本章开始时预告的暴力和冲突，原来只不过是分子演化过程的一个细节。不要担心，还远没有结束呢，接下来我将尽快把基因与真正的人类冲突联系起来。

加州大学圣克鲁兹分校的威廉·赖斯（William Rice）是性别拮抗研究领域的领军人物，他已经完成了一系列了不起的实验以阐明这一观点。假定我们人类祖先刚刚获得了一条新的 Y 染色体，为躲避 X 染色体上的驱动基因，它正在去掉或关闭自己身上的很多基因。用赖斯的话说，这条新的 Y 染色体如今已然是男性有利基因的聚集地。因为 Y 染色体永远不会出现在女性身上，所以即使对女性非常有害，但只要是对雄性有哪怕一丁点的好处，它都会去争取（如果你仍然认为演化会让所有物种受益，还是省省吧）。在果蝇和人类中，雄性射精时精子悬浮在一种叫作精液的浓稠液体中。精液中含有的蛋白质是基因的产物，不过它们的作用暂还未知，但赖斯有一个精明的想法。在果蝇的交配过程中，这些蛋白质进入雌性果蝇的血液，并转移到大脑等其他地方，可以起到降低雌性性欲和增加排卵率的作用。30 年前，你可以在美国国家地理杂志上看到这样的评论：完成交配以后，雌蝇到了停止寻觅性伴侣的时候了，转而寻找筑巢地点，雄性的精液改变了雌蝇的行为。如今，这些信息呈现出一种更加险恶的意味。雄性试图操纵雌性不再与其他雄性交配，从而为其产下更多的后代。这么做是受那些性别拮抗基因的指使，它们或是位于 Y 染色体上，或是由 Y 染色体上的基因启动。但是在选择压力之下，雌性越来越抗拒这种操纵。结果陷入困境，收效甚微。

赖斯做了一个巧妙的实验来验证他的想法。他把果蝇繁殖了 29 代，在这期间，他抑制了雌蝇拮抗性的发展，这样，就保留下一支没有渐变的雌蝇。与此同时，通过让雄蝇和抗性越来越强的雌蝇进行交配，使雄性产生出效力越来越强的精液蛋白。29 代之后，他把这两种果蝇重新放到一起进行交配。结果一目了然，雄蝇精液在操纵雌蝇行为方面是如此高效，以至于它的毒性大得甚至可能会杀掉雌蝇。[7]

现在赖斯相信性别拮抗存在于各种环境之中，飞速演化的基因就是它们所留下的线索。以贝类中的鲍鱼为例，精子需要用一种名为细胞溶解素的蛋白质，以在卵子细胞表面由糖蛋白组成的网上钻出一些洞来。这种细胞溶解素的基因演化得非常快（在我们人体里情况可能也是如此）。这可能是由细胞溶解素和糖蛋白网之间的竞争所致。快速穿透对精子有利，但对卵子不利，因为这会允许寄生虫或第二个精子穿过。更让人有些不是滋味的是，胎盘是由来自父方且快速演化的基因所控制的。以戴维·黑格为首的现代演化学家们现在认为胎盘更有可能是由胚胎里来自父方的基因所控制的，如同一个寄生在母亲身上的傀儡。胎盘试图克服母体的阻力，控制其血糖水平和血压，以利于胎儿生长[8]。在 15 号染色体那一章中会有更多关于这方面的内容。

那么求爱行为呢？传统观点认为，孔雀精致的尾巴是用来引诱雌性的，并且实际上是依据雌性祖先的喜好而设计出来的。然而赖斯的同事，布雷特·霍兰（Brett Holland）却有着不同的解释。他认为孔雀确实演化出了长尾巴以引诱雌性，但它们这样做是出于雌性对于诱惑变得越来越不感冒。实际上，雄性不再强迫雌性与其交配，而是通过求偶仪式来示爱；雌性则变得愈发挑剔，以把控交配频率和交配时机。这个理论可以解释在两种狼蛛中的惊人发现。其中的一种狼蛛前腿上有一簇直立的刚毛，用以求偶。给雌性狼蛛播放雄性狼蛛展示刚毛的视频，雌性蜘蛛会通过自己的行为来表达雄性蜘蛛的表现是否能让她亢奋起来。如果修改视频内容，把雄性的刚毛去掉，雌性仍像刚才那样会亢奋不已。但在另一种没有刚毛的狼蛛中，视频中人为地为雄性添加了刚毛，就使雌性的接受率提高了一倍多。换句话说，在演化过程中，对于同种雄性的示爱行为，雌性渐生厌倦。因此，性选择是诱惑基因和挑剔基因之间性拮抗的一种表现形式。[9]

赖斯和霍兰得出了一个令人不安的结论：一个物种的社会性和交际性越强，就越有可能受到性别拮抗基因的影响，因为两性之间的交流为性别拮抗基因提供了肥沃的土壤。地球上最具社会性和交际性的物种，非人类莫属。突然之间人们开始明白为什么人类两性之间的关系是如此大的一个雷区，为什么男性对性骚扰的定义与女性大相径庭。从演化的角度来说，两性关系不是由对男性或女性有利的因素所驱动的，而是受其染色体所驱动的。以往，诱惑女性的能力对 Y 染色体是有利的，抵抗男性诱惑的能力对 X 染色体是有利的。

基因之间的竞争并不仅限于性方面。假设有一种基因会增加说谎的概率（这不是一个很符合现实的命题，但可能有一大组基因间接地影响了人的诚实程度），这样的基因可能会让拥有它的人成为得逞的骗子。再假设也许在另一条染色体上还有另一种（或一组）不同的基因会提高对谎言的识别能力，这种基因能使其拥有者避免上骗子的当。这两种基因可能就会拮抗演化，相互促进，尽管同一个人很可能同时拥有这两种基因。在它们之间存在着赖斯和霍兰所说的"基因位点间的竞争演化"，即 ICE。在过去的 300 万年里，这种竞争过程可能确实推动了人类智力的提高。发达的大脑是为了帮助我们在大草原上制造工具或生火，这种观念早已过时。取而代之的是大多数演化论者都相信的马基雅维利理论

（Machiavellian theory）——在操纵和抵抗操纵这场竞赛之中，需要更强的大脑。“人类的基因用语言做武器，不断进行着攻防转换。而我们所谓的智力可能只是基因间冲突的副产品。”赖斯和霍兰写道。[10]

请原谅我刚刚跑偏到智商这个话题上去了，让我们继续回到性这个话题。1993年，迪恩·哈默（Dean Hamer）宣布他在X染色体上发现了一个基因，这个基因对性取向有很大的影响，媒体旋即称之为“同性恋基因”，这可能是最轰动、最具争议性的遗传发现之一[11]。哈默的研究只是同一时期发表的几篇论文中的一篇，这些论文都指向同一个结论，即同性恋是“由基因决定的”，而不是文化压力或意识选择的结果。这其中的一些工作是由男同性恋者自己完成的，比如索尔克研究所的神经学家西蒙·列维（Simon Levay）。他们中的一些人急于让大众接受一个在他们自己心中十分笃定的信念：同性恋者“生来如此”。他们相信，如果一种生活方式是由与生俱来的倾向所决定的，而非以人的意志为转移，那么所遭受的偏见就会少一些。如果父母知道同性恋是出于遗传方面的原因，那么他们就不至于那么担心，因为除非孩子生来就有同性恋倾向，否则其性取向是不会受身边同性恋所左右的。事实上，保守主义者已经就其遗传方面的证据展开了攻击。1998年7月29日，在《每日电讯报》上，保守派的杨女士这样写道：“我们须谨慎对待‘天生就是同性恋’这种说法。不仅因为这是错的，更是由于它为同性恋维权组织提供了借口。”

但是，无论某些研究人员多么希望得到他们想要的结果，这些研究都是客观的，经得起推敲。毫无疑问，同性恋具有很强的遗传性。以一项针对双胞胎同性恋的研究为例，在54个异卵双胞胎的男同性恋中，有12个人的双胞胎兄弟也是男同性恋；在56个同卵双胞胎的男同性恋中，有29

个人的双胞胎兄弟也是同性恋。由于双胞胎的生活环境相同，可以排除环境因素影响，无论他们是异卵还是同卵，这一结果意味着，基因因素占了男性同性恋倾向的一半左右。还有其他十几项研究也得出了类似的结论[12]。

出于好奇，迪恩·哈默决定去寻找与同性恋相关的基因。他和他的同事采访了 110 个男同性恋家庭，并注意到一些不寻常的事情。同性恋似乎是母系遗传的。如果一个男人是同性恋，那么他的上一代人中最有可能是同性恋的，不是他的父亲而是他的舅舅。

这让哈默立刻意识到该基因可能位于 X 染色体，这是男性从母亲那里遗传得到的唯一一条染色体。通过比较家族中男同性恋和异性恋之间遗传标记的差异，他很快便锁定了位于 X 染色体长臂末端的 Xq28 区域。男同性恋中，75% 都有该基因，而在异性恋男性中，该比例只有 25%。从统计学角度来看，这种可能性高达 99%。随后的研究结果进一步确认了这一结论，并排除了这一区域与女同性恋取向之间的关系。[13]

对于像罗伯特·特里弗斯（Robert Trivers）这样精明的演化生物学家来说，这样一个基因可能存在于 X 染色体上的迹象立即让其警觉起来。基因决定性取向这个说法的问题在于，这会导致同性恋基因很快就会灭绝。然而现实情况并非如此，同性恋在现代人中是普遍存在的。约有 4% 的男性是明确的同性恋，还有更小比例的人是双性恋。一般来说，男同性恋比异性恋男性生育孩子的可能性更小，因此除非这种基因具有某种补偿优势，否则它会越来越少甚至完全消失。特里弗斯辩称，由于 X 染色体在女性体内的时间是男性的两倍，一种有益于女性生育能力的性别拮抗基因才得以保存下来，即使它对男性生育能力有两倍的损害。例如，假设哈默发现的基因决定了女性青春期年龄，甚至是乳房大小（记住，这只是一个假设），这些特征中的每一个都可能会影响女性的生育能力。在中世纪的时候，丰满的乳房可能意味着更多的乳汁，更受富豪的青睐，于是生下的孩子就不太可能夭折。尽管同样的基因会使得儿子觉得男性才有吸引力，会降低男性生育儿子的概率，但因为给女儿带来了优势所以也就保存了下来。

在哈默的基因被发现和破译之前，同性恋和两性对抗之间的联系充其量也只是一种胡乱猜想。事实上，Xq28 和性之间的关系仍有可能存在错误。迈克尔·贝利（Michael Bailey）最近关于同性恋家系的研究就发现同性恋的母系遗传并不普遍，而其他科学家也未能发现同性恋与 Xq28 有关。目前看来，这种相关性好像仅限于哈默研究的那些家庭。哈默自己也在提醒大家，除非是真的找到了确切的基因，否则这些假设都是站不住脚的。[14]

而且现在又有了对同性恋的另一种完全不同的解释，令事情变得更为复杂起来了：性取向与出生顺序的关系变得愈发明显起来。相比没有兄弟、只有弟弟、有一个或多个姐姐的男性，有一个或多个哥哥的男性更有可能会成为同性恋。出生顺序的影响是如此之强，以至于每增加一个哥哥，成为同性恋的可能性就会增加大约 1/3。当然，这个可能性仍然不高，毕竟，从 3% 涨到 4%，就已经增加了 1/3。这个现象普遍发生在很多研究对象中，并且在英国、荷兰、加拿大和美国都有报道。[15]

对大多数人来说，首先想到的是类似于弗洛伊德理论的想法：成长在一个有哥哥的家庭中，或许兄弟之间的互动会使一个人有了同性恋倾向。但是，像往常一样，弗洛伊德式的反应几乎肯定是错误的。旧式的弗洛伊德观念认为，同性恋是由母亲的过度保护和父亲的冷漠疏远所造成的，这种观念完全混淆了因果关系：是因为男孩表现出来的柔弱气质导致了父亲的疏远，而作为补偿，母亲则变得过度疼爱。答案可能还是在性别拮抗方面。

一个重要的线索在于，女同性恋者不存在这样的出生顺序效应，她们在家庭中的分布是随机的。此外，姐姐数量的多少与男性是否发展为同性恋，也是毫不相干的。可能是已经生过男孩的子宫中存在某种特别的东西，它增加了后续生育的其他男性成为同性恋的可能。对此，有种最佳的解释，涉及了 Y 染色体上的一组被称为 H-Y 次要组织相容性抗原的三个活性基因。要知道，一个与之类似的基因编码了一种叫作抗苗勒氏管激素的蛋白质，这是一种对身体的男性化至关重要的物质，它引起男性胚胎中苗勒氏管的退化，而苗勒氏管其实是子宫和输卵管的前体。至于这三个 H-Y 基因的功能是什么，暂还不知。它们对于生殖器官的男性化也并非不可或缺，毕竟，有睾酮和抗苗勒氏管激素就已足够了。然而直到现在，H-Y 基因的重要意义才开始显现出来。

这些基因产物之所以被称为抗原，是因为我们已经知道它们会引发母体免疫系统的反应。因此，连续怀有男胎可能会使母体免疫反应更强（女婴不产生 H-Y 抗原，所以不会提高免疫反应）。研究出生顺序效应的雷·布兰查德（Ray Blanchard）认为，H-Y 抗原的作用是开启某些特定组织，特别是大脑中的其他基因，而且已经有很好的证据表明小鼠中也是如此。如果是这样的话，来自母亲的这些蛋白质引发的强烈免疫反应，将在一定程度上阻止大脑的男性化，而不是生殖器的男性化。这反过来可能会导致它们被其他男性所吸引，或者至少不被女性所吸引。在一项实验中，对实验组幼鼠使用 H-Y 抗原以诱发免疫反应，与对照组相比，实验组幼鼠长大后基本无法成功交配。令人沮丧的是，该实验者没有报告原因。同样，也可以在发育的关键时刻通过启动一个叫作“转化器”的基因，诱导雄性果蝇只表现出雌性的性行为，并且不可逆转。[16]

人不是老鼠，也非果蝇，有大量证据表明，人类大脑的性别分化在出生后仍在继续。除极少数情况外，男同性恋显然不是被禁锢在男性肉体里的女性。他们的大脑至少在一定程度上是由于激素的作用而雄性化的。不过，仍然有可能的是，他们在早期的某个关键敏感期缺乏了一些激素，从而永久地影响了一些功能，包括性取向。

比尔·汉密尔顿是最早提出性别拮抗理论的人，他明白这一观念如何深刻地动摇了我们对基因的认识。他后来写道："基因组并非人类之前所想象的那样，是一个庞大的数据库加上一个致力于某项目的执行团队（即生存及生育）。相反，它变得更像是一个公司内部的博弈场所，一个利己主义者、各派系之间权力斗争的舞台。"汉密尔顿对于基因的新认识开始影响他对自己头脑的理解：[17]

> 我曾认为自己是个有独立意识的人，然而事实并非如此。故此，我也不必为自己优柔寡断的性格而感到羞愧。我只是一个由脆弱的帝国外派出使的代表而已，接受着来自分裂帝国里不安的统治者那前后矛盾的政令……为了写下这段文字，我其实也在假装自己是一个统一体，但我深知这样的统一体是不可能存在的。其实，我是一个混合体，男性和女性、父辈与子辈，而那些争斗不休的染色体片段，早在塞文河上出现霍斯曼诗歌《什罗普郡的少年》中的凯尔特人和撒克逊人之前的数百万年里，就已有了。

无论是父与子的基因纷争，还是男女之间的基因拮抗，这种基因冲突的概念，除了演化生物学家这个小圈子，就鲜为人知了。可是，它却深刻动摇了整个生物学的哲学基础。

8号染色体

自利

人是延续生命的机器，是被盲目编程以保护自私基因的机器人载体。这一事实至今仍令人深感震惊。

——《自私的基因》（理查德·道金斯）

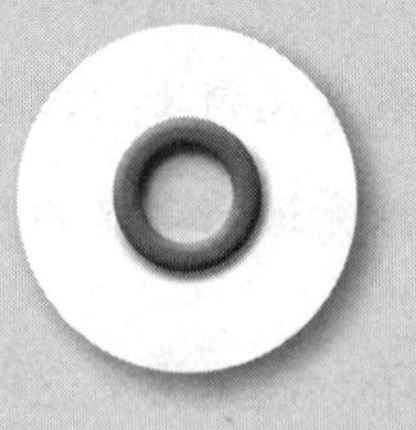

新款机器所附带的产品使用指南总是无法令人感到满意，说明书里面似乎老是缺少你所需要的那部分信息，还丢三落四的，搞得人晕头转向，陷入困境。不过好在它不会胡乱添加内容，不会在你读到关键部分的时候，突然插入 5 段席勒的《欢乐颂》，或是 1 套关于如何骑马的操作指南。通常情况下，指导机器安装的指南不会出现 5 份，也不会把你要找的安装指南拆分为 27 段并在各段落之间穿插进大量不相关的文字，如果是这样的话，要想从中翻找出真正的指南内容，可谓是一项艰巨的任务。人类视网膜母细胞瘤基因就是这样的，并且据我们所知，这样的人类基因很具代表性：27 个简短的有义段落中间充斥着 26 页的冗余内容。

大自然母亲在基因组中隐藏了一个小秘密。每个基因原本不需要这么复杂，基因被打断为许多不同的“段落”（称为外显子），在这些“段落”之间存在着一些随机且无意义的长片段（称为内含子），以及一些完全不相关的重复序列，抑或是另外一个完全不同的（或有害的）基因。

之所以出现段落内容的混乱，是因为基因组这本浩瀚巨著的作者就是基因组自己，在过去的 40 亿年间，这本浩瀚巨著一直都在增减和修改。

基因组这份自我编写的文本有着非同寻常的特性，尤其是会有一些其他内容寄生其中。虽然这个比喻不太恰当，但试想一下，一位写使用手册的作者，每天早上一坐到电脑前，就发现文本的每个段落都在试图引起他的注意，那些最喜欢大声吵吵的段落逼他把自己复制 5 遍，并放到下一面里。最后，使用手册中实质内容还是有的，否则机器就永远没法组装起来了，但由于作者的妥协，手册中充斥着那些被要求复制的段落，如同寄生一般。

实际上，随着电子邮件的出现，这个类比不再像以前那般牵强了。假设我给你发了一封电子邮件，上面写着："当心，出现了一种讨厌的计算机病毒。如果你打开一个标题包含'果酱'的邮件，它就会把你硬盘中的内容删个精光！请把这封警告邮件转发给所有你能想到的人。"关于病毒的那部分是我编的，据我所知，目前还没有主题为"果酱"的邮件在传播。但是我非常有效地霸占了你整整一个早晨，让你转发我的警告。我所发送的电子邮件就是病毒。[1]

至此，这本书里的每一章都集中讲述了一个或多个基因，并默认它就是基因组中最为重要的。别忘了，基因是指导蛋白质合成的 DNA 片段，但是我们基因组里 97% 都不是真正的基因，而是一系列奇奇怪怪的东西：假基因、逆转录假基因、卫星序列、小卫星序列、微卫星序列、转座子，以及反转录转座子。所有这些被统称为"垃圾 DNA"，或者更准确地说，是"自私 DNA"。其中有些是特殊的基因，但大多数只是一些永远无法被转录成蛋白质的 DNA。由于这些故事顺承了上一章性别冲突的主题，因而，我们就在这一章里专门讨论垃圾 DNA。

在此探讨垃圾 DNA 倒是很应景，因为除此之外，关于 8 号染色体我可没什么好说的了。这可不是说它是一条没什么意思的染色体，也不是说它上面没有几个基因，只不过 8 号染色体上没有特别能引起我注意的基因。就其大小而言，8 号染色体应该不至于这么乏善可陈，然而它可能是基因图谱中绘制得最为粗略的一条染色体。每条染色体上都有垃圾 DNA，有趣的是，垃圾 DNA 竟是人类基因组中最早被发现和利用起来的，是人们在日常生活中就能够用到的。正是在此基础之上，才发展出的 DNA 指纹技术。

基因可以编码蛋白质，但并不是所有的编码基因都是人体所必需的。在整个人类基因组中，编码蛋白质的最常见成分是一种叫作逆转录酶的基因，逆转录酶基因是一种对人体没有任何作用的基因。如果在受孕时能将所有逆转录酶基因全部小心翼翼地移除，那么这个人不但不会受到损伤，反而更有可能健康长寿且开心快乐。逆转录酶基因对某些寄生者而言是至关重要的，比如它对艾滋病病毒基因组非常有用，虽不是必不可少的，但却对病毒感染和杀死受害者起到了关键作用。相反，对于人类来说，逆转录酶基因是一种麻烦，甚至是威胁。然而，它却是整个基因组中最常见的基因之一，它有成百上千个拷贝散布在人类染色体上。着实让人感到吃惊，就好比发现汽车最常见的用途是逃离犯罪现场。为什么会存在着这么一个基因呢？

逆转录酶的功能或许可以提供线索：它把一个基因的 RNA 拷贝逆转录成 DNA，再把 DNA 插入基因组，这是基因拷贝的一张回程票。通过这种方式，艾滋病病毒可以将自己基因组的一部分整合到人体中，以便更好地隐蔽、保存和有准备地复制自己。在人类基因组中之所以有很多逆转录酶基因的拷贝，是因为在很久以前，或是在不远的过去，人体能够识别出来的逆转录病毒便把它们放在了那里。有上千种几乎完整的病毒基因组被整合到了人类基因组中，其中大多数现已失去活性或丢失了关键基因。这些“人体内源性逆转录病毒”占整个基因组的 1.3%，这听起来似乎不算多，但人类基因组中真正有功能的基因也不过只占了 3% 而已。如果觉得身为猿猴后代这一事实令人难以接受，那么就请习惯于其实人类也是病毒后裔这一说法。

但是为什么需要借助逆转录酶呢？病毒的基因组完全可以去掉大部分基因，只保留逆转录酶基因。这样，轻装上阵的病毒就大可不必通过唾液或趁人交合之际进行人传人传播，而只须进入宿主的基因组就可以实现世代传递，从而成为一个真正的遗传寄生者。这种“反转录转座子”比逆转录病毒更为常见，其中最常见的“序列”是 LINE-1。这是一段 DNA 序列，长度在 1000 到 6000 个字母之间，在这段序列的中间位置有一个完整的逆转录酶编码基因。LINE-1 不仅非常常见——在每个人类基因组里就可能有 10 万份拷贝，而且还总集中在一起出现，所以这个序列可能会在染色体上连续重复多次，它们占了整个基因组的 14.6%，也就是说，将近 5 倍于那些真正具有功能的基因，令人咂舌。LINE-1 有着自己的回程票，它可以主导自身的转录并制造逆转录酶，然后利用逆转录酶复制自身 DNA 并插入到基因的任何位置中，这大概就是基因组中 LINE-1 拷贝数那么多的原因所在。换句话说，基因组中这种重复序列之所以有那么多，没有其他原因，就在于它们善于自我复制。

“跳蚤身上有小跳蚤寄生，小跳蚤身上有更小的跳蚤寄生，依此类推，无穷尽也。”同理，LINE-1 序列中也包含了寄生序列，这些寄生序列丢弃了自身的逆转录酶基因，转而借用 LINE-1 的。比 LINE-1 更常见的更短序列称为 Alu，每个 Alu 有 180 到 280 个字母长，看上去似乎特别善于利用别人的逆转录酶来复制自己。Alu 序列在人类基因组中可能被重复了 100 万次，加起来大约占整个基因组的 10%。[2]

典型的 Alu 序列和一个编码参与蛋白质合成的核糖体基因序列非常相似，至于为何相似，其原因尚不清楚。不同寻常的是，这个基因有一个叫作内部启动子的元件，这意味着其编码“读我”信息的序列位于基因中间。这样，在需要转录时，它启动自身的转录信号即可，而无须依赖外界启动子，从而大大提高了增殖效率。结果就是每个 Alu 基因都可能是一个“假基因”。打个通俗的比方，假基因就是生锈的残骸，因严重的突变而沉入了水中。如今它们沉没在基因的海洋里，铁锈越积越多（也就是说，积累了更多的突变），直到它们不再与以前的基因序列相像了。例如，在 9 号染色体上有一个相当难以描述的基因，如果取出一个它的拷贝，然后在基因组中寻找类似于这个基因的序列，你会发现有 14 个拷贝与之相似，分布在 11 条染色体上，好似 14 艘沉船的幽魂。这些拷贝是多余的，一个接一个地发生突变，不再发挥作用。对于大多数基因来说，可能都是如此。对于每一个正常的基因，在基因组里的其他地方都有一批损坏的拷贝。有趣的是，不仅能在人类基因组里找到这 14 个拷贝，在猴子身上同样也能找到。在旧世界猴和新世界猴成为两个分支以后，其中的 3 个伪基因便消失不见了，科学家们激动地说，这意味着它们是在大约 3500 万年前才失去的编码功能。[3]

Alu 进行大量增殖的历史也并没有太过久远。人们只在灵长类动物里发现了 Alu，并将其分为 5 个不同的家族，其中一些是在黑猩猩和人类分化成两个不同的物种之后才出现的，说起来也就不过 500 万年。其他动物则有另外一些大量重复的短“段落”，比如在小鼠体内的 B1。

将所有这些关于 LINE-1 和 Alu 的信息汇总起来，会得到一个意料之外的重大发现。基因组被像电脑病毒一样杂乱的、自私的寄生序列所充斥着，它们存在的原因很简单，不过只是善于自我复制罢了。人类基因组随处都是这种数字化的连环信（chain letters）及类似的果酱病毒警告邮件。人类有大约 35% 的 DNA 是由形式各异的自私 DNA 所组成，这意味着复制我们自身的基因需要多花费 35% 的能量。我们的基因组太需要进行垃圾清理了。

没有人会对此表示怀疑。当我们在解读生命密码的时候，没人会想到，基因组竟然被自私 DNA 如此肆无忌惮地剥削着。然而，其实我们早就该预料到这一点，因为其他所有生命，无论层次高低，都充满着寄生现象。动物的肠道里有寄生虫，血液里有细菌，细胞里有病毒，为什么基因里就不能有反转录转座子呢？此外，到了 20 世纪 70 年代中期，许多演化生物学家，尤其是那些对行为感兴趣的演化生物学家，开始意识到自然选择的演化方式无关乎物种之间的竞争、群体之间的竞争，甚至与个体之间的竞争关系也不大，而是关乎基因之间的竞争。这些基因以个体，或群体作为它们临时的载体，以展开竞争。例如，如果要个体在安全、舒适、长寿的生活与冒险、辛劳且危险地繁衍后代之间做出选择，几乎所有的动物（甚至是植物）都会选择后者，他们情愿为繁衍后代而付出死亡的高昂代价。事实上，它们的身体机能在有计划地退化，这个过程就是衰老。抑或是像鱿鱼或太平洋鲑鱼那样，产卵后立刻死去。除非你把身体看作基因的载体，看作基因在竞争过程中用来延续自身的工具，否则这些现象是无法自圆其说的。与繁衍下一代这个目标相比，生存下去反而是次要的。

如果基因是“自私的复制机器”，而身体是可以丢弃“载体”（这一术语来自理查德·道金斯，争议颇多），那么当发现有些基因无须构建自己身体便可进行自我复制时，就不会那么惊讶了。当我们发现基因组也像身体那样，充满着独特的生存竞争与合作时，也就不必感到诧异了。在 20 世纪 70 年代，演化首次成为遗传学概念。

为解释基因组包含众多无基因区域这一事实，两组科学家在 1980 年提出，这些区域充满了自私的序列，它们唯一的目标就是在基因组中生存下去。他们认为：“寻求其他解释，不仅在学术上毫无创意，最终也会证明是徒劳的。”因为做出这样大胆的预测，他们当时受到了不少冷嘲热讽。遗传学家在当时仍然被这么一种思维模式所束缚着：人类基因组里的一切肯定是为人类服务的，而不是出于它们自身某些自私的目的。然而基因只不过是构成蛋白质的成分而已，把它们想象成怀揣着崇高理想与目标的东西，是没有任何道理的。这一想法已经得到了证实，基因的行为确实表现得像是有着某种自私的目标，虽然并非有意为之。但回过头来看，这样做的基因得以繁衍生息，而不这样做的基因则日渐消亡。[4]

一段自私 DNA 并不仅仅是个过客，它们的存在改变了基因组的大小，从而增加了复制基因组时的能量消耗。这样的片段也对基因完整性造成了威胁，因为“自私 DNA”习惯于从一个位置跳到另一个位置，或者把拷贝送到新的位置，所以它很容易落在有功能的基因中间，把它们搞得面目全非。随后又跳脱出来，使突变也随之消失掉。20 世纪 40 年代末，转座子就是这么被颇有远见但一直不受重视的遗传学家芭芭拉·麦克林托克（Barbara McClintock）所发现的，她最终也因此而被授予了 1983 年的诺贝尔奖。她注意到玉米种子颜色的突变只能解释为有些突变在色素基因里跳进跳出。[5]

在人体里，LINE-1 和 Alu 通过跳到各种基因中间，从而引起了突变。例如，它们通过跳到凝血因子基因中，从而引起了血友病。但是，由于一些尚不清楚的原因，相较其他一些物种，我们人类受到寄生序列的影响并不大。大约每 700 个人类基因突变里，就会出现一个是由于跳跃基因而造成的。而在老鼠体内，有将近 10% 的突变是由跳跃基因而导致的。20 世纪 50 年代，在果蝇身上做的一系列自然实验，显著说明了跳跃基因的潜在危害。果蝇是遗传学家最喜欢的实验动物，他们将研究的这种黑腹果蝇（Drosophila melanogaster）运往世界各地的实验室进行繁殖。而这种果蝇常常会从实验室里逃离出来，并遭遇到本地的其他果蝇。其中一种南美热带果蝇（Drosophila willistoni）携带着一种叫作 P 因子的跳跃基因。大约 1950 年的时候，在南美洲的某个地方，或许是通过吸血螨，南美热带果蝇的 P 因子进入了黑腹果蝇体内。（利用猪或狒狒器官进行“异种器官移植”的最大担忧之一，就是它们可能会把新的跳跃基因引入人体，就像果蝇中的 P 因子一样。）自此，P 因子便像野火一样蔓延开来，除了那些在 1950 年之前从野外采集且一直与其他果蝇分开的那些个体以外，现在大多数果蝇都有 P 因子。P 因子是个自私 DNA，通过破坏它所跳入的基因来显示其存在。渐渐地，果蝇基因组中的其他基因开始反击，发明了抑制 P 因子到处乱跳的方法。P 因子从此便作为乘客在果蝇基因组中安顿了下来。

人体中至今还未发现像 P 因子这么邪恶的东西。但是，在鲑鱼中也发现了一种类似的转座子，美其名曰“睡美人”。在实验室里将其引入到人类细胞中后，它呈现出了蓬勃生机，充分表现出了剪切、粘贴的能力。

类似 P 因子那样的传播，也许在 9 种人类 Alu 元件上都发生过。每一种 Alu 元件都在整个物种中传播着，破坏其他基因，直到其他基因基于共同利益合力抑制这个跳跃基因，这样，跳跃基因就变老实了，处于目前这种相对沉寂的状态。我们在人类基因组中看到的不是迅猛发展的寄生 DNA 感染，而是处于休眠状态的许多过去的寄生 DNA，它们都曾迅速传播过，直到基因组抑制住了它们，不过并未将其清除出去。

从这个角度来说（当然还有很多其他角度），我们似乎要比果蝇幸运得多。一个有争议的新理论认为我们似乎有一个抑制自私 DNA 的常规机制，这种抑制机制被称为胞嘧啶甲基化。胞嘧啶用遗传密码子 C 来表示，对其进行甲基化（顾名思义，就是添加一个由碳原子和氢原子组成的甲基），便可使它不再被转录。基因组的大部分区域长时间处于甲基化阻滞状态，或者更确切地说，是大部分的基因启动子（位于基因前端，转录从此处开始）处于阻滞状态。通常认为，甲基化的作用是关闭组织中无用的基因，从而使大脑不同于肝脏，肝脏又不同于皮肤，如此等等。但另一种流行的说法是，甲基化或许与组织特异性表达几无关联，而与抑制转座子和其他基因组内寄生 DNA 有着很大干系。大多数甲基化发生在转座子中，如 Alu 和 LINE-1。这个新的理论认为，在胚胎的早期发育过程中，所有的基因在一开始的短时间内都没有被甲基化，全都是被表达的。接下来，一些分子会对整个基因组进行仔细的检查，这些分子的职责就是发现那些高度重复的序列，并通过甲基化将其关闭。而癌症的第一步就是将基因去甲基化，从而使自私 DNA 被释放出来，在肿瘤里进行大量的表达。由于它们本来就很善于破坏其他基因，这些转座子就会使癌症进一步地恶化。根据这个理论，甲基化有助于抑制自私 DNA 的影响。[6]

LINE-1 的长度一般是 1400 个字母左右，而 Alu 则至少有 180 个字母。然而，还有一些比 Alu 更短的序列也会大量地堆积，不断重复出现。把这些较短的序列称为寄生 DNA 或有点牵强，但它们以大致相同的方式进行繁殖——也就是说，它们之所以存在是因为它们含有一个善于自我复制的序列，这些短序列中的一种，在法医和其他科学领域有很实际的用处。它就是“高变小卫星序列”。这个小小的序列在所有染色体上都能找得到，它出现在基因组的 1000 多个位置上。在每个位置上它的序列都只含有一个“词组”，通常是 20 个字母长，重复很多次。它可以根据位置不同而有所差别，也可以在不同的人体内以不同的形式出现，但它通常含有这些核心字母：GGGCAGGAXG（X 可以是任何字母）。这个序列的重要性在于它与细菌中用以与同类细菌交换基因的序列非常相似，而且它在人体内似乎也参与了促进染色体之间基因交换的过程。就好像每一条这种序列都在它中间写有“把我换走（swap me about）”的字样。

以下是一个多次重复出现的小卫星序列：

hxckswapmeaboutlopl-hxckswapmeaboutlopl-

hxckswapmeaboutlopl-hxckswapmeaboutlopl-

hxckswapmeaboutlopl-hxckswapmeaboutiopl-

hxckswapmeaboutlopl-hxckswapmeaboutlopl-

hxckswapmeaboutlopl-hxckswapmeaboutlopl-

在这个例子里，重复出现了 10 次。在其他地方，那 1000 个位置上，每一个词组都会重复，可能是 50 次，也可能是 5 次。根据指令，细胞开始把这些词组与另一条相同染色体上对应位置的词组进行交换。但是这个过程中细胞会频繁出错，以致会增加或减少几次重复。这样，每一个重复序列的长度都会逐渐发生变化，其中一些变化速率是如此之快，以至于它们的长度在每个人体内都是不一样的，但是也有一些是变得慢的，使得人体内这些重复的长度大多数又都与父母体内的相一致。因为人体内有上千个这样的重复序列，所以每个人的重复次数都是独一无二的。

1984 年，亚历克 · 杰弗里斯（Alec Jeffreys）和他的技术人员维基 · 威尔逊（Vicky Wilson）无意间发现了小卫星序列。他们当时正在通过比较人类和海豹的肌红蛋白基因来研究基因的演化问题，他们发现基因中间有一段重复的 DNA。每个小卫星拥有相同的 12 个字母核心序列，但重复的次数却相差很多，因此找出这个小卫星阵列并比较不同个体里的阵列大小是一件相对简单的事情。事实证明，重复数量是如此多变以至于每个人都拥有自己独特的基因指纹：一串看起来像条形码的黑色条带。杰弗里斯立即意识到了这个发现的重要意义。他放下了手头正在研究的肌红蛋白，转而研究独特的基因指纹都有哪些用途。由于陌生人之间的基因指纹截然不同，这立马引起了移民局的兴趣，他们觉得可以用这个方法来对那些申请移民的人进行判定，以确认他们与所声称的国内近亲是否真的有血缘关系。通过基因指纹，发现大多数申请者说的都是真话，这减少了很多人的忧虑。但是，更具戏剧性的应用还在后头呢。[7]

1986 年 8 月 2 日，在莱斯特郡纳伯勒（Narborough）附近的灌木丛中发现一名年轻女学生的尸体。这位女孩子名叫唐 · 阿什沃思（Dawn Ashworth），15 岁，是被人强暴后勒死的。一周后，警察逮捕了一位名叫理查德 · 巴克兰的年轻人，他是医院搬运工，对犯罪行为供认不讳。事情本该到此告一段落，判巴克兰谋杀罪名成立，然后把他关进监狱。然而，当时还有另一桩未破案件搞得警方焦头烂额。3 年之前，一位名叫琳达·曼（Lynda Mann）的女孩，也是来自纳伯勒，死时同样是 15 岁，也是遭强暴后被勒死，并抛尸荒野的。两宗谋杀案如此相似，让人不得不联想到是同一人所为。但是，巴克兰拒不承认那是他干的。

警方通过报纸得知亚历克·杰弗里斯在基因指纹方面取得了突破，而他的工作所在地莱斯特距纳伯勒不到 10 英里，当地警方便与他取得了联系，询问他是否能够证明巴克兰也是琳达·曼一案的元凶，他同意一试。警方向他提供了从两个女孩身上所获取到的精液，以及巴克兰的血样。

杰弗里斯毫不费力地在三份样本中找到了各式各样的小卫星序列。经过一个多星期的工作，得到了样本的基因指纹信息。这两份精液样本完全一样，肯定来自同一个男人，似乎可以结案了。但是杰弗里斯接下来的发现令他十分震惊，血样与精液样本的基因指纹完全不同，也就是说，凶手不是巴克兰。

莱斯特郡警方对此表示了强烈的抗议，他们认为这是一个荒谬的结论，杰弗里斯一定是搞错了。杰弗里斯重做了一次，内政部法医实验室也对样品进行了分析，得出了和先前完全相同的结论。警察们都深感困惑，但不得不撤销了对巴克兰的指控，这是历史上第一次以 DNA 序列作为证据而宣判一个人无罪。

但人们对于这两起案件的疑虑依然挥之不去。毕竟，巴克兰已经供认了他的罪行，如果基因指纹既能够替无辜者昭雪，又可以找出真凶，警方才会真正信服。因此，在阿什沃思死后的 5 个月里警方在纳伯勒地区收集了 5500 名男子的血液并进行了鉴定，以期找到与那个强奸杀人犯的精液相符的基因指纹，但却无功而返。

之后不久，在莱斯特一家面包店工作的伊恩·凯利（Ian Kelly）偶然对同事们提到，尽管他住在离纳伯勒很远的地方，但他也参加了这次血液鉴定。他是应面包店的另一个伙计科林·皮奇福克（Colin Pitchfork）的请求，才这么做的。皮奇福克住在纳伯勒，他对凯利说警察想陷害自己。凯利的一个同事向警方复述了这件事，于是警方逮捕了皮奇福克。皮奇福克很快便供认是他杀害了这两位女孩，这一次他的供词被证明是真的：他血样的基因指纹与在两具尸体上找到的精液相吻合。1988 年 1 月 23 日，他被判处终身监禁。

基因指纹技术旋即成了法医学最可靠、最有力的武器之一。皮奇福克一案中，这项技术大放异彩，此后数年，这项技术逐渐普及。即使面对各项有力的犯罪证据，基因指纹技术依然可以为清者洗白罪责；仅仅是用它来威慑就足以使人招供；如果使用得当，它的精确度和可靠性是无可比拟的；仅使用少量的身体组织，甚至鼻涕、唾液、毛发或逝去很久的人的尸骨，就足可完成检测。

皮奇福克事件发生至今，基因指纹技术已经取得了长足的进展。截止到 1998 年年中，仅在英国，法医科学服务部就收集了 32 万份 DNA 样本，查出了 2.8 万名犯罪嫌疑人，被洗脱罪名的无辜者人数将近样本数目的 2 倍。如今，这项技术得到了简化，不再需要检测多个小卫星序列，一个足矣。并且，应用范围也得到了扩展，除了小卫星序列，更小的微卫星序列也可以被用来当作独特的“条形码”。技术也更加成熟了，不仅能够检测小卫星序列的长度，还能测出具体的序列。然而，这样的 DNA 鉴定也曾在法庭上被误用，也曾遭遇过质疑，考虑到律师等人为因素的介入，这也不难理解。大部分的误用源于公众对统计学的不了解，而与 DNA 本身无关。如果告知陪审员一个 DNA 样品与犯罪现场 DNA 吻合的概率为 0.1%，而不是对他们说每 1000 个人里面就有 1 个人的 DNA 会与犯罪现场的相吻合，那么他们判被告有罪的可能性就高了三倍，而这两种说法其实是同一回事。[8]

DNA 指纹鉴定不仅给法医学带来了革命性的变化，也给其他各个领域带来了突破性的发展。1990 年，它被用以确认约瑟夫·门格勒尸体的身份；它被用以鉴定莫妮卡·莱温斯基（Monica Lewinsky）裙子上的精液是否来自总统；它被用以破解托马斯·杰斐逊（Thomas Jefferson）的私生子疑案。它在亲子鉴定领域发扬光大，无论官方需求还是私下的鉴定都络绎不绝。1998 年，一家名为基因识别（Identigene）的公司在美国各地的高速公路上放置了广告牌，上面写着："孩子的亲生父亲到底是谁？请拨打 1-800-DNA-TYPE。"他们每天接到 300 次要求做亲子鉴定的电话，这项检测费用为 600 美元，打电话的人既有试图要求"父亲"承担抚养孩子义务的单身母亲，也有那些心存怀疑的"父亲"，因为他们不确定孩子是否为自己亲生[㊀]。在超过 2/3 的案例中，DNA 证据显示母亲说的是真话。亲子鉴定的利弊权衡，是争论的焦点：借助亲子鉴定，有的父亲发现妻子有外遇，颇受伤害；有的父亲发现自己的怀疑是站不住脚的，从而松了口气。不出所料，当首家 DNA 鉴定方面的私人公司在英国挂牌营业时，在媒体上引起了轩然大波，他们认为在英国，此类医学技术应该由国家掌控，而非个人。[9]

基因指纹在亲子鉴定中的应用彻底改变了我们对于鸟叫声的理解。你

㊀ 目前亲子鉴定最常采用的遗传标记为短串联重复序列（STR），对从常规样本（血液）或特殊样本（指甲、羊水）获取的 DNA 进行 STR 分型判断父母与子女之间亲缘关系。此外，还可在孕期利用高通量测序技术对母体外周血中的游离 DNA 片段进行测序、生物信息分析，从中获得胎儿的遗传信息来确认亲子关系，目前国内多家企业，如 BGI，可提供一站式的亲缘关系鉴定。——译者注

有没有注意到，画眉、知更鸟和莺在春天与异性配对后要继续歌唱很长一段时间？这与传统观念里所认为的鸟类鸣叫的主要功能是吸引配偶，可是没有半点关系。20 世纪 80 年代末，生物学家对鸟类进行了 DNA 鉴定，试图确定雄鸟与雏鸟的父子关系。令人吃惊的是，他们发现在那些“一夫一妻”制的鸟类里面，虽然一雄一雌忠诚地互帮互助以抚育后代，雌鸟却常常背地里与邻近的雄性交配。私通和不忠，远比人们预想的普遍得多（因为这些都是秘密进行的）。DNA 指纹鉴定引发了一场研究热潮，诞生了一个丰硕的理论：精子竞争。这个理论可以解释一些有趣的现象，比如，虽然黑猩猩的体格只有大猩猩的 1/4，但睾丸却是大猩猩的 4 倍。雄性大猩猩独占配偶，所以它们的精子没有竞争对手。而雄性黑猩猩们共享配偶，所以它们需要产生大量的精子、频繁地交配，以增加成为父亲的机会。这也解释了为什么雄鸟在婚后还叫得那么起劲，它们可是在伺机偷情呢。[10]

零玖号

9号染色体

疾病

恶疾需用猛药医。

——盖伊·福克斯

9 号染色体上有个著名的基因，该基因决定了人的 ABO 血型。早在 DNA 指纹技术出现之前，血型就已作为呈堂证供。警察偶尔会很幸运地发现疑犯的血型与犯罪现场所发现的血迹正好匹配，因而仅靠血型鉴定便可轻松排除清白者。也就是说，血型不一致表明此人肯定不是凶手，但血型相同只能表明此人有可能是凶手。

此逻辑并没有对加州最高法院产生太大影响。该法院于 1946 年裁定查理 · 卓别林（Charlie Chaplin）是孩子的父亲，即便血型的不匹配明确表明两者之间并无父子关系。不过那时的法官不懂科学。在亲子诉讼和谋杀案中，血型、基因指纹和手指指纹能为无辜者洗白罪责。在 DNA 指纹识别的时代，血型取证就显得没那么重要了。在输血的时候血型极其重要，这同样也是通过反证才得知的：输错血或会致命。血型可以使我们深入了解人类迁徙的历史，不过即使这一功用，也已近乎全被其他基因技术给取代掉了。因此，你或许会认为血型真没什么用，不过这么想就大错特错了。1990 年以后，血型有了一个全新的用途：它使我们得以了解人类基因有何不同以及为何不同，是解开人类多样性奥秘的关键所在。

ABO 血型系统是首个同时也是最为人所熟知的血型系统。该系统最早发现于 1900 年，起初有三套容易相互混淆的命名：莫斯（Moss）命名法中的 I 型血与詹斯基（Jansky）命名法中的 IV 型血是一样的。发现问题后，大家逐渐理智起来，开始普遍使用血型发现者，维也纳人卡尔·兰德施泰纳（Karl Landsteiner）所采用的 A、B、AB 和 O 型血型命名法。兰德施泰纳形象地描述了输血错误所导致的惨剧："血清对不同人类个体的红细胞有凝聚作用"，导致红细胞全都粘连在了一起。要知道血型之间的关系可不简单。A 型血的人可以安全地向 A 型或 AB 型血的人供血；B 型血的人可以向 B 型和 AB 型血的人供血；AB 型血的人只能向拥有 AB 型血的人供血；O 型血的人可以向任何血型的人供血。因此，O 型被称为万能供血者。地理或种族原因不会令血型产生明显的分布差异。欧洲人大约有 40% 是 O 型血，40% 是 A 型血，15% 是 B 型血，5% 是 AB 型血。除美洲外，其他各大洲的血型比例相似。美洲原住民几乎全都是 O 型，除了一些加拿大部落通常是 A 型，因纽特人往往是 AB 型或 B 型。

直到 20 世纪 20 年代，ABO 血型的遗传学才得以研究清楚。而直到 1990 年，才发现了 ABO 血型的相关基因。A 和 B 是同一基因的"共显性"形式，O 是该基因的"隐性"形式。这个基因位于 9 号染色体上的长臂末端附近，编码区总长为 1062 个字母，共分为 6 个短外显子和 1 个长外显子（"段落"），总共 1.8 万个字母，散布在染色体的多个"页面"上。它是被 5 个长的内含子打断的中等大小基因。该基因编码一种能够催化化学反应的蛋白质——半乳糖基转移酶。[1]

在这 1062 个字母之中，A、B 这两型的基因差别只有 7 个字母，且其中 3 个字母还是同义突变（即所编码的蛋白质链上的氨基酸序列没有差别）。产生差别的 4 个字母分别位于第 523、700、793 和 800 位。在 A 型血的人中，对应的这 4 个字母分别为 C、G、C、G。在 B 型血的人中，这 4 个字母分别为 G、A、A、C。除此之外，还有一些其他很是罕见的差别。比如，有少数人不仅有一些 A 型字母还有一些 B 型字母，此外有一种非常罕见的 A 型变异，在其基因近末端处缺失了一个字母。仅这 4 个小的字母差异就足以编码出不同的蛋白质，从而在输错血的时候引发免疫反应。[2]

O 型血与 A 型血相比，只有一个字母的差别，但不是换了一个字母，而是删掉了一个。在 O 型血的人中，第 258 位的字母 G 不见了，影响重大，会导致所谓的移码突变，其后果极为严重。试想如果弗朗西斯 · 克里克在 1957 年提出的无逗号遗传密码假说正确的话，那么就不会有移码突变了。遗传密码是以三个字母为单位进行读取的，并无标点符号。比方说，由三字词语所写出的英文句子可以读作：the fat cat sat top mat and big dog ran bit cat。我承认，这句不太有诗意，但确实也还不赖。若改掉一个字母的话仍不妨碍理解：the fat xat sat top mat and big dog ran bit cat。但是，如果把这个字母删除，然后将其余的以三个字母为一组念出来，整个句子会变得毫无意义：the fat ats att opm ata ndb igd ogr anb itc at。这就是 O 型血的人，其 ABO 基因所发生的情况。因为在靠近开头的地方少了一个字母，导致随后的信息变得全然不同了。因此产生了具有不同特性的蛋白质，使得正常的化学反应无法被催化。

这种变化听起来很是严重，但实际的表现，其实并无什么异常。O 型血的人在各行各业中都没有明显的劣势。他们并没有表现出癌症发病率高、运动能力差、音乐才能差等问题。即便在优生学最为盛行的时候，也不曾有政治家呼吁对 O 型血的人进行绝育。血型看不见摸不着，跟其他什么也都不搭界，这就是血型的非凡之处，使得它们不仅有用且能保持政治中立。

这也正是有趣之处。如果血型看不见摸不着且是中性的，那么它们是如何演化到现在这种状态的呢？美洲原住民拥有 O 型血仅仅是偶然吗？乍一看，血型似乎是木村资生（Motoo Kimura）于 1968 年发表的中性理论（大多数遗传多样性是中性的，它的出现并非自然选择的结果）的一个活例。木村的理论是，突变被不断注入基因库但却未造成任何影响，并且通过遗传漂变（随机变化）又逐渐被清除。因此，没有适应意义的更替在不断发生。若 100 万年之后再回看地球，纯粹是由于中性的原因，大部分人类基因组都会与现在有所不同。

一段时间以来，“中性理论者”和“自然选择论者”都在为各自的理论而感到担忧。当尘埃落定之后，木村拥有了大批的追随者。实际上，很多变异的影响似乎都是中性的。尤其是当科学家进一步研究蛋白质的变化，他们发现大多数变化并不会影响蛋白质化学反应的“活性位点”。他们研究得越深入，发现的这种现象越多。自寒武纪以来，有一种蛋白质在两种生物之间已经积累了 250 个遗传改变，但其中只有 6 个会产生影响。[3]

然而现在我们知道，血型并不像看起来那样中性，这背后确实也是有原因的。自 20 世纪 60 年代初起，人们逐渐发现血型和腹泻之间存在着关联。A 型血的孩子在其婴儿期更容易发生特定类型的腹泻，而其他血型的孩子却不会。B 型血的孩子则容易发生另一些类型的腹泻……在 20 世纪 80 年代后期，人们发现 O 型血的人更容易感染霍乱，之后的数十项研究还揭示了更多的细节。除那些 O 型血的人更容易感染霍乱外，A、B

和 AB 型的人在霍乱的易感性方面也有所不同。抵抗力最强的是 AB 型的人，其次是 A，再次是 B。所有这些人的抵抗力都比 O 型要高得多。AB 型血的人这种抵抗力非常强，以至于他们实际上对霍乱是具有免疫力的。有一种说法，认为 AB 型血的人喝了加尔各答下水道的水也是没问题的。这是极不负责任的，毕竟，即使得不了霍乱，也还是有可能染上其他疾病的。但不得不承认，即便这些 AB 型的人接触了引起霍乱的霍乱弧菌，使得霍乱弧菌寄居在他们的肠道内，他们也不会腹泻。

迄今为止，还没人知道针对这种最强的致死性疾病，AB 基因型的保护机制是怎样的，但它给自然选择提出了极具挑战的问题。我们知道每条染色体都有两份拷贝，所以 A 型血的人基因型实际上是 AA，也就是说，他们的两条 9 号染色体上都各有一个 A 基因，而 B 型血的人实际上是 BB。设想一下，只有 AA、BB 和 AB 这三种血型的一群人。面对霍乱，A 基因的抵抗力比 B 基因更强。因此，AA 型比 BB 型会有更多的孩子幸存。根据自然选择，B 基因应该会消失。但事实并非如此，因为 AB 型血的人生存率最高。因此，最健康的孩子会是 AA 型和 BB 型的后代，他们所有的孩子都将是最抗霍乱的 AB 型。但是，如果一个 AB 型与另一个 AB 型生育后代，他们将只有一半的孩子是 AB 型，其余的将是 AA 型和 BB 型，而最后一种是最易感染霍乱的类型。这真是一个命途多舛的世界，最优越的一代定会有一些易染病的后代。

再想一下，如果一个镇上的每个人都是 AA 型，但是新来了一位 BB 型的人，会发生什么？如果她能抵挡霍乱并活到了适育年龄，她将有会有抗霍乱的 AB 型小孩。换句话说，稀有的基因型总是具有优势的，因此这两种类型都不会灭绝。毕竟，物以稀为贵。在生物领域，这被称为频率依赖选择，也是我们遗传多样性的主要原因之一。

这也就解释了 A 型和 B 型之间的平衡。但是，如果 O 型血使人更容易感染霍乱，那为什么自然选择没有让突变的 O 型血消失？答案可能与另一种疾病——疟疾有关。O 型血的人抵抗疟疾的能力似乎比其他血型的人略强，且看似更不容易罹患各种癌症。尽管 O 型血更容易感染霍乱，但 O 型血同时也有助于存活率的提高，单就这点便足以解释 O 型基因存在的必要性。这样，三种血型之间便达到了大致的平衡。

在 20 世纪 40 年代末，一位肯尼亚裔的牛津大学研究生安东尼·阿利森（Anthony Allison）最早注意到疾病和突变之间的联系。他怀疑非洲一种称为镰状细胞性贫血症的发生可能与疟疾的流行有关。在无氧的情况下，镰状细胞突变会导致血细胞的镰变，这对那些携带有两份突变拷贝的人而言，通常是致命的，而对仅携带一个突变拷贝的人来说，只会造成轻微的伤害。但是，那些只有一个拷贝的人对疟疾有很强的抵抗能力。阿利森对居住在疟疾流行地区的非洲人的血液进行了检测，发现携带有这种突变的非洲人感染疟原虫的可能性也相对低很多。镰状细胞突变在疟疾长期流行的西非地区尤其常见，且在那些非裔美国人中也很是多见，而这些非裔美国人的祖先中，有些是被奴隶船从西非贩运过来的。可以说，如今的镰状细胞性贫血症是人类过去因对抗疟疾而付出的高昂代价。其他形式的贫血，例如地中海和东南亚多地常见的地中海贫血[一]，似乎对疟疾也具有类似的保护作用，这是由于疟疾也曾存在于这些地区。

[一] 地中海贫血是由于基因缺陷导致的珠蛋白合成障碍的疾病，是我国南方地区最常见、危害最大的单基因遗传病。通过基因检测（如贫安可®地中海贫血基因检测）进行地贫基因检测，可一次性筛查超过 500 种地贫型别，全面了解夫妻双方地贫基因的携带情况，评估生育风险，弥补地贫常规筛查所造成的漏检。——译者注

从某种意义上讲，血红蛋白基因的一个字母改变所引起的镰状细胞突变并非孤例。一位科学家认为，这只是疟疾遗传抗性的冰山一角。有多达 12 种基因，赋予了人类各式各样的抗疟疾，以及抗其他疾病的能力。至少有 2 个基因具备不同的结核病抗性，其中就包括与骨质疏松症易感程度有关的维生素 D 受体基因。牛津大学的阿德里安·希尔（Adrian Hill）[4] 写道："当然，我们不可否认的是，在不远的过去对结核病抗性的自然选择可能促进了骨质疏松症易感基因的流行。"

与此同时，人们有一个新发现，即遗传性疾病囊性纤维化与传染性伤寒有着类似的关联。7 号染色体上 CFTR 基因的一种突变类型会导致一种肺部和肠道的危险病变——囊性纤维化㊀，但是这种突变类型同时也会保护人体免受由伤寒杆菌引起的肠道疾病——伤寒的侵害。只有一个突变拷贝的人不会发生囊性纤维化，但是他们对伤寒引起的痢疾和发烧具有免疫力。需要正常类型的 CFTR 基因，伤寒才能侵入并感染细胞。因为突变体缺少了 3 个字母，人便不易感染伤寒。通过杀死具有该基因其他拷贝类型的人，伤寒对突变型施加了自然选择的压力，从而使其得以传播开来。但是，拥有两份拷贝的人能存活本身已是一件幸事，因而该基因的这种突变类型永远不会普及开来。就这样，由于疾病的原因，一种罕见而有害的基因便再次被保留了下来。[5]

从遗传上讲，大约 1/5 的人无法将水溶性的 ABO 血型蛋白释放到唾液和其他体液中。这些"非分泌者"更容易罹患包括脑膜炎、酵母菌感

㊀ 囊性纤维化是一种常染色体隐性遗传模式的多系统疾病，其中以肺部病变最为严重。该病通常在婴幼儿期发病，出现反复支气管感染、气道阻塞、轻度咳嗽，并伴发肺炎、肠粘液分泌和粘度增加、肠梗阻、直肠脱垂等。该病预后较差，约半数患儿因并发症于 10 岁前死亡，活至成年者较少。——译者注

染和复发性尿路感染在内的各类疾病，但是他们患上流感或感染呼吸道合胞病毒的可能性也较小。无论从哪方面来看，遗传变异似乎都与传染病有关。

我们对这个问题的了解只停留在了表面。其实，在鼠疫、麻疹、天花、斑疹伤寒、流行性感冒、梅毒、伤寒、水痘等过往重大流行病祸害我们的祖先之时，也在我们的基因上留下了印记。具有抗感染性的基因突变得以蓬勃发展，但抗感染性往往也要付出代价。有的代价很是高昂（如患上镰状细胞性贫血症），有的代价只是理论上存在（如不能输错血）。

实际上，医生们一直都在低估传染病的重要性，这种状况直到近年来才有所改观。有许多疾病通常被认为是由环境条件、职业、饮食或偶然因素导致的，但是现在人们逐渐开始认识到这些疾病是由鲜为人知的病毒或细菌引起的，属慢性感染范畴，胃溃疡就是一个绝佳的例子。有几家制药公司因为生产缓解胃溃疡症状的新药而获利丰厚，但其实我们需要的只是抗生素。胃溃疡不是由油腻的食物、心情焦虑或遭遇不幸所导致，而是由幽门螺杆菌感染引起的，这种感染常常发生在儿童时期。同样，在心脏病和衣原体或疱疹病毒感染之间，各种形式的关节炎与多种病毒之间，甚至在抑郁症或精神分裂症与一种罕见的通常感染马和猫的脑病毒（博纳病毒）之间，都有很强的潜在联系。在这些联系里，有些可能会被证明是错误的，有些可能是先得了病然后才有的微生物，而非先有微生物而后才诱发的疾病。但已经有证据表明，人们对诸如心脏病等疾患的遗传抗性不尽相同。或许这些遗传变异也与抗感染能力有关。[7]

从某种意义上说，基因组是一份记录人类病史的病理报告，是每个民族和种族的医学宝库。O 型血在美国原住民中占据主流，这种现象可能意味着，霍乱和其他形式的腹泻与拥挤以及不太卫生的状况有关。而西半球的人口才刚刚开始多起来，因此这些疾病在近现代之前未曾有过。在 19 世纪 30 年代之前，霍乱是一种罕见的疾病，或仅限于恒河三角洲，之后才突然传播到欧洲、美洲和非洲的。美洲原住民主要是 O 型基因这一事实，实在是令人琢磨不透，需要另一番更好的解释，因为来自北美前哥伦布时期的古代木乃伊中，更为常见的是 A 型或 B 型血，看起来像是西半球独特的选择压力才导致 A 和 B 基因迅速消失的。有迹象表明，这种选择压力可能是梅毒，且似乎是美洲本土的疾病（医学史界对此仍然存在很大的争议，但事实上，人们已经在 1492 年之前的北美人骨骼中发现了梅毒病变，然而在 1942 年之前的欧洲人骨骼中并未发现）。O 型血的人似乎比其他血型的人更不容易得梅毒。[8]

在霍乱易感性与血型之间的关联被揭示之前，有个发现很是怪异，看起来似乎意义不大：假设你是一名教授，要求 4 位男性和 2 位女性穿上棉质 T 恤，不许他们用止汗剂和香水，并在两个晚上之后将这些 T 恤收回进行检查（你可能会被调侃为有点变态）。之后，还让共计 121 名的男性和女性去闻这些脏 T 恤的腋窝处，并根据气味判断来对吸引力进行排名。即使婉转地说，你也会被认为是个怪咖。不过，真正的科学家不会为此而感到难堪。克劳斯 · 韦德金德（Claus Wederkind）和桑德拉 · 弗里（Sandra Furi）所做的正是这样一个实验，结果发现男人和女人都最喜欢（或最不讨厌）遗传上与他们差异最大的那个异性的气味。韦德金德和弗里研究了 6 号染色体上与机体识别自我以及免疫系统识别入侵者有关，且可变性很强的 MHC 基因。在同等条件下，雌鼠通过嗅闻尿液，更倾向于选择与自身 MHC 基因差异最大的雄鼠进行交配。正是这一发现提醒了韦德金德和弗里，令他们联想到或许在我们人类中仍然保留着类似的、根据基因选择伴侣的能力。研究发现，只有服用避孕药的女性没有明显表现出对拥有不同 MHC 基因型男性 T 恤的偏好，但后来进一步研究发现，原来是避孕药影响到嗅觉所致。正如韦德金德和弗里所说[9]：“没有一个人的气味对每个人来说都很好闻，主要取决于是谁在闻谁。”

人们一直以远亲繁殖的方式来解读小鼠实验：雌鼠更愿物色拥有不同基因的雄性，这样它的后代才会拥有更多样化的基因，且罹患遗传疾病的风险更小。但直到搞清楚了血型，人们才逐渐开始理解母鼠和那些闻 T 恤的行为。要知道，在霍乱时期，AA 基因型的人最好去找 BB 基因型的伴侣进行交配，这样他们所有的孩子都是能抵抗霍乱的 AB 基因型。如果相同的理论在其他基因以及与这些基因共同演化的其他疾病（MHC 复合体基因似乎是抗病基因的主要位点）身上依旧适用，那么基因不同的人互相产生性吸引就具有显而易见的优势。

人类基因组计划是建立在一个“谬论”之上的。其实，根本就没有所谓的“人类基因组”，因为无论在空间还是时间上都无法对其进行定义。在遍布于 23 对染色体的数百个不同基因座中，基因因人而异。没有人可以说血型 A 是“正常型”，而血型 O、B 和 AB 是“异常型”。因此，当人类基因组计划公布典型的人类基因序列时，9 号染色体上的 ABO 基因序列会是什么？该计划宣称将揭晓 200 个人的共有序列，但对 ABO 基因来说，这将遗漏重要的信息，因为个体的不同是其功能的重要组成部分。变异是人类基因组乃至任何基因组都不可或缺的内在组成部分。

如果在 1999 年的某个特定时刻抓拍基因组，并认为所得到的照片在某种程度上就是基因组稳定而恒久的影像，是不对的。基因组是会变化的，不同基因型的比率通常是随着疾病的变化而变化的。令人遗憾的是，人类倾向于追求稳定、信奉平衡。实际上，基因组是不断动态变化的。曾经有一段时间，生态学家推崇譬如英格兰的橡树林和挪威的冷杉林那样的顶级植被。他们现在如梦初醒。生态学与遗传学一样，并非均衡状态，而是持续在变的。没有什么是始终如一的。

首次注意到这个的大概是约翰·伯顿·桑德森·霍尔丹（J. B. S. Haldane），他曾试图找出人类具有丰富遗传变异的原因。早在 1949 年，他就推测遗传变异可能很大程度上来自于寄生物的压力。但是霍尔丹的印度同事苏雷什·贾亚卡尔（Suresh Jayakar）于 1970 年提出了颠覆性的观点，他认为没有必要保持稳定性，还说寄生物会导致基因频率的永久波动。到了 20 世纪 80 年代，澳大利亚人罗伯特·梅（Robert May）继承了此理论，他发现即使在最简单的寄生物及其宿主系统中，也不存在均衡状态，即确定性的系统也会一直存在混沌运动。梅因此成为混沌理论的奠基人之一。英国人威廉·汉密尔顿（William Hamilton）捧过了接力棒，他通过建立数学模型来解释有性生殖的演化。此模型基于寄生物与宿主之间的遗传博弈，其精彩程度堪比军备竞赛，并导致了汉密尔顿所说的“许多（基因）永不安宁”。[10]

如同半个世纪前物理学界那般，在 20 世纪 70 年代的某个时候，生物学里那个充满着确定性、稳定性和决定论的旧世界坍塌了，我们必须重建起一个波动的、变化的和不可预测的世界。应该说，我们这代人所破译的基因组只不过是对一份不断变化的文件抓拍了一张照片而已，生命天书永无定形。

10号染色体
压力

我们因放纵的举止遭灾背运之时，往往把日月星辰责斥，

这可是天底下精妙绝伦的饰词。

好像我们做恶人也是命运导致，做傻瓜亦是出于上苍的意旨……

把自己的好色本性归咎到一颗星星身上，是何其绝妙的遁词！

——《李尔王》（威廉·莎士比亚）

基因组像是一部记录了瘟疫历史的圣经，遗传变异将我们祖先与疟疾、痢疾的长期斗争史记录其中。至于能有多大机会避开疟疾的侵害，其实你的基因和疟疾病原体基因早就已经预设好了。这就好比打一场比赛，你与疟原虫均派出了各自的基因队伍，如果疟原虫攻破了你的防线，那么它们就赢了，你就不走运了。重要的是，这场比赛没有替补队员。

但事实并非如此，不是吗？遗传仅仅是对抗疾病的最后手段。对抗疾病有各式各样更为简便的方法，比如睡在蚊帐里、抽干沼泽的水、吃药、在村庄周围喷洒 DDT；吃好、睡好、避免压力、保持良好的免疫力水平，以及乐观开朗的性格。所有这些都与你是否容易被感染息息相关，要知道，基因组并非唯一的战场。在前面的几章里，我尽量言简意赅。我将生物体进行拆解，单挑出基因，娓娓道来。然而其实基因并非一座孤岛。人体是一个整体，每个基因都只是其中的一分子。是时候把生物体作为一个整体来看待，并开始找寻隐匿其中的“社交基因”了。这是一种能整合身体各种功能的基因，它的存在揭示了影响着我们对人类正确认知的心物二元论，完全是一派胡言。大脑、身体和基因组就好比是三个亲密的舞伴，三者之间相互影响，相互制约。这也部分解释了为何基因决定论只是一个荒诞的说法。人类基因的开关与否会有意识或无意识地受到外部行为的影响。

胆固醇是一个与风险挂钩的词。每提及此，首先映入脑海的便是：它会引发心脏病，不是什么好东西，在红肉中含量很高，吃了会有性命之忧。事实上，把胆固醇与毒药画等号，是大错特错。胆固醇是机体的重要组成部分，它在负责调控人体这个复杂的生化和遗传系统中发挥着重要作用。胆固醇是一种可溶于脂肪溶剂而不溶于水的小分子有机化合物。人体的大部分胆固醇都是由饮食中的糖类摄入转化而来的。没有胆固醇，人类就无法存活于世。人体中至少有 5 种重要的激素（孕酮、醛固酮、皮质醇、睾酮和雌二醇，被统称为类固醇）是由胆固醇转化而来的，每一种都有独特的功能。这些激素和机体的基因之间有着十分亲密的关系，令人着迷，却又让人感到不安。

生物体利用类固醇的历史非常久远，甚至可能比分化出植物、动物和真菌的年代还要早。引发昆虫蜕皮的激素是一种类固醇，这种神秘的化学物质在人类医学中被称为维生素 D。有一部分类固醇的合成可诱使机体抑制炎症、强化运动员的肌肉；有一些从植物中提取的接近人类激素的类固醇，可用作口服避孕药；还有一些类固醇是化工产品，可能是污水中雄鱼雌化，及现代男性精子数量下降的原因。

10 号染色体上有一个基因 CYP17[㊀]，它编码一种能使人体将胆固醇转化为皮质醇、睾酮和雌二醇的酶。如果缺少这种酶，机体中这条代谢通路

㊀ CYP17 基因突变导致的疾病是 17-α 羟化酶缺乏性先天性肾上腺皮质增生症，是一种罕见的先天性肾上腺皮质增生症（CAH）亚型，其症状为糖皮质激素缺乏、促性腺激素分泌不足性性腺机能减退和严重的低钾性高血压。——译者注

将会被阻断，进而使胆固醇更多的转化为孕酮和皮质酮。缺乏这种基因拷贝的人无法产生其他性激素，因而无法经历青春期。即便生物性别是男性，但外表看起来更像是女性。

我们先暂时把性激素放在一边，来分析另一种由 CYP17 产生的激素——皮质醇。实际上，我们机体中几乎每个系统都需要皮质醇。这种激素可通过影响大脑的结构，将身体和精神融合成一个整体。皮质醇干扰免疫系统，改变眼耳鼻的敏感度，并让身体的各项功能发生了变化。皮质醇实际上就等同于压力。顾名思义，当你的血管中有大量的皮质醇时，则提示你正处于压力之下。

压力来自外部世界，如临近的考试、近来丧亲、报纸上那些骇人的消息，或长期因照顾阿尔茨海默病患者而精疲力竭。短期的压力会导致机体肾上腺素和去甲肾上腺素激增，进而心跳加速，双脚冰凉。这些激素让身体在紧急情况下做好战斗或逃跑的准备。不同的是，长期的压力会使机体缓慢而持久地产生皮质醇。皮质醇有能抑制免疫系统的功效，这一点令人感到惊讶。有一个值得注意的现象：那些在准备重要考试时表现有精神压力的人，更容易患上感冒和其他感染性疾病，因为皮质醇能降低淋巴细胞（白细胞）的活力、数目及寿命。

皮质醇通过开启基因表达来实现这一点。皮质醇只会在含有皮质醇受体的细胞中激活基因，而皮质醇受体可被其他因素所左右。皮质醇所开启的大多数基因会依次开启其他的基因，而这些基因又会再启动另外的基因，以此类推。所以皮质醇可间接影响数十个甚至上百个基因。皮质醇只是这一切的开始。皮质醇的产生是源于肾上腺皮质中的一系列基因被激活，进而制造出生产皮质醇所需要的酶，这其中就包括 CYP17。这是一个令人难以置信的复杂系统，哪怕我只列出个大致流程，都会令你不胜其烦。所以你只需要知道如果没有数百个相互调节、开或关的基因，你的机体就不能产生、调控皮质醇并对其作出反应。这番阐述很是受用，让我们得以知道人类基因组中大多数基因的功能是调控基因组中其他基因的表达的。

为了不让你产生阅读疲劳，我在此将简单地给你描述一下皮质醇的作用。在白细胞中，目前几乎可以肯定的是皮质醇参与开启 10 号染色体上一个名为 TCF 的基因，从而使 TCF 能够产生一种抑制白细胞介素 2 的蛋白质。白细胞介素 2 能使白细胞处于警戒状态，特别是能对细菌保持警戒。因此，皮质醇抑制了白细胞的免疫警觉性，使你更容易生病。

摆在大家面前的问题是：谁控制了这一切？谁一开始就给所有的基因都设定好了准确无误的表达时间？又是由谁来决定何时开始释放皮质醇？你可能会争辩道，是基因在调控呀，因为机体细胞分化就是每个细胞通过开启不同的基因，进而分化成不同细胞类型的过程，这从根本上来说就是一个遗传调控的过程。但这其实是个误解，因为基因并不是压力的来源，基因无法直接知晓亲人的离世或者考试的来临，这些信息均要经过大脑的处理。

那是大脑掌控了这一切吗？可是，外界的压力信息是通过大脑意识中心进行处理的，意识中心命令大脑中的下丘脑发出信号来调控脑垂体，以释放一种能够指引肾上腺皮质产生和分泌皮质醇的激素。

但这也称不上是个答案，因为大脑本身就是身体的一部分。下丘脑刺激脑垂体、脑垂体刺激肾上腺皮质的原因并不是因为大脑设定了这个操作流程。大脑不至于会设定好程序，以便让机体在面临考试等应激事件时，因抵抗力减弱而易患感冒。答案其实是：自然选择（理由我很快便会讲到）。无论如何，这一切的发生都是完全不自主、无意识的，所以，是面临考试这件事，而非大脑本身调控了这一切。但如果是考试这件事掌控了这一切，那么应该怪罪社会才是。然而，社会不就是个人的集合吗？这么一想，不就又把皮球踢回到我们人类自身一边了吗？此外，不同个体对压力的敏感程度不同，有些人面对即将到来的考试显得很是焦虑，但也有些人能够从容应对。为何会产生如此的差异？在皮质醇的产生、调控及应答等一系列事件的发生过程中，易有精神压力的人与从容应对的人肯定有着微妙的基因差异。而又是谁或者是什么控制了这些基因上的差别呢？

事实上，并没有人在主导这一切。这个答案或许让人难以置信，但这个由错综复杂、设计巧妙的系统构成的世界确实没有控制中心。经济就是这样一个系统。曾有错误的观念认为：如果有人操控经济，决定应该在何时何地生产何种产品，经济会运行得更好。但是事实上这种想法业已对苏联及西方世界民众的财富与健康造成了伤害。

人体也是如此。人并非一个依赖激素的释放来运转身体的大脑，也并非一个通过激活激素受体来调控基因组的身体，更不是一个通过开启基因来激活激素进而调控大脑的基因组。上述所有功能，人兼而有之。

心理学中有许多古老的理论，都存在着这类误解。那些支持和反对“遗传决定论”的理论，其实都是假定基因超脱或是凌驾于身体之上。但正如我们所看到的那样，其实机体是在需要时才开启基因，而且这个操作通常源于对外界事件所作出的有意识或无意识的反应。你大可通过幻想那种能给人带来压力的事件（即便荒诞不经）来提高皮质醇水平。同样地，针对慢性疲劳综合征（又称肌痛性脑脊髓炎），有些人认为痛苦纯粹是心理性的，而另一些人则坚持认为它是由生理原因引起的，其实这两者都完全没有抓住要点。大脑和身体是同一个系统的不同组成部分。如果大脑对心理压力作出反应，刺激了皮质醇的释放，而皮质醇抑制了免疫系统，使得机体因免疫力下降而诱使潜伏的病毒发威，或感染了新的病毒，那么这个过程中所产生的症状可能是生理上的，但其实原因却是心理上的。我们再设想一下，若是某种疾病影响到大脑，进而改变人的情绪，这种情况下，病因是生理性的，但是症状却是心理性的。

这个话题涉及的是日趋流行的心理神经免疫学。该学科相关观念虽受到了大多数医生的抵制，但却被信仰治疗师们大肆宣传。事实上，证据确凿。比如，虽都携带有疱疹病毒，不过长期不快乐的护士更容易得唇疱疹；患有焦虑症的人比阳光乐观的人更容易有生殖器疱疹；在西点军校，学生们很容易患上单核细胞增多症（腺热），而且那些症状严重的患者往往就是那些课业压力大、焦虑的学生；那些照顾阿尔茨海默病患者的人（一项压力特别大的工作），他们血液中的抗病 T 淋巴细胞比正常指标要少；三哩岛核电站发生核泄漏事故时居住在附近的人在 3 年之后罹患癌症的人数要比预期的多，不是因为被暴露在辐射之下（事实上他们并没有），而是因为事故使其体内的皮质醇水平升高，继而降低了免疫系统对癌细胞的反应；那些经历丧偶之痛的人，在随后几周内，其免疫系统将变得异常脆弱；那些一周前因父母争吵，经历家庭破裂的儿童更容易感染病毒；生活中，那些心理压力过大的人比过着幸福生活的人更容易患上感冒。虽然你可能会觉得这些研究很难以置信，但它们中的大多数其实已被小鼠或大鼠这类动物实验所验证过了。[1]

可怜的老勒内·笛卡尔（Rene Descartes）因其提出了主导西方思

想的二元论而备受指责，他的这一理论令人们很难接受“思想可以影响身体，身体也可以影响思想”这一观点。其实，勒内·笛卡尔不该为我们所犯的错误而受到指责。但是无论如何，错误也不能归咎于这个从人类大脑中产生的二元论概念。事实上，我们不知不觉犯了一个更大的错误：我们总是本能地假定身体的生化反应是起因，行为是结果，而且在评估基因对行为的影响时将这个假设运用到了无比荒谬的程度。我们认为：如果基因与行为有关，那么基因就是因，而且是不可改变的。这种错误不仅基因决定论者会犯，站在他们对立面的人也会犯。反对者们认为行为“不在基因中”。他们谴责由行为遗传学所产生的宿命论和先决论。事实上，反对者们给基因决定论者“基因是因”这一假设提供了滋生的土壤，因为反对者们其实也在默认：如果基因参与行为，则基因就是最高指挥官。但是他们忘记了基因需要被开启，而外部事件（或自由意志的行为）是可以开启基因的。我们非但没有听任万能基因的摆布，反倒是我们的基因经常受到我们自己的操纵。如果你去蹦极或者从事一项压力很大的工作，或者反复想象一件可怕的事情，你的皮质醇水平就会提高，进而皮质醇就会在你身体里四处乱窜，激活各种基因。（还有一个不争的事实：你可以通过一个刻意的微笑来触发大脑的“快乐中心”，就如同你用快乐的想法触发微笑。机体是听命于行为的，微笑真的会令你感觉更好。）

通过对猴子的研究，人们更好地了解了行为是如何改变基因表达的。对于相信演化论的人来说，幸运的是：自然选择就好比是一个过分吝惜羽毛的设计师，一旦设计出了可以显示并对压力作出反应的基因及激素系统，她便懒得再去做修改。（还记得吗？前文我们提到，人类的基因组与黑猩猩有98%的相似性，与狒狒的相似性是94%）。所以，当遇到压力因素的刺激，在猴子体内和人体内会产生同样的激素，并以同样的方式开启同样的基因。人们曾仔细研究过东非一群狒狒血液中的皮质醇水平。狒狒有一个习性，就是当长到一定年龄后，就会加入一个新的狒狒群体。研究发现，当一只年轻的狒狒加入一个新的狒狒群体时，他会变得极具攻击性，这是因为他需要竭力确立在该群体中的地位。这种状态下，不仅新加入的这只狒狒血液中的皮质醇浓度急剧上升，就连群体原先的狒狒成员的皮质醇水平也同样在上升。随着它体内的皮质醇（和睾酮）水平上升，淋巴细胞数量下降，它的免疫系统受到了抑制。与此同时，它血液中与高密度脂蛋白（HDL）结合的胆固醇也开始越来越少，这种状态是冠状动脉硬化的典型前兆。雄性狒狒的自主行为不仅改变了它体内的激素水平，也改变了它的基因表达，同时还增加了感染和患冠状动脉疾病的风险。[2]

在动物园里的猴子中，容易发生冠状动脉疾病的猴子往往在群体地位上是处于最底层的。它们被等级高的猴子欺负，一直处于压抑状态，导致其血液中富含皮质醇而大脑中缺乏 5- 羟色胺，免疫系统被长久地抑制，最终冠状动脉壁伤痕累累。究竟为何如此，仍然是个谜。现在许多科学家认为：冠状动脉疾病的发生至少部分是与传染性病原体相关的，比如衣原体和疱疹病毒。压力的作用是降低机体对这些潜伏感染因子的免疫监视，以让其乘虚而入。从这个意义上来讲，对于猴子而言，心脏病像是一种传染病，压力在此传染过程中也起到了一定的作用。

人类与猴子很像。在发现地位低下的猴子易患心脏病前不久，人们惊奇地发现英国白厅㊀公务员患心脏病的概率与他们的职位高低成反比。一项针对 1.7 万名公务员的大规模长期研究得出了一个令人难以置信的结

㊀ 白厅是英国政府中枢所在地，是英国中央政府的代名词。——译者注

论：一个人的工作状况比肥胖、吸烟或高血压等更能反映他们罹患心脏病的可能性。从事低级工作的人，如门卫，患心脏病的可能性几乎是高层秘书的 4 倍。事实上，即使高层秘书很胖、患有高血压或吸烟，在特定的年龄阶段患心脏病的可能性仍然低于一个瘦弱、不吸烟、血压正常的门卫。20 世纪 60 年代，一项对贝尔电话公司 100 万名员工进行的类似研究，得出了同样的结论。[3]

当你仔细想一想这个结论，会发现它几乎颠覆了你关于心脏病的一切认知。它认为胆固醇对于心脏病的危害微乎其微（高胆固醇是一个导致心脏病的危险因素，但只限于那些有高胆固醇遗传倾向的人。对于这些人，少吃脂肪类食物对于降低血脂收效甚微）；它将饮食、吸烟和血压这些医学界所公认的心脏病的生理因素归为次要原因；它把传统观念里所认为的“高职位、高节奏、高压力的工作状态更易患心脏病”这一观念抛到一边（虽然这一观念有些道理，但是关系不大）。现代科学研究发现这些生理因素对心脏病的影响并没有那么高，反倒是一些非生理性的环境因素，比如工作时所处的身份地位，变得愈发重要起来。或许可以这么说：你的心脏健康与否，与你的工资水平密切相关。这到底是怎么回事呢？

猴子的研究给人类提供了线索。猴子在群体中的地位越低，它们对自己生活的控制力就越小。公务员也同样如此，皮质醇水平的上升与你的工作量多少无关，而是取决于受他人命令的多寡。事实上，可以通过实验来演示这种效果：安排两组人进行同样的任务，只命令其中一组人按照规定的方式和时间表完成任务。与没有受到控制的另一组相比，这一受外部控制组的人将承受着更大的压力，激素增加，进而血压和心率上升。

在英国白厅公务员研究开展的 20 年后，研究人员在开始私营化的公务员部门也重复了这一实验。研究开始时，公务员们对失去工作意味着什么并没有概念。事实上，当进行调查问卷研究时，受试者们拒绝回答“他们是否害怕失去工作”这个问题。他们解释道：“在公务员队伍中，这是一个毫无意义的问题，因为最坏结局也仅仅是可能会被调到另一个部门。”而到了1995年，他们中有超过1/3的人已经尝过丢掉工作的滋味，此时，他们终于清楚地知道失去工作意味着什么了。私营化给他们每个人的生活增添了受外部因素支配的感觉，压力随之而来。伴随着压力而来的是身体素质的下降，这种不健康状态的人数之多，远非饮食变化、抽烟或喝酒等原因所能解释的。

心脏病是一种缺乏生活控制权所导致的症状，这就很好地解释了它的散发现象，也解释了为什么那么多位高权重的人在退休“闲下来”后不久就会心脏病发作。因为退休后的他们从公司管理者的角色转变为在家中任由老伴使唤的角色，干一些“低级”家务活（洗碗、遛狗）。这也解释了为什么人们往往在婚礼、重大庆典或一段时间的忙碌工作结束后才容易患上疾病，因为之前的他们在那些情形中处于主导地位。（学生也往往会在紧张的考试之后，而非在考试期间生病。）这就解释了为什么失业后靠救济金救助的人更容易生病，因为他们需要接受政府福利部门严格的管控，这种管控甚至比猴群中猴王对低级别猴子的管控还要严苛。这甚至可以解释为什么居住在无法开窗的现代建筑中更容易生病，因为在老式的房子中，人们能更好地支配自己的生活。

我需要再重复强调一遍：不是生物特性支配行为，而是行为常常影响其生物特性。

其他类固醇激素也具有与皮质醇相似的特性。睾酮激素水平高低与攻击性强弱相关。那是因为激素释放导致了攻击性行为吗？还是因为攻击性行为诱发了激素释放？若是依据唯物主义理论，第一种描述更可信。但事实上，通过对狒狒的研究，结果表明：第二种说法更接近事实。心理变化先于身体反应，精神活动驱动身体行为，身体行为开启了基因组的表达。[4]

睾酮激素与皮质醇一样，也有抑制免疫系统的作用。这就解释了为什么在许多物种中，雄性比雌性更易感染，且感染后死亡率更高。动物的免疫系统受到抑制，不仅会降低机体对微生物的抵抗力，对大型寄生虫的抵抗力也同样会下降。皮蝇会在鹿和牛的皮肤上产卵，孵化出来的蛆会钻进动物的肉里，然后再回到皮肤上形成一个结节，蛆会在这个结节里变成蝇。挪威北部的驯鹿深受这类寄生虫的困扰，而且雄性明显比雌性更为严重。一般来说，在 2 岁龄时，雄性驯鹿皮肤上的皮蝇结节数量是雌性驯鹿的 3 倍。然而，被阉割的雄性驯鹿皮肤上的结节数却与雌性驯鹿是一样的。在许多传染性寄生虫中也发现了类似的现象，例如，大家普遍认为能诱发南美洲锥虫病的原虫，是使查尔斯·达尔文饱受慢性疾病折磨的元凶。达尔文在智利旅行时被携带南美洲锥虫病的虫子咬伤，他后来出现了与此疾病相符的症状。如果达尔文是个女人，或许他就不会花那么多时间自怨自艾了。[5]

然而我们正是在达尔文那里得到了启发。自然选择的表亲——性别选择，巧妙地利用了睾酮激素抑制免疫系统这一功效。在达尔文关于演化论的第二部著作《人类的起源》一书中，他提出了这样一个观点：就像鸽子饲养员可以培育鸽子一样，雌性动物也可以“培育”雄性动物。世世代代繁衍过程中，雌性动物若是按照固定的标准选择与雄性交配，则可以改变该雄性物种的身形、颜色、大小、音调等特征。事实上，正如我在 X

和 Y 染色体那章中所描述的，达尔文早就在孔雀中发现了这一现象。但是直到一个世纪之后，也就是到了二十世纪七八十年代，一系列的理论和实验研究才证明了达尔文是正确的。雄性动物的尾巴、羽毛、角枝、音调和身形都是雌性动物一代又一代被动或主动选择的结果。

但是为什么会这样呢？一只雌鸟能从一只长尾巴或叫声大的雄鸟身上能得到什么好处呢？对此，争论之下产生了两个主要观点。第一个观点认为：雌性动物必须紧跟“时尚潮流”，以免她们生下的儿子无法吸引那些追逐时尚的雌性动物。第二个观点，也是我在这里需要重点强调的观点：雄性动物外形特征在某种程度上反映了他基因的质量，特别是抵抗感染的能力。外形出众的雄性动物仿佛对外界炫耀着：看，我是多么强壮，我可以长出大尾巴，发出动听的歌声，因为我既没有感染疟疾也没有感染寄生虫。睾酮激素会抑制免疫系统这一事实恰恰为此提供了旁证。雄性动物外形“装饰物”的质量取决于他血液中的睾酮激素水平，睾酮激素越多，颜色就越鲜艳，体型越大，叫声更动听，也越有攻击性。如果一个雄性动物在体内睾酮水平高，免疫系统被抑制的情况下，不仅没有感染疾病，还能长出一条大尾巴，那就暗示着他的基因一定非常优秀。这就好比是，免疫系统掩盖了基因的“真相”，而睾酮激素则揭开了这层“面纱”，让雌性动物一目了然。[6]

这一理论被称为免疫能力障碍，它的理论基础认为睾酮激素的免疫抑制作用是不可避免的。雄性动物无法仅仅提高睾酮激素水平而不抑制免疫系统。所以，在这种前提下，那些既能拥有长尾巴又有强免疫力的雄性动物就会特别受欢迎，并会留下许多后代。因此，该理论暗示着类固醇与免疫抑制之间的联系与生物界中的其他联系一样，是固定的、不可避免的，同时也是非常重要的。

但是这就更令人感到费解了。首先，没有人能很好地解释这种联系，更别提为何是不可避免的了。为什么人体的免疫系统会被类固醇激素所抑制？这意味着，每当你因生活琐事而感到压力时，你就会更容易遭受感染、癌症和心脏病的侵袭，这无异于雪上加霜。这意味着，每当动物提高其睾酮激素水平以争夺配偶或是展示魅力时，它会变得更容易罹患感染、癌症和心脏病。这是为什么呢？

许多科学家都在努力解决这一难题，但收效甚微。保罗·马丁（Paul Martin）在他的心理神经免疫学著作《病态心理》中讨论了两种可能的解释，但随后又对其进行了一一反驳。第一种解释认为：这一切源于错误，免疫系统和压力应激反应之间的联系只是其他系统的一个偶然副产物。正如马丁所指出的，对于一个充满复杂的神经、化学联系的系统来说，这是一个无法令人信服的解释。人体内几乎没有哪个部分是偶然形成的、多余的或是无功能的，复杂的系统更是如此。如果没有功能，自然选择会无情地剔除掉抑制免疫反应的环节。

第二种解释认为：现代生活带来的压力是不自然的、持久的，而在以往的生活中，压力一般较为短暂。这种解释同样令人失望。狒狒和孔雀生活在大自然中，然而，它们（以及地球上几乎所有其他鸟类和哺乳动物）也都受到了类固醇激素的免疫抑制作用。

马丁承认自己无法解释压力为何抑制免疫系统这一事实。我也无法解释。或许，正如迈克尔·戴维斯（Michael Davies）所说的那样，在古代，人体处于半饥饿状态时，免疫抑制是被用以保存能量的；在现代社会，机体运用同样的机制来应对压力。又或许，对皮质醇的反应仅是机体对睾酮反应的副作用（皮质醇和睾酮是非常相似的化学物质），而且雄性动物对睾酮激素的反应可能是在基因层面有意为之，用以帮助雌性动物去挑选更为适合的对象。换句话说，就像我们在 X 和 Y 染色体那章已经讨论过的那样，类固醇激素与免疫抑制之间的关联可能是性别拮抗的产物。我可不太认同这番解释。一切未知，亟待大家去解答。

拾壹号

11号染色体
个性

性格决定命运。

——赫拉克利特

人类作为一个群体有其共性，而不同个体间又有其独有的个性，共性和个性的相辅相成正是基因组的意义所在。基因组以某种方式既掌控着我们的共性，又左右着我们的个性。我们都能感受压力，并感受随之而来的皮质醇激素飙升，也会遭受此番波动之后的免疫抑制的影响。我们在外界的遭遇都会招致体内基因的激活或抑制，这是人类的共性。但是我们每个人也都是独一无二的。有的人冷静，有的人冲动；有的人易焦虑，有的人爱冒险；有的人自信，有的人腼腆；有的人安静，有的人健谈。我们把这些不同叫作个性，不仅仅指性格，还包括天生的个性化特质。

为了寻找影响个性的基因，就要从身体中的激素开始追溯到大脑中的化学物质，尽管这二者的区别并非泾渭分明。在 11 号染色体的短臂上有一个叫作 D4DR 的基因。它表达一种名为多巴胺受体的蛋白质，这种蛋白质只在大脑某一部分的细胞中表达，它的功能主要是在两个神经元细胞连接的地方（称作突触）从其中一个神经元细胞的细胞膜伸出，去捕捉一种叫作多巴胺的小分子化学物质。多巴胺是一种神经递质，受到电信号的刺激后从其他神经元细胞的顶端释放出来。当多巴胺受体遇到多巴胺，会引起多巴胺受体所在的神经元释放一种电信号。这就是我们大脑的工作方式：电信号诱导释放化学信号，化学信号又诱导生成电信号。通过利用至少 50 种不同的化学信号，大脑可以同时进行很多不同的对话：每种神经递质会激活一组不同的细胞，或是改变它们对不同化学信号的敏感性。有些人习惯把大脑比喻成一台计算机，这其实是不太准确的，原因有很多，其中最显而易见的一点就是计算机中的电子开关就只是一个电子开关，而大脑中的突触是一个嵌在高灵敏度化学反应器中的电子开关。

神经元中如果有激活的 D4DR 基因，那我们就可以迅速地判断出这个神经元参与了大脑中多巴胺介导的相关通路。多巴胺信号通路可以参与很多过程，包括控制大脑里的血液流动。大脑中多巴胺的缺乏会导致个性刻板或优柔寡断，甚至无法控制自己的身体活动。极端情况下，就形成了帕金森病。在小鼠中敲除编码多巴胺的基因会导致小鼠不能移动以致饿死。如果把一种与多巴胺非常像的化学物质（术语应该叫作多巴胺激动剂）注射入小鼠的大脑，它们就会恢复到正常的兴奋状态。相反，大脑中多巴胺如果过量，则会让小鼠非常喜欢探索和冒险。对于人类，过量的多巴胺可能是导致精神分裂症的直接原因，一些可致幻的迷幻药就是通过刺激多巴胺系统而起作用的。有些小鼠对可卡因极为上瘾，甚至宁要毒品也不要食物，就是因为可卡因刺激了小鼠大脑中一个叫作伏隔核（nucleus acumbens）的区域，从而释放出了多巴胺。把食用可卡因比作小鼠的一个控制杆，每当它按下控制杆（食用到可卡因）时它就会感到非常快乐，那么它就会学着去一遍又一遍地按下控制杆（可卡因上瘾）。但是如果向小鼠大脑注射一种多巴胺阻断剂，它会立刻对这个控制杆失去兴趣。

简言之，多巴胺可能是一种刺激大脑的化学物质。太少的话人会缺乏主动性和积极性，太多的话人会很容易感到无聊并喜欢寻求冒险。这可能就是不同人有不同个性的根源所在。正如迪恩·哈默（Dean Hamer）所说，在 20 世纪 90 年代中期，当他开始寻找与喜欢寻求刺激这种个性相关的基因时，他所寻找的就是导致阿拉伯的劳伦斯和维多利亚女王性格差异的基因。但是考虑到多巴胺的产生、调控、释放和接收都需要很多基因的参与，因此没有人（也包括哈默）会期望找到一个专门控制人冒险个性的基因。哈默也不认为人们在寻求冒险方面的差异都是由遗传决定的，遗传应该只是众多影响因素当中的一个。

耶路撒冷的理查德·埃布斯坦（Richard Ebstein）实验室发现了第一个与个性差异相关的基因：位于 11 号染色体的 D4DR 基因。D4DR 基因中间有一个可变的重复序列，它是一个重复 2 ～ 11 遍的 48 个字母长度的小卫星序列。大多数人的这个序列重复了 4 或 7 遍，但是有些人会重复 2、3、5、6、8、9、10、11 遍不等。重复的次数越多，多巴胺受体在捕捉多巴胺时效果就会越弱。在大脑中，一个长的 D4DR 基因意味着对多巴胺不敏感，相反，一个短的 D4DR 基因意味着对多巴胺更为敏感。

哈默和他的同事们想知道，具有长基因的人和具有短基因的人是否会有不同的个性。这实际上与罗伯特·普洛明在 6 号染色体上试图将一个未知基因和一个已知的智商上的行为差异关联起来，正好是一个相反的过程。哈默是从基因出发关联到行为特征。他对 124 个人进行了一系列的性格测试，对他们寻求新奇事物方面的个性差异进行了分析，并检测了他们的基因。

果不其然！在哈默所研究的个体中（诚然样本量不是很大）有一个或两个长基因拷贝的人（成人体内每个细胞中的染色体都是成对的，分别来自父母双方）明显比拥有两个短基因拷贝的人更喜欢追求新奇事物。在这里，“长”基因被定义为小卫星序列重复了 6 次以上。起初，哈默怀疑他找到的是一种新基因，因而将其命名为“筷子”（chopstick）基因。蓝眼睛基因经常在不善于使用筷子的人中出现，但是，没有人会认为决定眼睛颜色的基因能够决定使用筷子的能力。巧合的是，蓝眼睛和不善于使用筷子都与非东方血统相关。但不善于使用筷子其实是一个非常明显的非遗传原因——文化。理查德·勒文廷（Richard Lewontin）使用了另一个类比来解释这件事情：那些擅长编织的人往往没有 Y 染色体（也就是说，他们往往是女性），但并不能说明擅长编织是由 Y 染色体缺失造成的。

所以，为了排除这些不真实的相关性，哈默在一个美国大家族中进行了重复实验，他再次发现了这个明显的相关性：喜欢寻求新奇事物的人更有可能携带一个或多个长基因的拷贝。这一次，筷子的说法似乎越来越站不住脚了，因为一个家族内部的差异不太可能是文化差异。由此可见，基因差异可能确实导致了个性差异。

对于上述相关性（长基因的人更喜欢寻求新奇事物）的解释可能是：具有“长”D4DR 基因的人对多巴胺的响应较低，因此他们需要寻求更冒险的生活方式，以获得与“短”D4DR 基因的人同等的多巴胺刺激。在寻求过程中，他们形成了喜欢追求新奇事物的个性。哈默继续用一个惊人的例子来解释喜欢寻求新奇事物的人是什么样子：在异性恋男人中，那些具有长 D4DR 基因的人，与另一个男人发生性关系的可能性是那些具有短基因的人的 6 倍。在同性恋男人中，那些具有长 D4DR 基因的人，与另一个女人发生性关系的可能性是那些具有短基因的人的 5 倍。在这两组人中，长基因的人相比短基因的人拥有更多的性伴侣。[1]

我们都知道，有一些人什么都愿意尝试，相反有些人则故步自封，不愿尝新。也许前者具有长 D4DR 基因，后者则具有短基因？事情没有这么简单。哈默认为，D4DR 基因只能解释这种标新立异的个性的 4%。他估计，这种标新立异的个性的 40% 来自遗传，而人体内约有 10 个基因都与此个性相关。个性行为包罗万象，而标新立异只是其中之一。假设每种个性都涉及同样数量的基因，那么可以得出结论：或有 500 多个基因相互作用，从而构筑了形形色色的人类个性。除此之外，还有大量的不变基因也与个性相关，如果它们发生变异，亦会影响到人的个性。

这就是基因影响行为的真实情况。现在你知道了吧，谈论基因对行为的影响并不可怕。人体内有 500 多个控制个性的基因，如果一个就能让人忘乎所以，也未免太过可笑了！在未来的美丽新世界里，如果有人因为某个胎儿的个性基因不符合标准而去引产，且要冒着即使再次受孕，胎儿也可能会携带她所不愿见到的其他两三个基因的风险，该是多么的荒唐。即便政策允许，对某些遗传特性进行优生选择最终还是徒然。因为你必须对 500 个基因逐一进行检查，以筛掉那些携带了所谓“错误”基因的胎儿。这么做的话，你会发现即便一开始有 100 万个候选，最终也会无一符合。其实，我们都是突变携带者。防止定制化婴儿的最佳方法就是去搜寻更多的基因，用知识来武装头脑。

同时，个性具有非常强的遗传性这一发现可以用在一些与基因无关的治疗中。当天生害羞的小猴子被自信的猴妈妈抚育时，能很快地克服害羞的特性。对人类来说也是如此，父母正确的教养方法能够改变孩子与生俱来的天性。令人惊奇的是，如果我们理解了某些天性是与生俱来的，反而有助于去改变它。有3位治疗师在了解到遗传因素对个性的影响后，转变了对研究对象的治疗方法。他们不再去直接治疗研究对象的害羞，而是努力让他们接受自己这种与生俱来的特质。竟然奏效了。研究对象在被告知害羞只是他们的一种内在性格，而非后天养成的坏习惯后，都备感轻松，这反而更有利于治疗。“虽然听起来矛盾但却是事实：不要把人的个性当成一种病，让每个人都按照自己的方式去生活，反而更利于建立自信和改善人际关系。”换句话说，告诉人们害羞是天生的反而有助于他们克服害羞。婚姻咨询师也认为，通过鼓励客户接受其伴侣那些让人恼怒的习惯（因为这些习惯可能是天生的），尝试与这些“坏习惯”共处，反而能取得良好的结果。当同性恋者的父母了解到同性恋是天生的、无法改变的现象，与其养育方式无关时，通常接纳度会更高一些。意识到个性是天生的，这远非简简单单的一句话，更多的是一种心理压力的释放。[2]

假设你希望培育一种狐狸或老鼠，让它们变得比一般的狐狸或老鼠更为顺从，一种方法就是选择一窝中最黑的幼崽来留种以繁殖下一代。几年之后，你将会获得更为顺从但同时也更黑的动物。动物育种者早就深谙此法。但是在20世纪80年代，它被赋予了新的意义——在人的神经化学和个性特征之间建立起了另一个关联。哈佛大学心理学家杰罗姆·凯根（Jerome Kagan）带领着一组研究人员在研究儿童害羞或自信心的时候发现，他可以在婴儿4个月大的时候就识别出那些异常“羞怯”的类型，在其14岁时还可以预测出他们成年后的害羞或自信程度。外界的养育非常重要，但是内在的个性也扮演着同样关键的角色。

这不算什么大事！除了那些最顽固的社会决定论者，没有人会觉得害羞受内在因素影响是件令人感到惊讶的事。人们还发现，害羞与一些意想不到的其他特征存在关联。例如，相比那些不那么害羞的人，害羞的青少年更有可能是蓝眼睛（所有的研究对象都是欧洲血统）、易过敏、高瘦、窄脸、右前额下方有更多热量产生、心跳更快的人。其实，这些特征都是由胚胎中一组被称为神经嵴的特殊细胞所控制的。这些细胞在大脑中的一个特别部位形成了扁桃体。这些细胞也都使用同样的神经递质，即去甲肾上腺素——一种非常像多巴胺的物质。所有这些也都是北欧人的特征，以日耳曼民族为主。凯根认为，在北欧地区，冰河时期作为自然选择的条件筛选出了那些能够更好地抵御寒冷的人，即高代谢率的人。高代谢率是由扁桃体中活跃的去甲肾上腺素系统产生的，但同时也带来了许多副产品——沉着冷静、容易害羞、皮肤白皙。就像狐狸和老鼠一样，害羞多疑的个体比那些勇敢大胆的个体肤色会更浅一些。[3]

如果凯根是对的，那么蓝眼睛的瘦高个在面对挑战时，会显得更为焦虑。一个紧跟最新研究成果的猎头会发现这可以为他在物色人才方面提供帮助。毕竟，用人单位本来就会区别对待不同的性格。大多数招聘广告都要求应聘者具备“良好的人际交往能力”，然而这个能力在一定程度上是天生的。不过，倘若要靠眼睛颜色来决定录取结果，那么这个世界将变得黯淡无光。为什么呢？因为生理上的歧视远比心理上的歧视更加令人难以接受。其实，心理歧视即化学物质歧视，它与任何其他歧视一样，都是以物质为依据的。

多巴胺和去甲肾上腺素都是所谓的单胺。它们的近亲，大脑里发现的另外一种单胺——5- 羟色胺，也是影响个体特征的一种化学物质。但是 5- 羟色胺比多巴胺和去甲肾上腺素更复杂，很难把它研究清楚。如果大脑里 5- 羟色胺水平异常的高，这个人往往就有强迫症倾向，且喜欢整洁，处事谨慎，甚至有些神经质。患有强迫症的人通常可以通过降低 5-羟色胺来缓解症状。反之，大脑中 5- 羟色胺水平异常低的人往往容易冲动。那些冲动的暴力犯罪或自杀者，通常 5- 羟色胺含量较少。

百忧解（又叫氟西汀），作为一种抗抑郁的药物，就是通过影响 5-羟色胺系统来发挥作用的，虽然对于它的具体作用机制尚存争议。传统理论是由百忧解的开发公司——礼来公司的科学家们提出的，他们认为氟西汀抑制神经元细胞对 5- 羟色胺的重吸收，这样一来，大脑里的 5- 羟色胺就会增加。增多的 5- 羟色胺会缓解焦虑和沮丧，甚至可以把普通人变成乐天派。但是也有可能百忧解恰好是起到相反的作用：干扰神经元细胞对 5- 羟色胺的响应。在 17 号染色体上有一个基因，名叫 5- 羟色胺转运基因，它自己本身不会有各种变异，但是在基因上游有一个激活序列（基因起始处类似于调节灯光亮暗的开关，换言之就是调控基因表达的），这个激活序列的长度会变化。与很多变异一样，这种长度变化是由一段相同序列的重复次数不同造成的：一段 22 个碱基的序列，重复 14 次（短序列）或 16 次（长序列）。大约 1/3 的人有 2 个拷贝的长序列，在关闭基因表达方面会略微差一些。造成的结果就是这类人群会有更多的 5- 羟色胺转运蛋白，意味着更多的 5- 羟色胺会被转运。相比普通人，这些人不容易神经质，个性也更加随和。而且这种区别与性别、种族、受教育程度以及收入情况无关。

由此，迪恩 · 哈默得出结论，5- 羟色胺是一种助长而非缓解焦虑和沮丧的化学物质。他把 5- 羟色胺叫作大脑的“惩罚”物。但是各种各样的证据都指向相反的方向，即 5- 羟色胺多的时候会感觉更好。比如，冬天、想吃零食、嗜睡，这三者之间存在着一种奇怪的关联。对有些人而言，冬季黑暗的夜晚会让他们想吃含碳水化合物的零食（暂未发现任何与此相关的基因，他们也许算是基因层面的“少数派”）。这种人通常在冬天的时候会更加赖床，但依旧无精打采、一副蔫头耷脑的样子。对于这种现象，可能的解释是：冬季天黑得比较早，因而大脑会产生更多褪黑素（一种让人萌生睡意的激素）。褪黑素是由 5- 羟色胺产生的，因为要被征用去制造褪黑素，所以 5- 羟色胺的水平会下降。5- 羟色胺是由色氨酸转化而来的，所以让 5- 羟色胺水平升高的最快方法是输送更多的色氨酸到大脑。而输送更多色氨酸到大脑的最快方法就是促使胰腺分泌胰岛素，只有这样才能让身体吸收类似色氨酸的物质，从而为色氨酸的输送开辟绿色通道。而分泌胰岛素的最快方法，就是吃一些含有碳水化合物的零食。[4]

听懂了吗？寒冷的冬夜，如果吃一点饼干，大脑里的 5- 羟色胺就会上升，便会令人感到非常愉悦。由此可知，通过改变饮食习惯可改变 5- 羟色胺水平。事实上，那些降低血液中胆固醇的药物和饮食，也是可以影响 5- 羟色胺水平的。但是又有一个奇怪的现象：几乎所有的研究都发现，降低胆固醇的药物和饮食增加了因暴力而死亡的风险，相反，由心脏病导致的死亡风险却下降了。综合所有研究结果，人们发现在降低胆固醇的治疗过程中，心脏病的发病风险降低了 14%，可是因暴力而死亡的风险却明显增加了 78%。因为暴力造成的死亡相较心脏病更为罕见，最终两者的比例也就大致相当了。不过，暴力造成的死亡有时会涉及一些无辜的旁观者。所以，治疗高胆固醇患者是有一定风险的。20 年来，人们已经知道，那些冲动的、反社会的、性情抑郁的人（包括囚犯、暴力犯罪者和自杀未遂者）与一般人相比，其胆固醇水平普遍会更低一些。难怪尤利乌斯 · 恺撒（Julius Caesar，罗马共和国末期杰出的军事统帅、政治家）会不信任看起来瘦削饥饿的卡修斯（Cassius，罗马共和国末期的将领）。

这些令人不安的事实通常被医学研究者淡化为统计学上的差异。但是它们在不同的研究中一再出现，仅用统计学差异来进行解释似乎说不太通。在所谓的多重危险因素干预（MrFit）测试中，研究人员对来自 7 个国家的 351 000 个人随访了 7 年，结果发现，胆固醇过低或过高者的死亡风险，是同年龄段胆固醇适中者的 2 倍。对于胆固醇过低者而言，额外增加的死亡风险主要是因为意外、自杀或谋杀。在男性中，胆固醇较低的那 25%，其自杀的可能性是胆固醇较高的那 25% 的 4 倍，但在女性中未发现此种趋势。当然这并不意味着我们都应该去吃煎鸡蛋。胆固醇水平过低，或胆固醇水平降得过多，对于一小部分人来说是非常危险的，正如胆固醇水平过高或食用高胆固醇饮食对一小部分人来说非常危险一样。低胆固醇饮食的建议只适用于那些天生胆固醇过高的人，并不适用于所有人。

而将低胆固醇和暴力关联起来的因素中，几乎都有 5- 羟色胺的身影。对猴子用低胆固醇饮食来喂养，即使在体重没有减轻的情况下，它们也会变得越来越有攻击性，脾气越来越暴躁，原因可能就是因为 5- 羟色胺水平的降低。位于北卡罗来纳州鲍曼 · 格雷医学院（Bowman Gray Medical School）的杰伊 · 卡普兰（Jay Kaplan）实验室对 8 只猴子采取低胆固醇（但是高脂肪）喂养，9 只猴子采取高胆固醇喂养，发现低胆固醇喂养的猴子大脑中的 5- 羟色胺水平很快就会降低到大概只有高胆固醇喂养的猴子的一半，可是它们对同类进行攻击的可能性却高出了 40%。在雄性和雌性中都表现出这样的趋势。低胆固醇确实可以精准地预测猴子的攻击性，正如它能精准地预测人类冲动性的谋杀、自杀、好斗、纵火等行为。这是否意味着如果通过立法强制每个人把他的胆固醇水平贴在脑门上，那我们就可以明辨出应该避开谁、关押谁或是保护谁呢？[5]

幸运的是，这种公然侵犯公民自由权利的政策是不会得以实施的。5-羟色胺水平不是先天的，也并非一成不变的，它们其实是社会地位的产物。自尊心越强，社会地位越高，5-羟色胺水平就会越高。通过对猴子的实验表明，社会行为是影响5-羟色胺水平的主因：5-羟色胺在猴子首领体内非常丰富，而在下级猴子身上就会低很多。孰因孰果呢？几乎每个人都认为5-羟色胺至少在一定程度上是因：因为从常理来看，行为应该是由物质所支配的，而非反过来。然则事实却正好相反：猴子体内的5-羟色胺水平是受它在群体中的地位等级影响的。[6]

与大多数人的想法相反，高社会地位反而意味着低攻击性，即使在长尾黑颚猴中也是如此。地位高的个体并没有特别的高大、凶狠或残暴。它们擅长调节矛盾和招募同盟。它们最显著的特点是冷静沉着。它们没有那么冲动，也很少把打闹误解为攻击。当然，猴子不是人类。但是加州大学洛杉矶分校的迈克尔·麦圭尔（Michael McGuire）发现，任何一群人，甚至是孩子都能够在被圈养的猴群中迅速地找出谁是领导者。因为猴王的行为举止（雪莱所谓的“颐指气使的冷笑”）与人类并无二致，容易被我们一眼看穿。毫无疑问，猴子的情绪是受其5-羟色胺水平影响的。如果你人为地颠倒尊卑等级，使之前的猴王处于从属地位，不仅它的5-羟色胺水平会降低，其行为举止也会发生变化。而且，这种现象在人类当中也几乎是如此。比如，在一个大学的社团中，领导者拥有高水平的5-羟色胺，但是免职之后5-羟色胺就会随之下降。5-羟色胺水平的高低已然成了一个自我实现的预言。

这完全颠覆了大多数人的既有生物观。整个 5- 羟色胺系统都关乎生物学决定论。说起来，一个人成为罪犯的可能性，取决于大脑里的化学物质，但这并不意味着行为会像通常所认为的那样，不受社会环境的影响。正好相反：大脑里的化学物质取决于所接触到的社会信号。生物学决定着行为习性，而生物学本身又受社会环境的影响。我在讨论人体皮质醇系统的时候，讲述过同样的现象，现在大脑的 5- 羟色胺系统亦是同理。情绪、思想、个性和行为其实都是由社会环境因素决定的，但是这也并不意味着它们与生物学无关。社会环境因素可通过控制基因的开和关来影响人的行为。

但是，很明显，人类有很多性格类型是天生的，人们对由神经递质传导的社会刺激的反应各不相同。有些基因会改变 5- 羟色胺的产生速度，有些基因会影响 5- 羟色胺受体的敏感度，有些基因会使得大脑中的一些区域对 5- 羟色胺的响应度比其他区域高，有些基因会让某些人在冬天比较沮丧（因为褪黑素系统过度消耗了 5- 羟色胺），等等。有一个荷兰家庭，连续三代都有人犯罪，毫无疑问，其根源在于基因。这些罪犯的 X 染色体上有一个异常的单胺氧化酶 A 基因。单胺氧化酶负责分解 5- 羟色胺和其他化学物质。很有可能是异常的 5- 羟色胺神经化学系统导致了这个荷兰家庭犯罪倾向的增加。尽管如此，仍不足以称其为“犯罪基因”，因为这个有问题的变异在罪犯当中非常罕见，远非普遍现象，所以暂时只能视作一个“孤儿”突变。事实上，单胺氧化酶基因只能用于解释一小部分的犯罪行为。

这再次强调了这么一个事实：我们所说的个性在很大程度上受到大脑

里化学物质的影响。5-羟色胺这种化学物质可以经由各种方式，与天生的个性差异关联起来。在此基础之上，5-羟色胺系统对于外界环境，比如社会环境中的信号，做出种种响应。当然，有些人对于外界信号会更加敏感。这就是基因和环境的实质：它们之间有着错综复杂的相互作用，而非单向决定论。社会行为并不是一系列让我们的大脑和身体都感到措手不及的外部事件，而是深植于我们性格中不可或缺的一部分。我们的基因业已设定好程序，会产生社会行为，也会对社会行为做出响应。

拾贰号

12号染色体
自组装

鸡蛋注定就得孵化出小鸡。

——《炼金术士》（本·琼森）

对于自然界中几乎所有的事物，我们都可以找到东西来进行类比。比如说蝙蝠使用的是声呐；心脏就像一个泵；眼睛如同照相机。再比如，自然选择过程可以比作做实验反复试错的过程；基因可以比作食谱。还有，大脑的轴突和突触像电线和开关；内分泌系统的反馈装置像炼油厂；免疫系统就像一个反间谍机构；身体发育就像经济增长，等等。尽管这些类比中有一部分可能具有一定误导性，但是通过这些类比，我们至少熟悉了大自然母亲用来解决各种问题并实现其巧妙设计所用的各种方法和技术。而我们人类，也实实在在地将这些方法和技术应用在了我们的现代生活中。

但是现在，我们必须要脱离这些熟悉的类比，进入复杂的未知领域。自然界中最值得注意、最迷人、也是最匪夷所思，而且根本没有事物可以与它类比的是：从未分化的一团名为受精卵的东西发育成一个人类个体。但是这个过程大自然母亲却完成得毫不费力。试想一下，如果让我们去设计一个硬件（或者软件），并使之能够完成类似这样的壮举，那将会是非常吃力的一件事情。美国国防部可能试过：“早上好，曼德拉克（Mandrake），我需要你用粗钢和炸药做出一个可以不断自造的炸弹。

预算没有限制，且有 1000 个最聪明的人在新墨西哥州的实验室供你差遣。我希望 8 月份能够看到雏形。兔子一个月可以繁衍 10 次，所以这档事不会有什么难度。对此有任何疑问吗？”

如果没有上述类比帮助我们进行理解，我们很难明白大自然母亲的伟大之处。在受精卵的生长发育过程中，一定是冥冥之中有很多精细的环节在按照一个周密的计划有条不紊地实施。除非有神的干预，否则这些详尽计划的实施者必然是在受精卵内部，不然受精卵是怎样完成的一个从无到有的复杂模式呢？难怪，在过去的几个世纪里人们对于预成论（17 世纪出现的一种胚胎发育的学说，认为生物从预先存在于细胞，即精子或卵子中的雏形发展而成）。有一种天然的偏爱，这个理论的拥护者认为自己在人类的精子里看到了一个小矮人。就连亚里士多德都看出来了，预成论只不过是把问题往后拖了拖。毕竟，精子中的小矮人又是怎样形成的呢？随后的一些理论也并没有好到哪儿去，尽管我们的老朋友威廉·贝特森的想法十分贴近正确答案，令人出乎意料：他推测所有的生物都是由一系列有序的部件或片段组成，并为此发明了一个新词“同源异形”。此外，在 20 世纪 70 年代，人们还流行利用复杂的数学几何理论来解释胚胎学，比如驻波以及其他类似的深奥理论。令数学家们感到遗憾的是，大自然的答案一如既往的浅显易懂，尽管细节是极其复杂的。胚胎的发生、发育离不开基因，基因确实以一种类似数字的形式包含了受精卵中发生的详尽计划。在 12 号染色体的中段位置有一大段与发育相关的基因，这些基因的发现以及对这些基因怎样发挥作用的解释可能是自 DNA 密码被破解之后现代遗传学的最大成就。而这个发现的关键，却是两个惊人而又幸运的美丽意外。[1]

在受精卵发育成胚胎的过程中，最初它是一团未分化的细胞，然后逐渐发展出两种不对称：一个头尾轴，一个前后轴。在果蝇和蟾蜍中，这些轴是由母亲建立的，其母亲的细胞会指示胚胎的一端发育成头部，另一部分发育成背部。但是在小鼠和人类中，这种不对称出现得较晚，没有人知道到底是怎么发生的。受精卵着床到子宫的那一刻似乎是非常紧要的一个环节。

对于果蝇和蟾蜍，这种不对称很容易理解：它们由不同母源基因所编码的不同化学产物梯度所构成。在哺乳动物中，几乎可以肯定的是这种不对称性本质上就是化学反应的产物。每个细胞都会得到其自身内部的一个指令，然后将指令信息反馈到它的“便携式 GPS 系统”，GPS 系统把指令阅读出来：“你在身体的后半部分，靠近腹部”。通过这个过程细胞就知道自己的位置了。

但是，知道位置只是一个开始。到达所在位置后接下来要做什么，这可是一个完全不同的问题，控制“接下来要做什么”的基因被称为“同源异形”基因。我们把同源异形基因比作一本说明书，当细胞发现自己已经到达目的地，它就会在说明书中去寻找这个位置对应的指令：“长出翅膀”，或是“开始变成肾脏细胞”等，最后按照指令完成操作。当然，实际情况并非这种字面上的意思，没有 GPS 系统，也没有说明书，胚胎发育过程其实是一系列自动化的基因依次激活的步骤。说明书是一个很便于我们理解的比喻，但是仍有一点令人费解：胚胎发育是一个完全去中心化的过程（这也正是其伟大之处）。因为身体里的每个细胞都携带了一套完整的基因组，没有细胞需要等待控制中心的指令。每个细胞都可以根据自己的指令以及从邻近细胞那里接收到的信号完成相应活动。这个过程类似于社会管理，但是我们没有以细胞的这种方式来管理社会。我们现在是尽可能地把对事情的决定集中到一起，交由政府来做出决策。或许，我们应该试试细胞的这种管理方式。[2]

自 21 世纪初以来，果蝇一直是深受遗传学家喜欢的一个模式生物，因为在实验室里它们可以简单快速地进行繁殖。我们必须感谢这些看起来不起眼的果蝇，因为它帮助我们阐明了很多遗传学的基本原理，比如基因在染色体上是连锁排列的、马勒发现 X 射线可以诱导基因变异等。科学家们发现果蝇发生基因变异后会出现异常的生长发育，例如在本该有触角的地方长出了腿，或者在本该有平衡棒的地方长出了翅膀等。换言之，身体的某个部位做了另一个部位应该做的事情。这就是同源异形基因出了问题。

20 世纪 70 年代末，两位德国科学家贾尼·纽斯林–沃尔哈德（Jani Nusslein-Volhard）和埃里克·威绍斯（Eric Wieschaus）开始去寻找并记录尽可能多的这种变异果蝇。他们饲养了数以千计的果蝇，并给它们服用能引起变异的化学物质，然后挑选出所有四肢、翅膀或其他部位长错位置的果蝇。渐渐地，他们总结出了一些规律：有一些“裂隙”（gap）基因影响比较大，定义的是果蝇身体的全部区域；“成对规则”（pair-rule）基因则对上述区域进行细分，定义一些更精细的节段；“体节极性”（segment-polarity）基因则通过影响节段的头尾进一步细分了这些细节。换句话说，发育基因似乎是分层次发挥作用的，它们将胚胎分成越来越小的节段，进而定义每个细节。[3]

这是一个很大的意外。在此之前，人们一直认为身体各部分的发育是根据其相邻部位的信号来决定的，而不是根据某个宏大的遗传计划。上述对果蝇基因变异的研究促成了两个令人难以置信的惊喜发现，它们共同构成了 20 世纪最伟大的知识进步。第一个惊喜发现是，科学家们在同一条染色体上发现了由 8 个同源异形基因组成的基因簇，即 Hox 基因。这一点没什么奇怪的。真正奇怪的是，8 个基因分别影响了果蝇的不同部位，而且基因排列顺序与它们所影响的身体部位的排列顺序是一致的：第一个基因影响口腔，第二个影响面部，第三个影响头顶，第四个影响颈部，第五个影响胸部，第六个影响腹部前端，第七个影响腹部后端，第八个影响腹部其他部位。它不仅仅是第一个基因决定了果蝇的头部，最后一个基因决定了果蝇的尾部，而且是所有基因毫无例外地全部按照顺序依次排列在了染色体上。

要理解这个发现是多么的不可思议，你必须知道通常情况下基因的排序是多么的随机。在这本书中，我以某种逻辑顺序讲述了基因组的故事，每一章都挑选了符合我需要的基因。但是，我这样做其实是有一点误导了你，因为基因的排列其实没有规律可循。有时候某个基因需要靠近其他特定的基因，但是大自然母亲在按照使用顺序去排列同源异形基因方面，还真是照章办事、一丝不苟的。

随之而来的是第二个令人难以置信的惊喜：1983 年，位于巴塞尔的沃尔特·格林（Walter Gehring）实验室的一群科学家发现这些同源异形基因有一些共性，他们都有一段相同的“文本段落”，即基因内部一段包含 180 个碱基序列的“同源异形框”。既然它在每个基因中都是一样的，那么它就不可能是决定果蝇在什么位置该长什么器官的基因，因而最开始人们并未重视该发现。就像插头一样，所有电器都有，无法通过插头去区分它是一个面包机还是台灯。把同源异形框比作插头是非常贴切的：插头通过电线连接到电器并控制其开关；同源异形框编码的蛋白序列可以附到 DNA 链上，进而可以去打开或关闭另一个基因的表达。所有的同源异形基因都是控制其他基因开或关的基因。

但是同源异形框的发现仍然激发了科学家们继续去寻找其他同源异形基因，他们就像修补匠一样在一堆废旧物品中埋头寻找带插头的任何东西。格林的同事埃迪·德·罗伯蒂斯（Eddie de Robertis）仅凭直觉，就在青蛙的基因中找到了一个看起来像同源异形框的“段落”，后来在小鼠体内也找到了几乎完全一样的包含 180 个碱基的同源异形框。不仅如此，埃迪还发现，在小鼠身上一共有四组 Hox 基因簇，而不是一组。并且与果蝇一样，每一簇中的基因都是首尾相连地排列着，头部基因在前，尾部基因在后。

小鼠和果蝇同源性的发现已经足够奇怪了，这意味着胚胎发育需要基因排列的顺序与身体部位的顺序保持一致。更加奇怪的是，果蝇同源框中的基因都可以在小鼠中找到同样的。果蝇同源基因簇中的第一个基因称为 lab，与小鼠中三组同源基因簇各自的第一个基因（分别是 a1，b1，和 d1）非常相似，其他基因也都是如此。[4]

当然，区别也是有的：小鼠共有 39 个同源异形基因，分布于 4 个基因簇，在每个基因簇的末端还有多达 5 个额外的 Hox 基因，这是果蝇所没有的。虽然每个基因簇会缺失不同的基因，但它们的相似性已足够令人感到震惊，以至于首次发现这种现象时，几乎没有胚胎学家肯相信。人们普遍对此持怀疑态度，认为这不过是一些被夸大了的愚蠢巧合。据一位科学家回忆，当他第一次听到这个消息时，认为这是沃尔特·格林的又一个疯狂的想法。但是他很快就发现，格林是认真的。《自然》杂志的主编约翰·马多克斯（John Maddox）称这是“截至目前，今年最重要的发现”。从胚胎学的层面去看，我们人类其实是被美化了的果蝇。人类和小鼠有着完全相同的 Hox 基因簇，当中的 C 簇就位于 12 号染色体。

上述突破性发现有两个直接的启示，一个是演化层面，一个是实用层面。从演化层面讲，我们与果蝇都是由共同的祖先演化而来，都沿用了 5.3 亿年前已经形成的胚胎发育方式。而且该祖先的其他生物后代也都遵循着同样的方式，甚至在亲缘关系很远的生物，比如海胆之中，也发现了同样的基因簇。从外观看来，果蝇或海胆与人类很不一样，可以互称为“火星人”，但是它们的胚胎发育过程却是相似的。胚胎发育在遗传学上的保守性让我们都大为震惊。从实用层面讲，我们对果蝇数十年来的研究成果突然之间与人类建立起了联系，在果蝇身上得出的结论有可能适用于人类。直到现在，我们对果蝇基因的了解还是远远超过对人类基因的了解。现在这些知识都可以相互关联起来。上述两个层面的启示就像一束光，照射在了人类基因组上，使之熠熠生辉。

这些发现不仅存在于同源异形基因中，也存在于其他发育相关基因中。人们一度傲慢地认为，头部是脊椎动物特有的：我们脊椎动物天赋异禀，发明了一整套新的基因用来构建一个包括了大脑的脑袋。现在我们知道了，参与小鼠大脑形成的两对基因，Otx（1 和 2）以及 Emx（1 和 2），与果蝇头部发育过程中表达的两种基因几乎完全相同。另外，一种果蝇眼睛发育过程中的关键基因——无眼基因（名字听起来有点自相矛盾），也被发现与小鼠体内控制眼睛发育的基因（pax-6）是一样的。果蝇与小鼠的这种相似性，类推到人类身上或许也是适用的。果蝇和人类都是在寒武纪时期一些蠕虫状生物的基础上衍生形成了各自特有的身体结构，它们仍然保留着同样的基因做着同样的事情。当然，果蝇和人类之间也有差异，否则，我们就跟果蝇一样了。但是差异之细微令人惊讶。

然而例外似乎总是比规则更具说服力。例如，果蝇中有两个基因对其身体背部、腹部的形成过程至关重要。其中一个叫作生物皮肤生长因子（decapentaplegic），是决定背部发育的基因，表达该基因的细胞会发育成背部结构。另外一个叫作短原肠胚形成基因（short gastrulation），决定腹部发育，表达该基因的细胞会发育成腹部结构。蟾蜍、小鼠以及我们每一个人，也都存在两个非常相似的基因。其中一个是 BMP4，其序列与生物皮肤生长因子相似；另一个是脊索蛋白（chordin），其序列与短原肠胚形成基因相似。但是令人惊讶的是，这些基因在小鼠和果蝇身上产生的是相反的效果：BMP4 决定小鼠腹部结构，脊索蛋白决定背部结构。这意味着，节肢动物和脊椎动物的腹、背是相反的。在远古时代，节肢动物和脊椎动物可能有过共同的祖先，但是随着演化，其中一种后代选择了俯卧行走，另一种选择了仰卧行走。我们可能永远无法获知究竟哪一面朝上才是正确的，但是我们知道确实有一面是正确的，因为在节肢动物和脊椎动物分化之前，就已经出现了腹部基因和背部基因。在此，我们需要稍作停顿，先向一位伟大的法国人，艾蒂安·若夫华·圣希莱尔（Etienne Geoffroy St Hilaire）致敬。他在不同物种中观察了胚胎发育的方式，发现昆虫中枢神经系统位于它的腹部，而人类的位于背部。据此，他在 1822 年第一次提出了上述猜想。在之后的 175 年间，他的这个大胆猜想受到了很多讥讽。因为传统理论都是支持另外一个假说，即这两种动物的神经系统是独立演化的。但他的猜想完全正确。[5]

事实上，基因之间的相似性如此之大，以至于遗传学家现在几乎可以很常规地进行一些令人不可思议的实验：故意诱导果蝇中的某个基因发生突变，从而使其失活，然后用基因工程的方法将其替换成人类中的等效基因，最终培育出正常的果蝇。这种技术被称为“遗传拯救（genetic rescue）”。既然人类的同源异形基因可以拯救果蝇中的等效基因，小鼠中的 Otx 和 Emx 这两个基因应该也是可以的。事实上，被替换后的果蝇发育正常，以至于不太能分辨哪些是经人类基因替换过的果蝇。[6]

这证明本书最开始提到的数字假说是成立的。基因就像一系列软件模块，可以在任何计算机系统上运行：因为它们使用相同的代码，做着同样的工作。即使分离了 5.3 亿年，人类的“计算机”仍然能够识别果蝇的“软件”，反之亦然。所以计算机是一个非常贴切的类比。5.4 亿到 5.2 亿年前的寒武纪大爆发时期，是生物体自由实验的时期，出现了各种躯体形态，这与 20 世纪 80 年代计算机软件设计的大爆发有些相似。可能就是这个时期，有一个物种很幸运地发明了首个同源异形基因，而我们又都从这个物种演化而来。几乎可以肯定的是，这个物种就是一种生活在泥土里的圆扁虫（Roundish Flat Worm，或 RFW）。它只是生物体众多形态中的一个，但它却是地球上大多数生物的祖先。它是形态结构最好的那个吗？或者只是最流行的？谁是寒武纪大爆发中的“苹果”，而谁又是“微软”呢？

让我们从人类 12 号染色体的同源异形基因中挑选一个仔细地进行分析。同源异形基因 C4 在果蝇中对应的是 dfd 基因，dfd 基因在果蝇成虫的口器中表达。C4 基因的序列与其他染色体上的同源基因 A4、B4 和 D4 的序列非常相似。在小鼠体内也能找到与之对应的基因 a4、b4、c4 和 d4。在小鼠胚胎中，这些基因在小鼠颈部表达：颈椎以及当中的脊髓。如果通过突变“敲除”其中 1 个基因，你会发现老鼠颈部的 1 到 2 块椎骨受到了影响。敲除后的影响是非常明确的，它使受影响的椎骨在小鼠颈部的位置比正常位置更为靠前。这 4 个同源异形基因的存在使每一节颈椎骨都与第一节不同。如果敲除其中 2 个基因，更多的椎骨会受到影响，如果敲除 3 个，受影响的颈椎骨会进一步增多。因此，这 4 个基因似乎有一种累积效应。这些基因按照从头到尾的顺序依次被激活，每个新基因被激活后就会将其负责发育的部分安装到前面已经组装好的身体后部。人类和小鼠的每个同源异形基因都有 4 份，果蝇只有 1 份，所以人类和小鼠对身体发育的控制要比果蝇更为精细。

现在也就清楚了为什么在每个同源异形基因簇中人类有多达 13 个同源异形基因，而果蝇只有 8 个。因为脊椎动物肛门后面有尾巴，也就是脊柱会经过肛门继续延伸，而昆虫则没有。小鼠和人类中比果蝇额外多出的同源异形基因，是负责后腰和尾巴发育的。由于我们的祖先在演化成类人猿后尾巴就消失了，所以小鼠中负责尾巴发育的基因在我们体内可能就没有表达了。

我们现在面临一个关键问题：在目前为止所研究的每个物种中，为什么同源异形基因都是首尾相连的，而且第一个基因总是在头部表达？目前还没有确切的答案，但有一条线索十分有趣，即排列在最前面的基因不仅在空间位置上表达在身体最前面的部位，在时间顺序上也是第一个表达。所有的动物都是从头到尾逐步发育的。因此，同源异形基因遵循时间顺序进行线性表达，很可能是每个同源异形基因激活后，会以某种方式去开启序列中的下一个，或者允许下一个基因被打开和读取。而且，动物的演化历程可能也遵循这样的过程。我们的祖先似乎是通过延长和发展尾部（而不是头部）来生长出更复杂的身体的。所以同源异形基因其实重演了物种演化过程。这正是恩斯特 · 海克尔（Ernst Haeckel）提出的“胚胎发育重演论”（ontogeny recapitulates phylogeny）。胚胎发育的顺序和生物演化的过程是相符合的。[7]

尽管这些故事很精彩，但它们只道出了故事的一些皮毛。上文讲述的是胚胎的发育模式，即上下不对称和首尾不对称。也讲述了有一组基因熟练地按照时间顺序依次启动，而且每一个都在身体的不同部位表达。每个同源异形区段都能够启动特定的同源异形基因，该基因又会反过来激活其他基因。不同区段之间必须以合适的方式进行功能的区分，比如这个区段要发育成肢体。接下来发生的最神奇之处是：相同的信号在身体的不同部位表达不同的意思。每个区段都知道自己的位置和身份，并据此对信号做出相应的反应。之前提到的生物皮肤生长因子就是一个信号触发器，它在果蝇身体的一个区段里促使腿部发育，在另一个区段里促使翅膀发育。生物皮肤生长因子又是由一个名为刺猬因子（hedgehog）的基因所触发的，而刺猬因子的功能是干扰那些使生物皮肤生长因子沉默的蛋白，以唤醒生物皮肤生长因子。刺猬因子是一种所谓的体节极性基因，它在每个体节都会表达，但是只表达在每个体节的后半部分。所以，如果把表达刺猬因子的组织移到果蝇翅膀的前半部分，你会得到一只有镜像翅膀的果蝇，两个前半部分在中间位置背靠背融合，两个后半部分在外面展开。

人类和鸟类也有类似刺猬因子的基因，这一点不足为奇。有三个非常相似的基因，分别称为音猬因子（sonic hedgehog）、印度刺猬因子（Indian hedgehog）和沙漠刺猬因子（desert hedgehog），它们在小鸡和人体内起着类似的作用。在前面的章节中，我曾经说过，遗传学家总是有一些奇怪的想法：现在又有一个被称为提吉温克（tiggywinkle）的基因，还有两个分别被叫作疣猪（warthog）和土拨鼠（groundhog）

的基因家族。此处之所以这样命名，都是因为如果果蝇体内的刺猬因子出了差池，它的外表就会有种支棱棱的感觉，像刺猬一样。正如果蝇体内的刺猬因子那样，音猬因子与其他同伴基因一起负责确定肢体后半部分的位置。胚胎肢芽刚形成的时候，音猬因子就会启动，告诉肢芽哪个方向是后。如果在合适的时间，你将一个微珠浸入音猬因子蛋白，然后仔细插入鸡胚翅芽的拇指侧，24 小时后，几乎可以得到与果蝇一模一样的结果：长出两个镜像翅膀，两个前半部分在中间背靠背融合，两个后半部分在外面展开。

换句话说，在果蝇和小鸡中，刺猬因子决定了翅膀的前后位置，然后同源异形基因继续分化为手指和脚趾。我们每个人都会经历从一个简单的肢芽发育成有五个手指的手的过程。很久以前，这种转变也曾发生过：4 亿年前，第一批四足动物从鱼鳍中演化出手。最近科学界的重大发现之一就是，研究远古变迁的古生物学家与研究同源异形基因的胚胎学家一起发现彼此有一些共同之处。

故事始于 1988 年在格陵兰岛（Greenland）发现的一种名为棘螈（Acanthostega）的化石。棘螈是一种半鱼半四足的动物，生活在 3.6 亿年前。令所有人都惊讶的是它拥有典型的四足动物的四肢，肢体的末端都有八趾，这是早期四足动物在浅水中爬行时尝试的几种体型之一。渐渐地，从其他化石中，我们发现人类的手其实是以一种奇怪的方式从鱼鳍演化而来的：通过手腕处长出一块向前弯曲的弓形骨骼，然后手指沿着这个方向继续向后（小拇指的方向）延伸。现在我们仍然可以通过自己手部的 X 光片看到这个模式。所有这些都是从对化石的研究中得出来的。所以想象一下，当古生物学家看到胚胎学家在同源异形基因方面的发现与其如出一辙时，会有多么惊讶。首先，同源异形基因于正在生长的肢体前端设置一个梯度表达曲线，将其分成独立的手臂和手腕。然后在最后一块骨头的外侧设置了一个与手臂相反方向的梯度，以生长出五根手指。[8]

同源异形基因和刺猬因子绝非控制发育的唯一基因。许多其他基因，在指示身体各个部位生长的位置和方式以及如何出色地完成自我组装方面，发挥着巧妙的作用，比如："配对框基因（pax genes）"和"裂隙基因（gap genes）"，以及一些名为激进边缘（radical fringe）、跳过偶数（even-skipped）、短节（fushi tarazu）、驼背（hunchback）、瘸子（Kruppel）、巨人（giant）、波纹（engrailed）、夹子（knirps）、奶油包（windbeutel）、仙人掌（cactus）、凶鸟（huckebein）、大蛇（serpent）、黄瓜（gurken）、奥斯卡（oskar）和无尾（tailless）。学习胚胎遗传学这门新知识，有时感觉就像进入了托尔金（Tolkien）的小说里：需要你学习大量的词汇，但是不需要学习一种新的思维方式，这正是它的奇妙之处。胚胎遗传学没有复杂的物理现象，没有混沌理论或量子力学，没有新奇的概念。就像遗传密码的发现一样，起初以为要用全新的理论来解释，最后发现其实异常简单易懂。从受精卵形成不对称的化学物质开始，后续的一切都是按照流程来。基因彼此激活，使胚胎分出头部和尾部。然后，其他基因按照从头到尾的顺序依次启动，从而赋予每个区段一个身份。另有其他基因进一步决定这些区段的前后方向。最后还有基因理解上述所有信息，进一步生成更复杂的附件和器官。这是一个相当基础的、化学机械的、循序渐进的过程，它对亚里士多德的吸引力会比苏格拉底多。胚胎发育原则上就是如此简单（尽管细节并非如此）：从一个简单的不对称发展成复杂的模式，以至于人们不禁会想，人类工程师或许应该复制它并据此发明出可以自我组装的机器。

拾叁号

13号染色体 史前

那遥远的过去依旧年轻。

——弗朗西斯·培根

蠕虫、苍蝇、小鸡和人类在胚胎基因上有着惊人的相似，有力地证明了它们拥有共同的祖先。我们之所以知道这种相似性，是因为 DNA 是一种用简单字母（一种语言）所编写的代码。通过比较发育基因中的词汇，发现它们有着相同的用词。尽管层次不同，通过类比也不难发现，基因语言和人类语言其实是相通的：通过对比人类的措辞用语，就可以推断出他们的共同祖先。例如，意大利语、法语、西班牙语和罗马尼亚语都有来自拉丁语的词根。语言学和遗传系统发育这两个过程在人类迁徙历史这一主题上产生了交集。历史学家或许会为缺乏远古史前历史的书面记载而感到遗憾。如果说基因是一种书面记录，人类语言便是一种口头记录。13 号染色体很适合用来讨论遗传系谱，其原因嘛，自会慢慢道来。

1786 年，加尔各答的英国法官威廉 · 琼斯（William Jones）爵士在皇家亚洲学会的一次会议上宣布，他对古印度梵语的研究表明，梵语跟拉丁语和希腊语是一脉相承的。作为一个博学的人，他还认为自己发现了这三种语言与凯尔特语、哥特式和波斯语之间的相似之处。他认为这些语言都“有着相同的来源”。他的推理方式与导致现代遗传学家提出 5.3

亿年前存在圆扁虫的推理方式大同小异：词汇的相似性。例如，“three”这个单词在拉丁语中是“tres”，在希腊语中是“treis”，在梵语中是“tryas”。当然，口语和基因语言之间的巨大区别在于口语里借用了很多外来词汇。也许梵语里“tryas”这个单词就是借用了西方语言。后来的研究证实，琼斯是完全正确的。曾经有过这么一伙人，他们生活在某个地方，操着同一种语言，他们的后代将此语言带到了遥远的爱尔兰和印度，并逐渐演变成现代语言。

我们甚至可以知晓这些人的些许信息。众所周知，印欧人至少在8000 年前就已从本土向外扩张。至于他们的家乡，有人认为是在如今的乌克兰，但更可能是位于现在土耳其的丘陵地带（因为当地语言中有山丘和湍流等字眼）。无论哪种说法正确，他们无疑都是农民——他们的语言里也有庄稼、牛、羊和狗等词句，由此可以推测他们生活于农业刚在叙利亚和美索不达米亚新月沃土兴起之时。我们很容易便会想到，其母语得以成功传播到两大洲，无疑得归功于他们的农业技术。但是他们是否以同样的方式扩散基因呢？我要用迂回的方式来说说这个问题。

如今，在印欧人的家乡安那托利亚，人们说土耳其语。它不属印欧语系，而是之后由马背游牧民族和武士们从中亚大草原和沙漠中带过来的。这些“阿尔泰”人的语言里充斥着有关马的各种俗语，这表明他们有着高超的马术技巧。第三大语系是乌拉尔语，分布在俄罗斯北部、芬兰、爱沙尼亚以及（竟然在）匈牙利，见证了先前另一民族在印欧人之后使用未知技术（也许是放牧家畜）得以实现成功扩张的过程。现今，俄罗斯北部的撒摩耶驯鹿牧民或许是典型的乌拉尔语使用者。但是，如果你深入研究，会发现印欧、阿尔泰和乌拉尔这三大语系之间必定有着深厚渊源。

它们均源自大约 1.5 万年前在整个欧亚大陆被猎采者们所广泛使用的某种语言，通过其后代语言中的共同用词可以判断出，那时除了狼（狗）以外，还未驯化出任何动物。诺斯特拉语系的分支该如何进行划分，尚存在分歧。俄罗斯语言学家弗拉迪斯拉夫·伊利奇·斯维特奇（Vladislav Illich-Svitych）和阿哈隆·多尔戈波尔斯基（Aharon Dolgopolsky）倾向于将在阿拉伯和北非所使用的亚非语系包括在内，而斯坦福大学的约瑟夫·格林伯格（Joseph Greenberg）却没有将这些语系包括在内，他认为应加进的，是东北亚的堪察加语和楚科奇语。伊利奇·斯维特奇在推演出词根的发音之后，甚至用其音标写了一首小诗。

从那些简单且变化极小的词中不难窥见诺斯特拉语系成员众多的铁证。例如，印欧语、乌拉尔语、蒙古语、楚科奇语和因纽特语几乎都在用或都曾使用“m”来代表“me”，以及用“t”来代表“you”（如法语“tu”）。一连串这样的例子令巧合假说不攻自破。很明显，葡萄牙语和韩语几乎可以肯定是来自同一种语言。

我们可能永远解不开诺斯特拉人的秘密。也许他们是首创用狗或上弦的武器进行狩猎的人，也许有过一些不那么有形的东西，比如民主决策，但是他们并没有彻底消灭先辈们留下的痕迹。有充分的证据表明，巴斯克语、几种在高加索山脉使用的语言，以及现已消失的伊特鲁里亚语，并不属于诺斯特拉这个超语系，而是与同属纳－德内这个超语系的纳瓦霍语以及一些汉语有着密切关联。我们在此讨论的多半只是猜测，不过，在比利牛斯山脉（山脉会阻碍人类迁徙，大部人马因此需要绕道而行）中残存着巴斯克语，通过语言中所涉地名可知它曾分布广泛，且与克罗马农猎人留下的石洞壁画内容恰好吻合。巴斯克语和纳瓦霍语是最早的现代人类语言化石吗？是这些人赶走了尼安德特人并扩展到了欧亚大陆吗？说这些语言的人真的是中石器时代人的后裔吗？他们周遭满是讲印欧语的新石器时代人的后裔吗？或许不是，但其可能性不容小觑。

在 20 世纪 80 年代，著名的意大利遗传学家路易吉·路卡·卡瓦利 – 斯福扎（Luigi Luca Cavalli-Sforza）注意到了语言学的这些最新发现，之后明确地提出了一个问题：语言与遗传的边界相一致吗？由于通婚（大多数人只讲一种语言，但享有祖父母、外祖父母共四个人的基因），遗传边界不可避免地变得更加模糊了。法国人和德国人之间的基因差异远小于法语和德语之间的差异。

尽管如此，还是有一些规律可循。通过收集简单基因的常见已知变异（即经典多态性）数据，并对结果数据进行巧妙的统计（即主成分分析），卡瓦利 – 斯福扎绘制了五幅不同的欧洲基因频率等高线图。第一幅图显示等高线是从东南到西北逐渐倾斜，这或许反映了新石器时代农民最初是从中东流向欧洲的，这几乎准确地呼应了大约 9500 年前农业传播到欧洲的考古数据。这幅图解释了其样本中 28% 的遗传变异。第二幅等高线图为东北走向，呈陡坡状，反映了乌拉尔语使用者的基因，这幅图解释了 22% 的遗传变异。第三幅图解释了 11% 的遗传变异，基因频率以乌克兰草原为中心，向四周散射，反映了大约公元前 3000 年草原游牧民族从草原向伏尔加 – 顿河运河区域的扩张。第四幅图中遗传变异占比依然较低，它的最高点在希腊、意大利南部和土耳其西部，很可能反映了公元前一两千年希腊人的扩张。最有趣的当属第五幅图，图中基因频率非同寻常，呈小而陡峭的尖峰状，与西班牙北部和法国南部的大（原）巴斯克国几近完全重合。因此，巴斯克人是欧洲前新石器时代人中的幸存者，这种看法似乎是站得住脚的。[1]

换句话说，基因支持语言学方面的证据，即具有新技能的人的扩展和迁移在人类演化中发挥了重要作用。基因地图比语言地图更为模糊，但也更为微妙。同样，小范围来看，还可以挑选出与语言区域相一致的特征。例如，在卡瓦利－斯福扎的故乡意大利，就有一些遗传区域与古老的伊特鲁里亚人、热那亚地区的利古里亚人（讲一种非印欧语系的古代语言）以及意大利南部希腊人的语言区域相一致。显而易见，语言和民族在某种程度上是融为一体的。

历史学家颇有兴致地谈论新石器时代人、放牧人、马扎尔人或任何“席卷”欧洲的人。但是他们到底意味着什么呢？是扩张还是迁移？这些新移民会取代原有的人吗？是杀死原有的人，还是仅与其通婚？他们掠夺女性并屠杀掉男性吗？抑或他们的技术、语言和文化只是通过口口相传而被当地人所采用的？各种模型都有可能。在 18 世纪的美国，美洲原住民无论是在基因上还是在语言上，几乎都已被白人所取代。在 17 世纪的墨西哥，更像是人种之间的大融合。在 19 世纪的印度，英语就像过去的印欧语（例如乌尔都语和印地语）那样，广泛传播，但却鲜有基因方面的融合。

遗传信息使我们能够了解关于史前哪种模型是最为适合的。对于越往西北遗传梯度就越为稀疏，最合理的解释是，新石器时代农业以扩散的方式进行传播。也就是说，来自东南部的新石器时代农民必须将他们的基因与原住民的基因融合在一起。入侵者的基因传播得越远，其影响就越大，与当地人的基因差别就越小，这表明存在着外族通婚。卡瓦利－斯福扎认为，男性耕种者可能与当地的女性狩猎采集者结婚，但反之则不然。当今中非俾格米人与他们的耕种者邻居之间就是这样的情况。耕种者比狩猎采集者更有能力承担一夫多妻制，也更看不起未开化的觅食者。他们不允许自己的女性与觅食者通婚，但是男性耕作者可娶女性觅食者为妻。

在入侵的男性将语言强加于原住民且与当地女性通婚之后，这些人的后代会有一套独特的 Y 染色体基因，而其他基因的变化则不太大，芬兰就属于这种情况。芬兰人在遗传上除拥有一个独特的 Y 染色体之外，与周围的其他西欧人没有什么不同，他们看起来更像是有着北亚人的 Y 染色体。在很久以前的某个时候，乌拉尔语和乌拉尔 Y 染色体分别在语言和遗传上对芬兰这个印欧语系里面的人产生过重大影响㊀。[2]

这与 13 号染色体有什么关系呢？碰巧的是在 13 号染色体上有一个臭名昭著的基因 BRCA2，它也能帮助人们了解家谱的故事。BRCA2 是在 1994 年发现的第二个“乳腺癌基因”。人们发现，携带某种特定版本 BRCA2 的人通常情况下患乳腺癌的概率要比其他人高得多。该基因最早是在研究乳腺癌高发的冰岛家庭时被找到的。冰岛是理想的遗传学实验室，因为它是由一小群挪威人在大约公元 900 年左右建立的，此后几乎没有移民。所有 27 万冰岛人差不多都是在小冰期之前到达冰岛的那几千名维京人的后代。1100 年的孤寂生活以及 14 世纪毁灭性的瘟疫，使得该岛近亲繁殖非常普遍，以至于它是一个基因研究的绝佳之地。事实上，近年来一位曾在美国打拼的冰岛科学家回到祖国创业，正好开办了一项帮助人们追溯基因的业务。

两个有乳腺癌频发史的冰岛家族，追溯起来有一个生于 1711 年的共同祖先。他们都有同一个突变，即删掉了该基因第 999 个“字母”之后

㊀ 有趣的是，通过比较母系遗传的线粒体与父系遗传的 Y 染色体，遗传证据显示女性基因的迁移速度比男性要快得多——或高达 8 倍。这是站不住脚的，因为人类和其他类人猿一样，雌性通常会在交配时节离开原先的群体，或是被掳走了。

的 5 个“字母”。此基因的另一突变是第 6174 个“字母”的缺失，这在阿什肯纳兹犹太后裔中十分常见。在 42 岁以下的患有乳腺癌的犹太人中，其患病原因大约有 8% 是这一突变，另有 20% 归因于 BRCA1（17 号染色体上的一个基因）突变。此外，这种高发现象表明犹太人（不仅限于冰岛之内的犹太人）曾有过近亲交配史。犹太人为保留他们基因的纯洁性，很少接收信仰皈依者，还将许多与外族通婚的人排除在外。结果，独特的阿什肯纳兹犹太人便成为遗传学研究的“香饽饽”。在美国，犹太遗传疾病预防委员会组织了对学龄儿童的血检。日后，当媒人考虑给两个年轻人做媒时，可以先拨打一个热线电话，并用血检时所给的两个匿名号码进行查询。如果双方都是同一突变的携带者，如有泰 – 萨二氏病（Tay-Sachs disease）或囊性纤维化，该委员会便会建议他们不要结婚。尽管在 1993 年被《纽约时报》批评为“优生”，这项自愿性政策还是成效卓著的——囊性纤维化已基本从美国的犹太人中消失了。[3]

因此，遗传地理学不只具有学术意义。泰 – 萨二氏病是在阿什肯纳兹犹太人中比较普遍的一种由基因突变所导致的疾病，我们已经在 9 号染色体那章讨论过。泰 – 萨二氏病携带者在某种程度上可以预防结核病，这反映了阿什肯纳兹犹太人的遗传地理状况。在过去几个世纪的大部分时间里，阿什肯纳兹犹太人都生活在拥挤的城市贫民窟，尤其容易遭受“白死病”（即结核病）的侵袭，难怪他们演化出了一些能够提供保护的基因，即便少数人要付出生命的代价。

尽管针对 13 号染色体上的突变为何会使阿什肯纳兹犹太人易患乳腺癌这一问题，尚没有一个简单的解释，但很有可能的一点是，许多种族和民族的某些遗传特性，确有其存在的道理。换句话说，这个世上的遗传地理对于整合历史和史前史，既有指导意义，也有实际贡献。

举两个简单明了的例子：酒精和奶制品。一个人能否消化大量酒精，在一定程度上取决于4号染色体上的那套能够产生大量乙醇脱氢酶的特殊基因[一]。大多数人确实能够通过此基因来提升酶产量，这可能是他们千辛万苦演化出的生化招数。也就是说，不具备这种基因的人过量饮酒就会致死或致残。这是一个很好的本领，因为发酵液相当干净且无菌，不含微生物。在进入农耕社会的头1000年里，各式各样的痢疾给人类社会带来了巨大的损失。我们西方人在前往热带地区时会口口相告："不要喝那里的水。"在瓶装水发明之前，让饮用水安全的唯一方式是煮沸或发酵。直到18世纪，欧洲的富人因担心有死亡的危险，都还是只喝葡萄酒、啤酒、咖啡或茶，且此观念根深蒂固。

但是，在觅食过程中，游牧民族既不会靠种植庄稼来进行发酵，也不需要无菌液。他们的生活环境人口密度低，自然水源足够洁净。因此，澳大利亚和北美土著居民特别容易醉酒也就不足为奇了。直到现在，那里有许多人仍不胜酒力。

1号染色体上的一种基因（乳糖酶基因）也有类似的故事[二]。该酶是消化乳糖所必需的，牛奶中就含有丰富的乳糖。我们出生之时，消化系统便开启了此基因，但是对于大多数哺乳动物，当然也包括人类而言，在婴

[一] 每个人喝酒后的表现不同，与自身的酒精代谢能力有关。不同的基因型对酒精产生不同的敏感度和代谢反应。目前市面上主流的酒精代谢能力基因检测产品（如微醺等）可针对包括ADH2在内等3个基因、4个位点进行检测，评估与生俱来的酒精代谢能力。——译者注

[二] 亚洲地区人群往往表现出乳糖不耐受，即一次性摄入过多乳糖却无法被完全消化，这是基因层面的遗传多态性，可通过少量多次摄入乳制品缓解。一些针对新生儿的个体特征基因检测产品（如安馨可®儿童基因检测）可提供相应的基因检测服务，科学指导儿童成长。——译者注

儿期之后此基因便关闭了。这是有道理的：奶是在婴儿期喝的，在那之后仍制造乳糖酶纯属是在浪费能量。但在几千年前，人类开始从家畜身上偷奶喝，因此便有了饮用奶制品的传统。这对婴儿来说没有问题，但是对于成年人而言，在没有乳糖酶的情况下，奶制品很难被消化。解决问题的一个方法是让细菌消化乳糖，将奶变成奶酪。奶酪的乳糖含量低，成人和儿童都容易消化。

不过，有时负责关闭乳糖酶基因的控制基因会发生突变，使得乳糖酶在婴儿期结束时仍在不断产生。这种突变使得携带者终生都能饮用和消化奶制品。大多数西方人都已经有了这种突变，这对于玉米片和维他麦的制造商而言无疑是一大幸事。超过 70% 的西欧人后代在成年之后可以饮用奶制品，而在非洲、东亚、东南亚和大洋洲部分地区，这个比例还不到 30%。这种变异的频率因人而异，因地而异，错综复杂，不禁让我们提出这么一个问题：人类最开始为何要饮用奶制品。

这里有三个假说可供大家参考。第一种假说最好理解：人们开始喝奶，以从畜牧动物中得到方便而可持续的食物供应。第二种假说是人类需要补充额外的维生素 D，而维生素 D 需要阳光才能合成。奶制品富含维生素 D，因此日照较少地区的人通过喝奶便能补充维生素 D。有此假设是因为观察到北欧人习惯于喝生奶，而地中海人喜欢吃奶酪。第三个假设认为，饮用奶制品或许源于缺水的干旱地区，从根本上说这是沙漠居民的额外水源。例如，撒哈拉沙漠和阿拉伯沙漠的贝都因人和图阿雷格人牧民均热衷于饮用奶制品。

通过研究 62 种不同的文化，两位生物学家得以在这些理论之间做出总结。他们发现饮用奶制品的能力与高纬度、干旱区域等并没有必然的联系。这使得第二个和第三个假说就不那么站得住脚了。但是他们确实找到了证据，证明牧民的后代奶制品消化能力最强。中非的图西人，西非的富拉尼人，沙漠里的贝都因人、图阿雷格人和贝贾人，爱尔兰人，捷克人以及西班牙人，他们的唯一共性便是都有放牧牛羊的历史，是消化奶制品能力最强的一帮人。[4]

有证据表明，这些人最先以放牧为生，后来适应性地发展出了消化奶制品的能力，并非因为发现自己具有消化奶制品基因而主动选择了放牧生活。这是一个重大发现，它提供了一个因文化变革而导致演化和生物学变化的鲜活例子——可以通过自发的、合乎自由意志的、有意识的行为来诱导基因发生变化。通过因地制宜的放牧牛羊，人类给自己施加了演化压力。听起来好像与那个长期以来一直制约演化论发展的拉马克主义论调如出一辙：一个铁匠终其一生锻炼出了强壮的手臂，所以他的孩子也会有强壮的手臂。事实上并非如此，然而这个例子说明了有意识的、由意志主导的行为可以如何改变物种，尤其是改变人类这个物种的演化压力。

拾肆号

14号染色体

永生

上帝藏掖命运之书秘而不宣，冷眼旁观此刻之欢。

——《人论》(亚历山大·蒲柏)

回头看来，基因组似乎是永生的。从最初的原基因到如今仍活跃于体内的基因，一脉相承。它在过去的 40 亿年间被复制了大约 500 亿次，但却从来不曾间断过，且在整个过程中没有出现任何致命的错误。然而理财师或许会说，过去稳定并不能保证未来也会一直如此。事实上，物竞天择的过程注定磨难重重，最终想要留下子嗣绝非易事。如果很容易的话，那么适应环境的物种就会丧失竞争优势。说起来，即便人类再延续 100 万年，今天我们之中的许多人也无法给 100 万年后的人提供任何基因。因为没有子嗣的那帮人，基因注定无法延续下去。如果人类不能延续下去（大多数物种只能存在约 1000 万年，并且大多数物种也不会产生后代物种。要知道我们人类已然存在了 500 万年，但依然没能衍生出新的物种），我们当今所有的人都将不会为未来贡献任何基因。然而，只要地球还以现在这样的形式存在着，某个地方的某些生物就将是未来物种的祖先，并且这一链条将世代传承，永远不会断绝。

若基因是永生的，为何肉身无法永生？40 亿年的持续复制并未让基因中的信息产生损耗，其中部分是因为信息是数字化的。不过，随着年龄的增长，人类的皮肤却会逐渐失去弹性。从受精卵到发育成形只需要经历不到 50 次的细胞分裂，而再有数百次细胞分裂就能得到完好无损的皮肤。有一个流传甚久的故事，讲的是一个国王为了奖励一位数学家，答应提供任何他所想要的东西。数学家要了一个棋盘，要求在棋盘的第 1 个方格里放 1 粒米，第 2 个方格放 2 粒米，第 3 个方格放 4 粒米，第 4 个方格放 8 粒米，依次类推。到了第 64 个方格，需要的是近两千亿亿粒米，这可是一个超乎想象的天文数字。人体亦是如此。受精卵分裂一次，然后分裂后的每个子细胞再分裂一次，依此类推，经过 47 次分裂后，机体已有超过 1 万亿个细胞。因为有些细胞早早地便停止了分裂，可有些细胞仍在继续分裂，因此很多组织须分裂 50 次以上才能形成，而且有一些组织终其一生都在不断地进行自我修复，因此这些细胞系在其漫长的一生中可能需要分裂几百次。这意味着它们的染色体已经被“复印”了数百次，所蕴含的信息按理说应该会变得模糊不清。然而，自生命诞生以来，人类所传承的基因被复制了 500 亿次，却依然明晰如初。那么，人体细胞的“复印”究竟有何特殊之处呢？

部分答案就在 14 号染色体，一个名为 TEP1 的基因身上。TEP1 的产物是一种蛋白质，它是端粒酶的组成部分，而端粒酶是一个非比寻常的小型生化机器。坦率地说，端粒酶的缺失导致衰老，端粒酶的增多会使某些细胞长生不老。

故事始于 DNA 的共同发现者詹姆斯·沃森在 1972 年的一次偶然发现。沃森注意到，复制 DNA 的生化机器，即聚合酶，不能从 DNA 链的端点开始，而需要跳过文本前的几个“词”才能开始启动。因此，文本在每次复制时都会变短一些。试想一下，有着这么一台复印机，它可以完美地复制你的文本，但总是从每页的第二行开始，至倒数第二行才结束。对付这种令人抓狂的机器，最好是在每一页的开头和结尾都重复一行你不介意丢掉的废话。事实上染色体就是这么做的。每条染色体都是一个巨大的、超螺旋的、长达一英尺的 DNA 分子，所以除了每条染色体的两个末端之外，都可以被复制。在染色体的末端有一段重复的无义“文本”：TTAGGG，这个“词”一共重复了大约 2000 次。这种末端的无义片段被称为端粒。它的存在使得 DNA 复制机制能在不破坏任何有意义“文本”的情况下启动运行。就像鞋带末端的小塑料头可以防止鞋带散开那样，端粒可以保护染色体末端的有义文本不被磨损。

但是每次染色体被复制的时候，端粒就会丢掉一小部分。经过几百次复制后，染色体的末端会缩短到有可能丢掉有意义的基因。在你的体内，端粒正以每年约 31 个“字母”的速度在缩短，而在某些组织中这个缩短速度会更快。这就是为什么细胞会衰老，且到了一定年纪之后还会停止生长。这也可能是身体衰老的原因所在。值得一提的是，对于这种说法，目前还存在着激烈的分歧。对于一个 80 岁的人来说，端粒的平均长度只有出生时的 5/8。[1]

卵细胞和精子细胞得以将基因完整的传递给下一代是因为有端粒酶的存在。端粒酶的作用是修复受损的染色体末端，重新延长端粒。卡罗尔·格雷德（Carol Greider）和伊丽莎白·布莱克本（Elizabeth Blackburn）在 1984 年发现了端粒酶这种奇特的物质。端粒酶包含被用作修复端粒模板的 RNA，其蛋白质组分与逆转录酶很是相似，而逆转录酶是使逆转录病毒和转座子在基因组中进行增殖的酶（参见第 8 号染色体那章的内容）。一些人认为它是所有逆转录病毒和转座子的祖先，是从 RNA 转录成 DNA 的始作俑者。另一些人则认为，因为它使用 RNA 作为模板，所以它是古 RNA 世界的残存者。[2]

值得注意的是，在每个端粒中重复几千次的“短语”TTAGGG，在所有哺乳动物中都是完全相同的。事实上，这个“短语”在大多数动物，甚至是在原生动物之中（如引起昏睡病的锥虫，以及类似链孢霉的真菌），都是一样的。在植物中，这个短语的开头加了一个额外的 T，于是就变成了 TTTAGGG。这种相似性也未免太高了，不可能是巧合。端粒酶似乎从生命诞生之初就一直存在，并且所有后代都使用了几乎一样的 RNA 模板。然而，奇怪的是，纤毛虫这种靠纤毛推动自身前进，且整天忙碌不停的微生物，在端粒中却有着不同的重复短语，通常是 TTTTGGGG 或者 TTGGGG。前面的章节介绍过，纤毛虫的遗传密码与其他常规的生物不同。越来越多的证据表明，纤毛虫是一种特殊的生物，不太适合归入到某个生命类群。我个人觉得，总有一天我们会发现，纤毛虫早在生命诞生之初便已出现，甚至出现在有细菌之前。实际上，它是 Luca（所有生物的共同祖先）的后代，是活化石。但我承认这纯属猜测，且有点跑题了。[3]

似乎有点讽刺的是，完整的端粒酶“机器”只是在纤毛虫体内分离了出来，而没能在人体内分离出来。我们目前还不确定人类端粒酶由哪些蛋白质组成，不过它可能与纤毛虫的端粒酶截然不同。一些怀疑论者将端粒酶称为“神秘的酶”，因为很难在人类细胞中找到它。在纤毛虫体内，维持纤毛虫功能的基因分装在成千上万条微小的染色体中，每条染色体上都有两个端粒，因而很容易发现端粒酶。但是，通过搜索小鼠 DNA 文库中与纤毛虫端粒酶相似的序列，一些加拿大科学家发现了一种与纤毛虫基因相似的小鼠基因，接着他们又很快便发现了一个与小鼠基因类似的人类基因。一个日本科学家团队将该基因定位到 14 号染色体，该基因产生一种蛋白质，暂被命名为端粒酶相关蛋白 1 或 TEP1。然则，尽管这种蛋白质看起来是端粒酶的重要组成部分，但它似乎并不是真正进行逆转录来修复染色体末端的。目前发现，可能有一个更好的候选基因在发挥这种修复作用，不过截至本书完稿之时，它的遗传位置仍未确定。[4]

在已知的基因里，端粒酶基因可能最为接近于“不老基因”，而端粒酶似乎是保持细胞永恒的灵丹妙药。杰龙公司（Geron Corporation）是一家致力于端粒酶研究的公司，由首位发现端粒在细胞分裂过程中会缩短的科学家卡尔·哈利（Cal Harley）创立。1997 年 8 月，杰龙公司因克隆了一部分端粒酶而登上新闻头条。它的股价迅速翻了一番，倒不是说人们寄希望于它能让人永葆青春，而是因为有望制造针对性的抗癌药物，因为肿瘤需要端粒酶才能生长。杰龙公司希望用端粒酶实现细胞的长生不老。在一项实验中，杰龙公司的科学家在实验室中培养出了两种缺乏天然端粒酶的细胞，而后为它们装配上了端粒酶基因。结果显示，细胞持续分裂，且充满了朝气，比正常情况下细胞的衰老和死亡时间要晚得多。在研究结果发表时，引入端粒酶基因的细胞比正常情况下多分裂了 20 多次，而且没有表现出任何趋势减缓的迹象。[5]

在正常的人体发育过程中，除胚胎的少数组织外，所有的端粒酶基因都停止表达了。端粒酶的这种关停效果就像是用秒表提前设定好了似的。从端粒酶停止表达的那一刻起，端粒便开始计算每个细胞系的分裂次数，在达到上限时，停止分裂。生殖细胞从来不用通过启动秒表来计数，因为它们压根就不会关闭端粒酶基因，而恶性肿瘤细胞则会重新激活端粒酶基因。一旦“敲除”小鼠细胞的端粒酶基因，小鼠细胞的端粒就会逐渐变短。[6]

端粒酶的缺乏似乎是细胞衰老和死亡的主要原因，那它是否也是人体衰老和死亡的主要原因呢？有一些证据支持这个观点：动脉壁细胞的端粒通常比静脉壁细胞的端粒要短。这反映出动脉壁更为操劳，因为它一直处于动脉血的高压之下，需要承受更多的应力应变。它必须随着每一次脉搏的跳动而持续扩张和收缩，因此磨损更大，需要经常修复。修复就涉及细胞分裂，会耗竭端粒的末端，因而细胞开始衰老。这也解释了人们为何会死于动脉硬化，而非静脉硬化。[7]

大脑的衰老可就没有这么简单了，因为人的一生中，脑细胞是无法进行自我更新的。然而，这并不与端粒理论相左：大脑的支持细胞，即神经胶质细胞，确实会自我复制，因此，他们的端粒也会缩短。然而，现在很少有专家相信衰老主要是由于衰老细胞，即端粒缩短的细胞的累积。我们通常将衰老与诸如癌症、肌肉无力、肌腱僵硬、头发灰白、皮肤弹性等联系在一起，可是这些统统与细胞不能进行自我复制无关。就癌症而言，问题反而是细胞的自我复制势头太猛了。

此外，不同物种的动物在衰老速度上差异巨大。总体而言，大象等体型较大的动物比体型较小的动物寿命更长。乍一看很是令人费解，因为长成一头大象比长成一只老鼠所需要的细胞分裂次数更多。而细胞分裂会导致细胞衰老，那么分裂次数越多，应该衰老得越快才是。而乌龟和树懒这类慵懒的动物，以他们的个头来说应该算是长寿的了。如果由物理学家来掌管这个世界，那么一定会总结出这么一个简洁的论断：每种动物一生心跳的次数大致相同。大象的寿命比老鼠长，但是大象的心跳要慢得多。因此，如果以心跳次数来算，大象和老鼠的寿命几乎是一样的。

问题是，这个规则也有不少例外，尤其是对于蝙蝠和鸟类而言。蝙蝠至少能活 30 年，在此期间，它们近乎疯狂地进食、呼吸和进行血液循环——即使那些不冬眠的种类也是如此。鸟类血液的温度比其他哺乳动物要高几度，血糖浓度至少是其他哺乳动物的 2 倍，耗氧量也比大多数哺乳动物高得多，但它们一般都能活得很长。有一组苏格兰鸟类学家乔治·杜纳（George Dunnet）分别于 1950 年和 1992 年抱着同一只野生管鼻鹱海燕的著名照片。在这两张照片中，管鼻鹱看起来完全一样，但杜纳教授的变化却很大。

幸运的是，在生物化学家和医学家未能解释衰老模式的时候，演化论者站了出来。约翰·伯顿·桑德森·霍尔丹、彼得·梅达瓦尔（Peter Medawar）和乔治·威廉斯（George Williams）逐一给出各自的解释，共同拼凑出了令人特别信服的衰老过程理论。看上去，每个物种出生之时便已设置好内定的淘汰程序，用以与预期规定的寿命及生育年龄相匹配。自然选择小心翼翼地剔除所有可能在生殖前或生殖过程中对身体造成伤害的基因。它是通过杀死个体，或降低所有在青年时期表达此类基因的个体的生育率来实现的，而那些不表达这些基因的个体则可以正常繁衍。但是，自然选择无法剔除那些在育龄后的老年期才开始损害身体的基因，因为那时，已经无法繁育下一代了。以杜纳教授的管鼻鹱为例。它比老鼠更为长寿的原因是在管鼻鹱的生活环境中没有天敌，而老鼠则要面对猫和猫头鹰的侵袭。一只老鼠不太可能活过 3 岁，所以那些损害 4 岁老鼠身体的基因实际上并没有被自然选择所淘汰。管鼻鹱很可能会在 20 岁左右开始繁殖，所以那些损害 20 岁管鼻鹱身体的基因会被无情地清除掉。

支持这一理论的证据来自史蒂芬·奥斯塔德（Steven Austad）在萨皮罗岛上所进行的一项自然实验。萨皮罗岛位于美国佐治亚州海岸外约 5 英里处。萨皮罗岛有一种弗吉尼亚负鼠，它们与世隔绝了 1 万年。负鼠像许多有袋动物一样，衰老得非常快。到 2 岁的时候，负鼠通常会死于老年性疾病——白内障、关节炎、皮肤裸露和寄生虫。而事实上，2 岁前，它们通常会遭受卡车、郊狼、猫头鹰或其他天敌的攻击。奥斯塔德推测，在萨皮罗岛上的负鼠由于没有什么捕食者，会活得更久，直到 2 岁后会才会受到自然选择，因此它们的身体退化得没有那么快，也就是衰老的速度会更慢。这一预测得到了证实。奥斯塔德发现，在萨皮罗岛上，负鼠不仅活得更长，而且衰老得更慢。它们身体足够健康，甚至在 2 岁的时候还能成功繁育后代，这在陆地上很是少见。此外，它们的肌腱也不像大陆负鼠那般僵硬。[8]

有关衰老的演化理论适用于所有物种，它令人信服地解释了为什么缓慢衰老的物种往往体型更为庞大（比如大象）、自我保护能力更强（如乌龟和豪猪），或不易受天敌的威胁（如蝙蝠和海鸟）。究其原因，是因为他们的意外死亡率和被捕食率很低，因而那些能在晚年时延年益寿的基因便有着更高的选择压力。

当然，几百万年来，人类体型庞大，武器装备精良（即使黑猩猩也能用棍棒赶走豹子），而且几乎没有天敌。因此，我们衰老得很慢——也许随着时代变迁，或会衰老得更慢。在自然状态下，人类的婴儿死亡率（五岁前约为 50%）以现代西方的标准来看，可是高得惊人。但以其他动物的标准来看，实际上是很低的。石器时代时，我们的祖先在 20 岁左右便开始生育，一直延续到 35 岁左右，照顾子女的时间大约有 20 年，所以 55 岁时死亡并不会对后代的繁育造成影响。因此我们多数人在 55 岁到 75 岁期间逐渐开始变得头发灰白、身体僵硬、体质虚弱、耳聋眼花，这些都不足为奇。此时，我们身体的所有部位开始轮番“出故障”，就像老故事里所讲的那样：底特律有个汽车制造商雇佣工人在废车场里寻找汽车尚未损坏的部件，用以在日后制造较低规格的新车。自然选择使得人体的各个零部件在完成生养子嗣的任务后，恰好报废，仅此而已。

根据自然选择的安排，人类端粒的长度最多可以承受 75 年到 90 年的磨损、撕裂和修复。目前还不能确定，但很可能是自然选择令管鼻鹱和乌龟的端粒变长了，让弗吉尼亚负鼠的端粒变短了。甚至于人与人之间的寿命差异，或许就反映出了彼此端粒长度的不同。当然，不同人之间的端粒长度有着很大的差异，每个染色体末端长度从 7000 到 10 000 个 DNA“字母”不等。端粒长度和寿命很大程度上都是由遗传决定的。那些往往能活到 90 岁的长寿家族成员，他们的端粒可能比我们其他人的更长，且更耐磨损。1995 年 2 月，依据出生证明，来自阿尔勒的法国妇女让娜 · 卡尔芒（Jeanne Calment）成为首位庆祝 120 岁生日的人。或许，她就有着更多的 TTAGGG 重复序列。她最终于 122 岁去世，而她的哥哥也活到了 97 岁。[9]

事实上，卡尔芒夫人的长寿更有可能是拜其基因所赐。如果身体衰老得厉害，那么端粒再长也于事无补。因为细胞分裂需要修复受损组织，端粒会很快就被消耗殆尽。维尔纳综合征（Werner's syndrome）是一种遗传性疾病，其特征就是过早成熟和过早衰老。一开始他们的端粒长度和常人是差不多的，但他们端粒缩短的速度比常人快得多，而迅速变短的原因可能是身体缺乏修复自由基（是由体内氧化反应产生的带有未配对电子的原子）损伤的能力。自由基是个危险的玩意，生锈的金属就是铁证。我们的身体也会因为氧化作用而不断地“生锈”。大多数导致“长寿”的突变被证明是在抑制自由基产生的基因中发生的，至少在苍蝇和蠕虫中是这样的。这些基因从一开始就阻止损伤的发生，而不是延长损伤修复细胞的寿命。科学家利用线虫体内的一个基因培育出了一种寿命很长的品种，如果换算成人类，寿命可长达 350 岁。迈克尔·罗斯（Michael Rose）从事在果蝇中对长寿基因进行筛选的研究已有 22 年了：他从每一代寿命最长的果蝇中选育出下一代。目前，他的“玛士撒拉”果蝇能活 120 天，寿命是野生果蝇的 2 倍。当此果蝇开始繁育的时候，野生果蝇通常都已到寿终正寝的年纪了。不过，还没迹象表明这种果蝇已达寿命极限。随后，一项针对法国百岁老人的研究在 6 号染色体上找到了一个基因的 3 种不同版本，似乎与长寿有关。有趣的是，其中一种在长寿男性身上很是常见，而另一种则在长寿女性身上很是常见。[10]

人们逐渐发现，衰老和许多事情一样，均是由多个基因共同控制的结果。有专家估计，在人类基因组中有 7000 个影响寿命的基因，占基因总数的 10%。因此，“一个衰老基因”的说法本身是错误的，更不用说“唯一的衰老基因”了。在一定程度上来说，衰老是在身体多个组织器官中同时发生的。左右这些组织器官功能的基因都可以导致衰老，这是符合演化逻辑的。人体内的几乎所有基因都会产生一些突变，这些突变刚开始还是不显山不露水，不过若是积累得多了，便会在育龄之后引发衰老。[11]

科学家们在实验室中使用的无限增殖细胞系均来自癌症患者。其中最著名的是海拉（HeLa）细胞系，它来源于一位名叫亨丽埃塔·拉克斯

（Henrietta Lacks）的病人的子宫颈肿瘤。亨丽埃塔·拉克斯是一位黑人妇女，1951 年死于巴尔的摩。她的癌细胞在实验室中进行培养时，增殖速度非常快，以至于经常会霸占别的培养皿，污染其他实验室样本。1972 年，它们被莫名其妙地带到了俄罗斯，让那里的科学家们误以为发现了新的癌症病毒。海拉细胞曾用于开发脊髓灰质炎疫苗，还被送入了太空。目前，全世界的海拉细胞加起来，总重量已超亨丽埃塔体重的 400 倍还不止。它竟如此顽强，实在是令人惊叹。然而，一直以来都没有人想到要去获取亨丽埃塔或她家人的知情同意。当家人们得知她的细胞永生之时，感情受到了伤害。亚特兰大市现将每年 10 月 11 日这一天定为亨丽埃塔日，以纪念这位“科学女英雄”。

海拉细胞显然有着优秀的端粒酶。如果将反义 RNA 加入海拉细胞中——也就是说，加入与端粒酶中 RNA 信息完全相反的 RNA，这样它就会黏附在端粒酶 RNA 上——其结果便是阻断端粒酶并阻止其发挥作用，这样海拉细胞就不再是永生的了，会在经历大约 25 次细胞分裂之后，便开始衰老并走向死亡。[12]

癌症需要活跃的端粒酶，凭借端粒酶肿瘤才得以在生化反应的驱使之下永葆青春，长生不死。然而，癌症是典型的老年病，其发病率随着年龄的增长而稳步上升。尽管不同物种癌症发病率会有所不同，但总体说来都是随年龄的增长而上升的：地球上所有物种在年老时都比年轻时更易患癌症。癌症的主要风险因素是年龄。吸烟等环境风险因素之所以起作用，部分原因是它们加速了老化过程：吸烟损害了肺部，而受损的肺部需要进行修复，可修复过程会消耗端粒长度，从而使细胞的端粒相较正常情况而言，更加的“老化”。出于修复损伤或是其他原因，皮肤、睾丸、乳房、结肠、胃、白细胞等持续进行大量细胞分裂的组织，特别容易罹患癌症[1]。

这其实是一个悖论。端粒的缩短意味着更高的患癌风险，但能保持端粒长度的端粒酶是肿瘤所必需的。突变使端粒酶得以被激活，这是演变为恶性癌症的前提条件，了解到这些，才有可能解决问题。现在，杰龙公司在克隆端粒酶基因后，股价飙升，其原因嘛，一目了然。毕竟，如若搞定了端粒酶，有效地抑制老年人肿瘤细胞的迅速增殖自是不在话下。

---

[1] 癌症的发生发展与年龄增长、不良生活习惯、环境因素等密切相关，其发生过程往往伴随着基因突变的不断累积。由于癌症患者的基因突变存在很强的异质性，如：同样是非小细胞肺癌患者，但基因的突变存在明显的不同，因此，基因检测犹如晚期癌症患者精准治疗的导航仪，通过基因检测，如华翡冉™（针对非小细胞肺癌）、华梵安™（针对所有的实体瘤患者），可为肿瘤患者提供精准治疗的依据，辅助临床进行用药决策。——译者注

拾伍号

15号染色体
性别

所有的女人都变得像自己的母亲。那是女人的悲剧。

可是没一个男人像自己的母亲。那是男人的悲剧。

——《不可儿戏》(奥斯卡·王尔德，余光中译)

在马德里的普拉多博物馆，悬挂着两幅17世纪宫廷画家胡安·卡雷尼奥·德·米兰达（Juan Carreno de Miranda）的画作，名字分别为“穿衣服的恶魔”和“不穿衣服的恶魔”。这两幅画作都是描绘的一个名叫尤金妮娅·马丁内斯·瓦列霍（Eugenia Martinez Vallejo）的5岁小女孩，她虽极度肥胖，但却毫无凶神恶煞之相。当然她身上确实是有一些毛病：她太胖了，身材臃肿得明显与年龄不符，手脚特别小，嘴和眼睛的形状很是怪异。或许，她曾在马戏团被当作怪物进行展出。现在看来，她的症状显然和一种罕见的遗传性疾病——普拉德－威利综合征（Prader-Willi syndrome）[一]相吻合。患上这种疾病的孩子出生时皮肤松软苍白，不肯吮吸母乳，但稍大一点后又变得食量惊人，怎么都吃不饱，所以就变得异常肥胖。曾有一个这样的案例，一位普拉德－威利综合征患儿的家长发现自己的孩子在从商店回家的途中，竟然坐在车后座上吃了

[一] 普拉德－威利综合征目前尚无特殊的治疗方法，注重婴儿早期喂养、用体疗改善肌张力低下、早期生长激素疗法改善患者身高等。可通过染色体检测技术（如芯片技术或康孕®染色体检测）辅助临床诊断。——译者注

足足有一磅㊀的生熏肉。患有这种病的人小手小脚，性器官发育不全，而且还有轻度智力障碍。他们时不时会大发脾气，尤其是在想要进食但被拒绝的时候。但正如一位医生所说的，他们对拼图特别有天赋。[1]

1956 年，瑞士医生首次发现了普拉德－威利综合征。它只不过是另一种罕见的遗传病，尽管我在本书中一再保证不会再写遗传病，因为**基因不是为了致病而存在的**。但是这个特殊的基因有一些非常奇怪的地方。20 世纪 80 年代，医生们注意到，普拉德－威利综合征患者家族中有时会出现另外一种疾病，其症状与普拉德－威利综合征的症状几乎完全相反，名为安格尔曼综合征（Angelman syndrome，AS）㊁。

哈里·安格尔曼（Harry Angelman）是兰开夏郡沃灵顿的一名医生，他是首位意识到安格尔曼综合征是一种遗传病的医生，在这之前他一直称其为“木偶小孩”。与普拉德－威利综合征患者肌肉松弛的情况相反，安格尔曼综合征患儿的肌肉是紧绷的。他们瘦削、多动、失眠、头小、下巴长，还经常伸出他们的大舌头。他们像木偶一样摇摇晃晃，但天性愉悦，总是微笑着，还时不时发出一阵大笑。但他们永远也学不会说话，而且智力严重迟钝。安格尔曼综合征的孩子要比普拉德－威利综合征的孩子少见得多，但有时两者会出现在同一个家族中。[2]

人们很快发现，患普拉德－威利综合征和安格尔曼综合征的孩子都存在 15 号染色体上的一块相同片段的缺失。不同的是，在普拉德－威利综合征中，缺失的部分来自父亲，而在安格尔曼综合征中，缺失的部分来

㊀ 1 磅约等于 0.9 斤。——译者注

㊁ 安格尔曼综合征又称快乐木偶综合征，目前主要是对症治疗，在特定的良好环境下予以特殊行为、语言方面教育和相应心理治疗，可减轻患者的症状。可通过染色体检测技术（如芯片技术或康孕®染色体检测）辅助临床诊断。——译者注

自母亲。这种疾病如果通过男性传给下一代，表现为普拉德－威利综合征；倘若通过女性传给下一代，则表现为安格尔曼综合征。

这些现象与我们所学的孟德尔遗传规律背道而驰。它们似乎掩盖了基因组的数字化本质，暗示了基因不仅仅是一个基因，而是暗藏了与出身有关的隐秘历史。这种基因会“记住”自己是来自父方还是母方，因为它在形成受精卵那一刻就被打上了父源或者母源的烙印，就好像来自某一方的基因是用斜体字书写的。在基因呈活跃状态的细胞中，有印记的基因被开启，而不带印记的则关闭表达。因此身体只会表达遗传自父亲的基因（如普拉德－威利综合征）或遗传自母亲的基因（如安格尔曼综合征），虽然我们打开了认知的大门，但对于它的发生机制我们仍知之甚少。研究其成因将是一个非比寻常而又十分大胆的演化论课题。

20 世纪 80 年代末，费城和剑桥的两组科学家有了一个惊人的发现。他们试图制造一种单性繁殖的小鼠，这种小鼠只有父亲或者只有母亲。由于受到当时技术水平的制约，无法直接使用体细胞克隆老鼠（在多利羊成功克隆之后，这种状况正在迅速得到改变），费城的那组交换了两个受精卵的“原核”。当卵细胞受精时，精子携带染色体进入卵细胞，但并不会立刻与卵细胞核产生融合。此时的这两个细胞核被称为“原核”。聪明的科学家可以用移液管偷偷地吸出一个受精卵的精原核，然后用另一个受精卵的卵原核代替它，或者使用另一个的精原核替换受精卵里的卵原核，其结果是得到了 2 个受精卵。从遗传角度说，一个受精卵有两条父亲的染色体，没有母亲的；另一个受精卵有两条母亲的染色体，但没有父亲的。剑桥的那组所使用的技术略有不同，可最后也得到了同样的结果。但这两组胚胎都未能正常发育，并很快胎死腹中。

在有两套母源染色体的那组实验里，胚胎本身可以正常的组合在一起，但它无法形成一个能给自己提供营养的胎盘。在有两套父源染色体的那组实验里，胚胎长出了一个巨大而健康的胎盘，还有基本包裹着胎儿的羊膜。但是，在胎膜里本应是胚胎的位置上，却只有一团杂乱无章的细胞，看不出胎儿的头在哪里。[3]

这些实验得出了一个非同寻常的结论：来自父亲的父源基因负责胎盘的形成，遗传自母亲的母源基因则负责胚胎绝大部分，尤其是头部和大脑的发育。为什么会这样呢？5 年后，当时在牛津大学的戴维·黑格认为自己找到了答案。他重新诠释了哺乳动物的胎盘，认为胎盘不是用来维持胎儿生命的母体器官，而是寄生于母体血液循环系统的胎儿自身器官，并且在这个过程中不会受到任何排斥。他指出，胎盘事实上钻进了母体的血管里，迫使血管扩张，进而产生激素以提高母体的血压和血糖。而母体的应答方式则是通过提高胰岛素水平来对抗这种入侵导致的血糖升高。不过，如果由于某种原因，胎儿未能产生这些激素，母体就不需要提高胰岛素水平，从而会继续正常妊娠。换句话说，虽然母体和胎儿有一个共同的目标，但是两者之间就胎儿可以从母亲这里汲取多少资源存在着分歧——这种情况同以后孩子断奶时所出现的冲突一模一样。

但是胎儿的一部分基因来源于母亲，因此，这些基因能够发现自己与母体之间存在利益冲突，也就不足为奇了。胎儿的父源基因就没有这样的担忧，它们并不关心母体的利益，对它们而言，母体只不过是提供了一个栖息之所。简单地说，从拟人化的角度来看，父源的基因不相信母源的基因能够制造出一个足够强大的胎盘，所以它们要自己来完成这项工作。因此，在上述有两个父源胚胎的那组实验中，会发现胎盘基因上有父源印记。

黑格给自己的理论做出了一些预测，其中很多在短时间内就得到了证实。尤其是他预测印记不会发生在卵生动物身上，因为卵细胞无法影响母体在卵黄大小方面的投入。毕竟，它在可以控制母体之前，就已经离开母体了。同样，根据黑格的假设，像袋鼠这样的有袋动物，用育儿袋代替了胎盘，也不会产生基因印记。到目前为止，黑格的理论看上去是正确的。印记是胎盘哺乳动物和那些种子依靠母体才能存活的植物所特有的。[4]

此外，黑格很快便有了进一步发现，他注意到在小鼠身上新发现的一对印记基因有控制胚胎生长的功能，这与他先前的预测完全一致。IGF2 是一种由单个基因编码的小型蛋白，类似于胰岛素。它在发育的胎儿体内很是多见，在成人体内却不再表达了。IGF2R 是附着在 IGF2 上的蛋白，其作用尚不清楚。有可能 IGF2R 的存在就是为了对抗 IGF2。你瞧，IGF2 和 IGF2R 基因都是印记基因：前者只在父源染色体上表达，后者只在母源染色体上表达。这看起来很像是试图促进胚胎发育的父源基因和试图放慢节奏的母源基因之间的一场小小的较量。[5]

黑格的理论预测，印记现象通常会发生在这种存在拮抗的基因中。在某些情况下，甚至在人类身上，情况似乎确实如此。11 号染色体上的人类 IGF2 基因是带有父源印记的，如果某些人不小心遗传了 2 份父方的拷贝，就会患上贝克威思 – 威德曼综合征（Beckwith-Wiedemann syndrome），这种患者心脏和肝脏长得太大，胚胎组织肿瘤也多发。虽然人类的 IGF2R 基因没有印记，但似乎确实存在一个拮抗 IGF2 基因的母源印记基因 Hip。

如果印记基因的存在只是为了相互对抗，那么应该可以同时关闭对抗双方的表达作用，且不会对胚胎发育产生任何影响。事实上这的确是可行的，实验证明移除所有印记的小鼠依然可以保持正常。让我们回到之前讨论过的 8 号染色体，在那里基因是自私的，行事皆以自身利益为导向，不考虑整体利益。几乎可以肯定，印记并没有任何内在的目的性（尽管有许多科学家对此不以为然），它的存在只是自私基因理论和两性对抗理论的一个具体例证罢了。

一旦开始从自私基因的角度来思考问题，一些奇怪的想法就会不禁跃入脑海。试试这个想法：在父源基因的影响下，如果共用一个子宫，胚胎对待其他同父胚胎与对待其他异父胚胎的方式可能完全不同。在后一种情况下，它们或有更多自私的父源基因。有了这种想法，自然就会想到去用动物实验来验证这个预测，过程并不复杂。并非所有的老鼠都是一样的，对于某些种类的老鼠，比如鹿白足鼠（Peromyscus maniculatus）的母鼠，会与多只公鼠交配，它们的每窝幼仔通常都有好几个不同的父亲。而另一些，比如说东南白足鼠（Peromyscus polionatus），母鼠则是遵循严格的一夫一妻制，每一胎幼仔都只有一个父亲。

那么，当你让鹿白足鼠和东南白足鼠进行杂交，会发生什么呢？这取决于哪种是父亲以及哪种是母亲。如果是一妻多夫制的鹿白足鼠做父亲，那么生下的幼鼠个头就很大。如果是一夫一妻制的东南白足鼠做父亲，那么出生的幼鼠个头就很小。看出是怎么回事了吗？鹿白足鼠的父源基因预计到了在子宫里会遭遇其他同母异父胚胎的竞争，于是不惜以牺牲同胞胎儿为代价拼命争夺母亲的营养供给。而鹿白足鼠的母源基因，预计到子宫中会有拼命争夺资源的胚胎，于是便被自然选择培养出了反击的能力。而东南白足鼠的子宫内环境较为温和，因此来自鹿白足鼠的父源基因只是遭遇到了一点象征性的反抗，便赢下了这场竞争：如果幼鼠有多配偶的父亲，它们的个头就大；如果幼鼠有多配偶的母亲，它们的个头就小。这是印记理论的一个简单示例。[6]

尽管这个故事简洁流畅，但并非一丝漏洞都没有。就像许多吸引人的理论一样，显得过于完美。具体来讲，它有一个预测尚未得到证实：印记基因应该是演化得相对较快的基因。这是因为两性对抗会促使分子之间进行军备竞赛，每种分子通过抢占先机而获益。通过对不同物种的印记基因逐一进行比较，并没有发现这种现象。相反，印记基因似乎演化得相当缓慢。因此，黑格理论似乎只能解释部分的印记现象，但并非全部。[7]

基因印记有个很有意思的后果。在一个男人体内，来自母体的 15 号染色体自带母源标签，但当他把这条染色体传给他的儿子或女儿时，这个基因却以某种方式获得了一个新的标签，以表明它的父体来源。也就是说，这个基因在父亲体内时必须从母源转换为父源，而在母亲体内时又必须从父源转换为母源。我们知道，这种转换确实存在，因为在一小部分安格尔曼综合征的患者体内，他们的两条 15 号染色体没有其他异常，只不过都表现为源自父体，这就是转换失败的情况。这些案例可以追溯到上一代体内的某些突变，这种突变影响了“印记中心”（即离相关基因都很近的一小段 DNA），以某种方式将父源标记印在了染色体上。这个标记就是我们曾在 8 号染色体那章讨论过的那种基因的甲基化。[8]

你还记得吧?“字母”C 的甲基化能使基因沉默，并将自私 DNA“软禁”起来。但是，在胚胎早期发育阶段，即囊胚期的时候，甲基化被去除了，然后在发育的下一个阶段，即原肠胚形成期，又恢复了。不知何故，印记基因逃脱了这一过程，它们对抗脱甲基化的过程。它们究竟是如何做到这一点的呢？目前有一些有趣的线索，但尚无定论。[9]

我们现在知道，印记基因所躲开的这个去甲基化过程，是多年以来科学家试图克隆哺乳动物的唯一阻碍。蟾蜍很容易被克隆，只要把体细胞的基因注入受精卵里即可，但这招在哺乳动物身上却行不通，因为雌性的体细胞基因组内一些关键基因由于甲基化而不再表达，而雄性的体细胞基因组内又有另外一些不再表达的关键基因，即印记基因。因此，在发现了印记效应之后，科学家们便信心满满地宣布克隆哺乳动物是不可能的。他们认为，被克隆的哺乳动物在出生时，它身上所有的印记基因要么在两条染色体上都表达，要么都不表达，这样就破坏了动物细胞所需的剂量，从而导致动物无法发育。发现基因印记的科学家曾写道：[10]“从逻辑上进行推理，用体细胞核克隆哺乳动物是不可能成功的。”

之后的 1997 年初，苏格兰克隆羊多莉突然降生了。至于多莉羊以及她之后的其他克隆动物是如何避开基因印记这个问题的，至今仍不得而知，即使是克隆者自己，也一头雾水。但是看上去，在克隆过程中对其细胞进行处理时的某些手法，消除了所有的基因印记。[11]

15 号染色体的印记区域包含大约 8 个基因。其中有一个基因 UBE3A，它一旦被破坏，就会导致安格尔曼综合征。紧挨着这个基因的是两个可能导致普拉德 – 威利综合征的基因，一个叫 SNRPN，另一个叫 IPW。也许还有其他的致病基因，不过我们暂且假定 SNRPN 就是罪魁祸首。

这些疾病并不总是由这些基因中的某一个发生突变而引起的，有时还有其他致病原因。当一个卵子在女性卵巢内形成的时候，它通常是每条染色体都得到一个拷贝，但在极其罕见的情况下，一对亲本染色体无法分离，那么卵子就得到了同一条染色体的两份拷贝。在精卵结合后，胚胎就有了这条染色体的三份拷贝，两份来自母亲，一份来自父亲。这种情况在高龄孕妇中尤为常见，这对受精卵来说通常是致命的。只有当这 3 条染色体都是最小的 21 号染色体时，胚胎才能发育成胎儿，并能在出生后得以存活下来，这就是唐氏综合征。在其他情况下，额外的染色体会扰乱细胞的生化反应，从而导致胚胎无法发育。

然而在多数情况下，不等发展到这一步，机体就已有了解决这个“三体”的方法了。它会“删除”一条染色体，仅留下两条，从而恢复到正常状态。问题在于，这个过程是随机的，无法确定是删除了两条母源染色体中的一条，还是删除了唯一的父源染色体。随机删除过程，会有 66% 的机会把来自母方的多余染色体给扔掉，但意外还是会发生。如果错误地删除了那条唯一的父源染色体，那么剩下的两条母源染色体就会愉快地待在继续发育的胚胎中。在大多数情况下，影响不大，但如果发生在 15 号染色体上，后果将立马呈现出来。两个带有母源印记基因的 UBE3A 被表达，而带有父源印记基因的 SNRPN 却没有，而无法被表达，结果就是患上普拉德 – 威利综合征。[12]

从表面上看，UBE3A 并不是什么有趣的基因。它的蛋白产物是一种“E3 泛素连接酶”，这是一种负责“中层管理”的蛋白质，很不起眼，位于某些皮肤和淋巴细胞中。之后，在 1997 年年中，三组科学家突然同时发现，UBE3A 在小鼠和人类的大脑中处于表达状态。这可够劲爆的。普拉德 – 威利综合征和安格尔曼综合征的症状都表明患者的大脑有些异常。更令人震惊的是，有充分的证据表明，大脑中还有其他活跃着的印记基因。特别值得关注的是，貌似小鼠的前脑主要由母源印记基因形成，而大脑底部的下丘脑则主要由父源印记基因形成。[13]

这种不平衡现象是通过一项设计精妙的科学工作，即创造老鼠“嵌合体”，而发现的。嵌合体是由两个基因截然不同的个体融合而成，它们是自然发生的——你可能曾遇到过这样的人，抑或你自己就是这样的人，但是如果没有做细致的染色体检查，你是不会意识到的。两个带有不同基因的胚胎碰巧融合在一起，之后就如同一个胚胎那样继续发育。可以把它们想象成恰好与同卵双胞胎相反，是一个身体里有两个不同的基因组，而非两个不同的身体带有相同的基因组。

在实验室中制造小鼠嵌合体是相对容易的，只需将两个早期胚胎的细胞小心翼翼地融合在一起就可以了。但是在这个案例中，剑桥团队的独创性在于，他们将母鼠的一个卵子用这只母鼠另一个卵子的细胞核受精，这样它就只有母源基因而没有父源基因，然后将这个受精卵所形成的特殊胚胎与一个正常小鼠的胚胎进行融合。结果，生出的小鼠脑袋硕大无比。当科学家们通过融合制造出一个正常胚胎和父源胚胎（用两个精子细胞核替换受精卵中的细胞核，由这样的卵细胞发育形成的胚胎）的嵌合体时，却得出了相反的结果：小鼠的身子大脑袋小。通过给母源胚胎的细胞安装上相当于无线电发射器的生化装备，用以发射信号报告它们所处的位置，得到了惊人的发现：小鼠大脑内大部分的纹状体、大脑皮层和海马体都是由母源胚胎的细胞组成的，但下丘脑除外。大脑皮层是处理感觉信息和发出行为指令的地方。相比之下，父系胚胎的细胞在大脑中相对较少，但在肌肉中却很常见。当出现在大脑中的时候，主要是负责下丘脑、杏仁核和视前区的发育。这些区域是“大脑边缘系统”的组成成分，负责控制情绪。科学家罗伯特·特里弗斯认为，这种差异反映出大脑皮层负责与母源细胞共同协作，而下丘脑则是一个依靠自我独立运行的器官。[14]

换言之，如果我们认为父源基因制造出胎盘是由于父源基因不相信母源基因，那么母源基因制造出大脑皮层就是由于母源基因不相信父源基因。如果我们像小鼠一样，我们可能就会带着母亲的思想，怀揣父亲的心情生活于世（如果思想和心情是可以遗传的话）。1998 年，在小鼠身上发现了另一个印记基因，它具有决定雌性小鼠母性行为的非凡特性。正常携带这种 Mest 基因的小鼠会悉心照料它们的幼崽。如缺少一个该基因拷贝，雌鼠仍然表现正常，只不过是位不称职的母亲：它们没法建造出一个像样的窝，不会将外出闲逛的幼崽及时拉回来，幼崽身上脏了它们也不管，总而言之，它们好像无所谓，因此它们的幼崽通常会死去。令人费解的是，这种基因是从父系遗传来的。只有遗传自父亲的拷贝才发挥作用，而遗传自母亲的拷贝则不表达。[15]

黑格关于胚胎发育冲突的理论并不能很好地解释这些现象，但是日本生物学家岩佐庸（Yoh Iwasa）提出的一个理论却可以。他指出，因为父源的性染色体决定着后代的性别。如果他传递的是 X 染色体而不是 Y 染色体，那么后代就是雌性的，故而父源的 X 染色体只能出现在雌性身上。因此，雌性特有的行为就只应从来自父源的染色体上表达。如果这些雌性特征的基因也在母源 X 染色体中表达，它们就也有可能会出现在雄性身上，或者它们可能会在雌性中过度表达。这样，控制母性行为的基因带有父源遗传的印记，就能够解释得通了。[16]

伦敦儿童健康研究所的戴维 · 斯丘斯（David Skuse）和他的同事做了一项不寻常的自然实验，为这一观点提供了最好的佐证。斯丘斯找到了 80 位年龄在 6 岁到 25 岁之间，且患有特纳综合征的女性。特纳综合征是一种由于 X 染色体全部或部分缺失而引起的疾病。男性只有一条 X 染色体，女性虽有两条 X 染色体，但其中一条染色体不表达，所以原则上特纳综合征对发育的影响不大。的确，特纳综合征的女性无论是在智商上，还是在外貌上，都很正常。然而，他们经常在“社交适应”方面，存在问题。斯丘斯和他的同事们决定比较两种特纳综合征的女性：一种是父源 X 染色体缺失的女孩，另一种是母源 X 染色体缺失的女孩。与没有父源染色体的 55 个女孩相比，缺少母源染色体的 25 个女孩明显适应得更好，她们拥有“更优秀的语言能力和更高层次的执行能力，而这是把控人际交往所必备的技能”。斯丘斯和他的同事们是通过让孩子们做标准化的认知能力测试，并给父母们发放评估社交适应能力的调查问卷来评估人际交往能力的。在问卷中，他们询问父母自己的孩子是否有如下表现：缺乏对他人情感的感知能力，意识不到别人烦躁或生气，觉察不到自己的行为对家人的影响，总是苛求他人的陪伴，当心情不好的时候很难沟通，会意识不到冒犯了他人，不服从命令，如此等等。父母必须回答 0（表示“从来没有”），1（表示“有时会有”），2（表示“经常会有”）。然后，统计所有 12 个问题的得分。结果，患有特纳综合征的女孩得分均高于正常的孩子，而缺少父源 X 染色体的女孩，比起缺少母源 X 染色体的女孩，得分要高出一倍多。

由此推断，在 X 染色体的某个位置上有一个印记基因，通常情况下只有在父源 X 染色体中才会表达，而这个基因通过某种方式促进了社会适应能力的发展。例如，理解他人感受的能力。通过观察只缺失了部分 X 染色体的患儿，斯丘斯及其同事们又为这种理论提供了进一步的证据。[17]

这项研究产生了两个深远的影响。第一，它解释了为什么自闭症、阅读障碍、语言障碍和其他社会问题在男孩中更为普遍。一个男孩只从他母亲那里得到了一条 X 染色体，所以他有可能得到了一条带有母源印记的 X 染色体，而一旦这个基因不表达，就会遇到上述问题。在撰写本篇内容之时，相关基因还没有被定位，但 X 染色体上确实带有印记基因是得到了确认的。

第二个更具普遍意义的影响在于，我们开始意识到关于性别差异的一些可笑争论或将宣告终结，要知道，这种争论可是贯穿了整个 20 世纪末，还造成了“先天禀赋”和“后天养成”之间的对立。那些“后天养成”派试图完全否认“先天禀赋”对两性差异的影响，而那些支持“先天禀赋”的人却很少否认后天因素的作用。问题不在于后天养成是否起作用，因为任何有头脑的人都不会否认这一点，而在于先天因素是否起作用。当我在写这一章的时候，有一天我一岁的女儿在一辆玩具婴儿车里发现了一个塑料娃娃，她发出的那种兴奋的尖叫，与她哥哥在这个年龄看到拖拉机时的反应一模一样。和许多家长一样，我很难相信男孩和女孩对不同东西感兴趣仅仅是因为我们无意间强加给了他们一些社会角色。男孩和女孩从一开始有自主行为时就表现出了不同的兴趣偏好。男孩更加好斗，对机械、武器和动手能力更感兴趣。而女孩对与人沟通、漂亮衣物以及语言表达更感兴趣。可以说，男人喜欢看地图，女人喜欢读小说，可不仅仅是后天培养的结果。

无论如何，纯粹的后天养成派做了一个完美的，但却很残酷的实验。20 世纪 60 年代，在美国，一个拙劣的包皮环切手术导致一个男孩阴茎严重受损，后来医生决定将其切除。他们决定通过切除、整形和激素治疗等方法，把这个男孩变成女孩。于是，约翰变成了琼，她穿起了裙子，玩着布娃娃。她长成了一个年轻的姑娘。在 1973 年，一个弗洛伊德派的心理学家约翰 · 莫尼（John Money），突然对公众宣称，琼在矫正后，很好地适应了女性角色，她的这一案例终结所有猜测，结论显而易见，性别角色是由社会环境所塑造的。

直到 1997 年，才有人去查验事实真相。当米尔顿 · 戴蒙德（Milton Diamond）和基思 · 西格蒙森（Keith Sigmundson）找到琼的时候，却发现琼是一个男人，他娶了一位女子，生活幸福。他的故事与莫尼讲述的故事大不相同。在他还是一个孩子的时候，他就总为一些事情而感到闷闷不乐，总是想穿裤子，想和男孩子一起玩，想站着撒尿。在他 14 岁的时候，他的父母告诉了他小时候的遭遇，这使他大大地松了一口气。于是他停止了激素治疗，把名字改回了约翰，恢复了男性的生活，切除了乳房，并在 25 岁时娶了一个女人，成为孩子的继父。他曾被作为社会塑造性别角色的鲜活例子，如今却成了有力的反证：先天因素在性别决定的过程中确实扮演了重要角色。来自动物学的证据一直都在佐证这一点。在大多数物种中，雄性行为与雌性行为存在着鲜明的差异，且这种差异是先天就存在的。大脑这种器官先天就存在着性别上的差异。如今，来自基因组、印记基因以及与性别相关的行为等多方面的证据，都指向这个相同的结论。[18]

拾陆号

16号染色体
记忆

遗传是一部能够自我修复的机器。

——詹姆斯·马克·鲍德温，1896 年

人类基因组好似一本书。通过从头到尾仔细阅读，并适当考虑到印迹基因等特殊因素，一个熟练的技术人员就有可能制造出完整的人体。若是掌握了解读此书的要领，即便是当今的“弗兰肯斯坦”[一]亦能轻易完成这一壮举。之后呢？他可以造出一个长生不老的躯壳，但是要让这个“人”真正意义上地活着，可不只是造出来就了事那么简单，得去适应环境、改造环境，并对外界环境做出反应。还必须摆脱“弗兰肯斯坦”的控制，获得完全自主的生活。从某种意义上来讲，基因就像作家玛丽·雪莱（Mary Shelley）小说中那个倒霉的医学生一样，必须逃脱造物主的控制，也必须给予生命以自由，让生命找寻自己的出口。基因组没有告诉心脏该何时跳动，眼睛该何时眨眼，大脑该何时思考。即便基因精准地设置了一些个性、智商和人性等方面的参数，但也要懂得何时该放手，让它们自行其是。在本章所介绍的第 16 号染色体上就有这么一个懂得收放权

[一] 弗兰肯斯坦，是玛丽·雪莱长篇小说《科学怪人》中的主角。在该小说中，弗兰肯斯坦是个热衷于生命起源的生物学家，他怀着犯罪心理频繁出没于藏尸间，尝试用不同尸体的各个部分拼凑成一个巨大人体。该作被认为是世界第一部真正意义上的科幻小说，影响十分深远，因而弗兰肯斯坦也就逐渐成了科学怪人的代名词。——译者注

力的基因，它关乎学习和记忆功能。

虽然人类在很大程度上是由我们内在基因所驱动的，但更多的还是取决于我们一生的所学所知。基因组就像是一台处理信息的计算机，借由自然选择从外界获取有用的信息，并将其纳入自身框架。演化过程中，信息处理速度极慢，往往需要好几代人的时间才能产生些许变化。因此基因组衍生出了一种更为简便快速的机器（大脑），以在短短数分钟或数秒钟之内便从外界获取到信息，并将该信息转化为具体行为，也就不足为怪了。基因组通过神经来传递手被烫的信息，然后大脑就马上下达指令让手从炉灶上移开。

“学习”属于神经科学和心理学范畴，与本能正好相反。本能是由基因决定的，而学习靠的是经验积累，两者几乎没有什么共同点，或者说在 20 世纪的大部分时间里，行为主义心理学学派让我们所有人都这么认为。然而，为什么有些是后天习得，而有些是出自本能呢？为什么语言是一种本能，而方言和词汇是后天习得的呢？本章所特别提及的詹姆斯·马克·鲍德温（James Mark Baldwin），是 20 世纪一位籍籍无名的美国演化论理论家，他在 1896 年撰写出一篇文章，总结了一场激烈的哲学争论。不过这篇文章在当时几无人知，确切地说，在随后的 91 年里，也未能惊起任何涟漪。但幸运的是，文章在 20 世纪 80 年代后期被一群计算机科学家重新翻了出来，他们如获至宝，觉得鲍德温的观点能为他们教会计算机学习提供指导。[1]

鲍德温苦苦思索的问题是，为什么有些是在后天习得的，而非人生来就有的本能。人们普遍认为，后天习得的是好的，先天的本能是坏的，或者说，后天习得更加高级，先天本能比较原始。因此，这是人类处于高等级的一个标志——我们可以学习各种东西，而动物基本只能依靠本能。人工智能研究人员随即顺理成章地将学习能力列为重中之重：他们的目标是制作出通用的学习机器。但这本身就是行不通的。人类和动物借由本能，所能做的事情是一样的。我们爬行、站立、行走、哭泣和眨眼，可小鸡也有同样的本能。我们要学习的是动物本能所无法企及的事情：比如阅读、驾驶、理财和购物等。鲍德温写道："意识的主要作用是让孩子学习先天遗传所无法传递的东西。"

通过逼迫自己学习，我们把自己置身于选择性的环境之中，以被赋予解决未来难题的本能。于是，学习逐渐成为人的本能。就像我在 13 号染色体那章中所提到的，乳业的横空出世使得人体难以消化乳糖这一问题成为当务之急。最初的解决方案是深加工——制造奶酪。但后来身体演化出了一种解决方案，即在成年后仍能产生乳糖酶。这么看来，如果目不识丁的人在繁衍方面长期处于劣势的话，也许人会演化到天生就能识文断字的地步。实际上，由于自然选择是从环境中提取有用信息并将其编码到基因中的过程，在某种意义上，你可以把人类基因组看作是 40 亿年来所学之集大成者。

然而，把本应习得的能力转变为人的本能，其好处是有限的。比如在语言方面，我们有着很强的本能，但也很灵活，如果自然选择将词汇全都融入语言本能，显然是不明智的。那样的话，语言就会成为一种僵化的工具：比如缺少用于计算机的词汇，我们将不得不把它描述为"当你与之交流时会思考的东西"。同样地，自然选择考虑到了（请原谅这番目的论的说辞）要给候鸟配备了一套恒星导航系统，但却不够完备。由于岁差现象，定位就会逐渐产生偏移，因而鸟类在每一代都要通过学习来重新校准它们的星罗盘，这至关重要。

鲍德温效应是关于文化和基因演化之间的微妙平衡。他们不是对立面，而是并肩携手、互相影响，以期获得最好的结果。一只鹰可以从它的双亲那里学到处世哲学，从而更好地适应当地的条件；相比之下，布谷鸟所有的一切均有赖于本能。因为它们是被代养的，永远见不到双亲，因而从破壳那天起，便得在短短数小时内将养父母亲生的孩子们推出鸟巢，还得在尚幼时就在没有双亲指导的情况下自己迁徙到非洲宜居地区，得摸索如何找寻并吃掉毛毛虫，得在第二年春天返回出生地，寻觅配偶，并把卵产在其他合适的鸟巢里——所有这一切均是本能行为，不过在后天的博弈过程中经验会日渐增长。

我们不仅低估了人类大脑对本能的依赖程度，还常常低估了其他动物的学习能力。例如，大黄蜂从后天的经验之中学到了很多如何从不同种类的花中采集花蜜的方法。不加以练习的话，教一种只会掌握一种。然而一旦有过，比如给乌头采蜜的经验，遇到类似的花，比如虱子草，它们便能更好地进行处理，从而证明它们所做的不仅仅是记住每一朵花，而是已经总结出了一些抽象的原理。

另一个十分典型的动物学习例子便是海蛞蝓，它是一种再渺小不过的动物了。它慵懒、个头小、结构简单、也不发声。它的脑子极小，除了吃吃喝喝就是交配，无忧无虑令人羡慕。它不能迁徙、交流、飞行或思考，它只是那么“苟且”地活着。与布谷鸟甚至大黄蜂相比，它的生活简直不值一提。如果简单动物靠本能，复杂动物靠学习的观点是正确的，那么海蛞蝓这种动物就没必要学习了。

但它能够学习。如果一股水柱喷到它的鳃部，它就会缩回鳃。但如果水柱反复吹打鳃部，这种收缩就会逐渐停止。海蛞蝓认为这是假警报，习以为常了，便不再做出反应。尽管这无法和学习微积分相比，但毕竟也是在学习。相反，如果在水被喷射到鳃部之前，电击一次，海蛞蝓就会学着把鳃收缩得更多一些——这一现象被称为敏感化。就像巴甫洛夫（Pavlov）著名的狗试验那样，海蛞蝓也可以形成“条件反射”。用一股非常轻柔的水流喷射它的鳃部，如果同时伴随着电击，它的鳃就会缩回。此后，仅靠在平时通常不足以让海蛞蝓收回鳃的轻柔水流，就可以使经过试验的海蛞蝓迅速收缩它的鳃。换句话说，海蛞蝓具有与狗或人一样的学习能力：习惯化、敏感化和联想性学习。然而，这些学习甚至都不用经过大脑。负责这些反射和学习活动的是腹神经节，它是海蛞蝓这个黏糊糊生物腹部的一个小的神经中枢。

这些实验背后的埃里克·坎德尔（Eric Kandel），并非要跟海蛞蝓过不去，而是有着其他目的。他想了解学习发生的基本机制。什么是学习？当大脑（或腹神经节）获得一种新的习惯或改变行为的时候，神经细胞会发生什么变化？中枢神经系统由许多神经细胞组成，每个细胞都向下游传导电信号，而突触连接着神经细胞。当电神经信号到达突触时，它必须先转换成化学信号然后才能继续它的电信号之旅，就像一位乘坐火车的乘客横渡海峡需要转乘渡轮那样。坎德尔的注意力很快便集中在这些神经元之间的突触上，发现学习似乎能改变它们的特性。因此，当海蛞蝓对假警报习以为常时，传入神经元和负责鳃收缩的神经元之间的突触就有点被削弱了。反过来，当海蛞蝓对刺激变得敏感时，突触就会加强。坎德尔和他的同事逐渐用一些巧妙的方法针对海蛞蝓大脑中的一种特殊分子进行研究，发现这种分子对突触强度的增减起到了关键作用。这种分子被称为环腺苷酸。

坎德尔和他的同事们发现了围绕环腺苷酸的一系列化学变化。且不论它们的名称，想象有这么一连串的化学物质，分别称为 A、B、C 等：

A 制造出 B，

B 激活了 C，

C 打开一个被称为 D 的通道，

从而使更多的 E 进入了细胞，

延缓了 F 的释放，

F 这种神经递质将信号通过突触传递给下一个神经元。

现在，C 也通过改变形式激活了一种叫作 CREB 的蛋白质。动物如果缺乏这种激活形式的 CREB，虽然仍可以学习东西，但往往不超过 1 小时便全都忘得一干二净。这是因为 CREB 一旦被激活，就会启动基因，从而改变突触的形状和功能。这些被激活的基因称为 CRE 基因，即环腺苷酸反应元件。如果讲得更为详细一些，或又将令人感到抓狂了。但请再有点耐心，马上便会豁然开朗。[2]

事实上并没有这么复杂，是时候轮到“笨蛋”上场了。“笨蛋”是一种突变果蝇，它无法领会某种味道以及经常伴随而来的电击，到底意味着什么。它发现于 20 世纪 70 年代，是一系列“学习突变体”中的第一个，通过给受辐射的果蝇一些简单的任务，让它们学习，并选出不能完成任务的果蝇进行繁殖，随后就得到了“卷心菜”“健忘症”“芜菁甘蓝”“小萝卜”和“大头菜”等突变体（再一次表明果蝇遗传学家在基因命名方面比人类遗传学同行显得随意多了）。目前在果蝇中总共发现了 17 种学习突变体。受坎德尔的海参研究启发，冷泉港实验室的蒂姆·塔利（Tim Tully）开始着手找出这些突变果蝇到底出了什么问题。让塔利和坎德尔高兴的是，这些突变体中被“破坏”的基因都参与了环腺苷酸的形成或相关反应。[3]

紧接着，塔利指出，如果他能敲除果蝇的学习能力，那他同样也应该可以改变或提高这种能力。通过移除 CREB 蛋白的基因，他培育出了一种能够学习但却记不住学习内容的果蝇——所学很快便从记忆中消失了。不久之后，他又培育出了一种果蝇，这种果蝇学习速度极快，对于特定气味之后会有电击这事，它们只需经历一次便会对此气味产生恐惧心理，而其他果蝇则需要经历上 10 次。塔利称这些果蝇具有过目不忘的记忆力。它们远非聪明，且反应得明显有些过头了。就像一个人在经历自行车事故的时候阳光明媚，他便有了过度解读，然后就拒绝在晴天骑自行车了。俄罗斯伟大的人类记忆学家舍雷舍夫斯基（Sherashevsky），正是亲历者。这种人的脑子里塞满了太多琐事，以至于只见树木不见森林。智力是记忆和遗忘的有机结合。我经常遇到这样的事：我很容易“记住”，准确说来是辨认出我以前读过的一篇文章，或听过的一个广播节目，但无法背诵出来。这表明，记忆在某种程度上深藏于我的意识之中。想必，它在记忆学家那里隐藏得并没有那么深。[4]

塔利认为，CREB 是学习和记忆机制的核心，是一种控制其他基因的主基因。因此，对理解学习的寻求最终变成了对基因的探究。要证明某种生物不仅仅是依靠先天本能，还可以进行后天学习，那么就得对基因展开研究，只不过我们发现，理解学习能力的最佳方法在于了解基因，以及了解使学习得以发生的基因产物。

到目前为止，知道 CREB 并非果蝇和海蛞蝓所特有，这一点并没有令人感到惊讶。事实上，同样的基因也存在于小鼠之中，通过敲除小鼠的

CREB 基因，已经培育出了突变小鼠。正如预想的那样，他们无法完成简单的学习任务，比如记不住隐藏在游泳池中的水下平台在哪里（这是老鼠学习能力实验的标准测试），也记不住哪些食物可以安全食用。通过注射 CREB 基因的反义基因（可以短期抑制该基因）到小鼠大脑，小鼠会暂时失忆。同样，如果它们的 CREB 基因特别活跃，它们就是学习能力超强者。[5]

从老鼠到人类，从演化上来看只有细微的差别。我们人类也有 CREB 基因，位于 2 号染色体，但它的重要伙伴——帮助 CREB 发挥作用的 CREBBP，位于 16 号染色体。此外，另一种名为 α- 整合素的“学习”基因也位于 16 号染色体，这就是我在此章中对学习能力进行探讨的由头，尽管略显牵强。

在果蝇中，环腺苷酸系统似乎在被称为蘑菇体的大脑区域异常活跃，蘑菇体是果蝇大脑中的伞状神经元突起。如果果蝇的大脑中没有蘑菇体，那么它通常无法学习到气味和电击之间的联系。CREB 和环腺苷酸似乎是在这些蘑菇体中行使职责的。具体是怎么回事，现在才弄清楚。通过系统地搜寻其他无法学习或记忆能力丧失的突变果蝇，罗纳德·戴维斯（Ronald Davis）、迈克尔·格罗特维尔（Michael Grotewiel）和他们在休斯敦的同事们发现了一种新型的突变果蝇，并称之为“沃拉多”。对于此命名，他们解释道，“volado”是智利的口头语，意思是“心不在焉”或“健忘”，一般用在教授身上。就像“笨蛋”“卷心菜”和“芜菁甘蓝”那样，“沃拉多”也是学习困难户。但与这些果蝇的基因所不同的是，“沃拉多”的基因似乎与 CREB 或环腺苷酸无关。它的这种基因编码一种名为 α- 整合素的蛋白质亚基，该蛋白在蘑菇体内表达，其作用似乎是将细胞结合在一起。

为了验证这并非一种除了改变记忆之外还有很多其他功能的“筷子”基因（详见 11 号染色体那章），休斯敦的科学家们做了一系列设计精妙的试验。他们选取了一些体内“沃拉多”基因被敲除的果蝇，并插入了一个与“热休克”基因（在突然受热时才会被激活的基因）有关的新拷贝。他们对这两个基因作了精心的安排，使得只有在热休克基因开启的情况下，“沃拉多”基因才会起作用。在低温度下，果蝇不具备学习能力。然而，在热刺激 3 小时后，它们突然变成了学习能手。再过几个小时之后，随着热刺激逐渐消退，他们再次失去学习能力。这意味着“沃拉多”在学习行为发生的时候很是重要，而非只用于形成与学习相关的构造。[6]

“沃拉多”基因的职责是产生一种将细胞结合在一起的蛋白质，暗示着记忆在很大程度上来说，就是神经元之间的紧密连接。当你学习某样东西时，你会改变大脑的物理网络，并在以前没有或较弱的地方建立起紧密的连接。我几乎可以接受这个说法，认为这就是学习和记忆的根本所在，但我很难想象，我对“沃拉多”一词含义的记忆，是如何由神经元之间紧密的突触连接而形成的，这显然令人费解。然而，将问题降维到分子水平也远没能解决问题，反而带来了新的麻烦。即记忆机制不仅是神经细胞之间的连接，神经细胞之间的连接本身就是一种记忆。它和量子物理学一样令人心潮澎湃，比占卜板和飞碟更令人感到兴奋不已。

让我们更为深入地研究一下这个谜团。“沃拉多”的发现暗暗指向了一种假说，即整合素是学习和记忆的核心，且这方面的证据早已有了。到 1990 年，人们已经知道一种抑制整合素的药物可以影响记忆。具体来说，这种药物干扰了一种被称为长时程增强效应（LTP）的过程，这似乎是记忆形成过程中的关键事件。大脑底部深处有一个叫作海马体（希腊语中海马的意思）的结构。海马体的一部分被称为阿蒙角（源自埃及神话中与公羊有关的神，后来亚历山大大帝在对利比亚的西瓦绿洲进行秘密访问后，称其为父）。特别需要提出的是，在阿蒙角中有着大量的金字塔形神经元（注意，此处一再出现埃及元素），它将其他感觉神经元的输入信息集中在一起。金字塔形神经元很难被激活，但如果两个独立的信号同时输入，其联合作用便会将它激活。一旦被激活，就变得更容易被再次激活，但只能被最初激活它的两个信号之一所激活，而无法被其他信号所激活。因此，看到金字塔的画面和听到“埃及”这个词，两者结合在一起，才会共同激活金字塔形细胞，并在两者之间形成一种联想记忆。而如果只想到海马，虽然也可能与同样的金字塔形细胞有所关联，但却无法以相同的方式来“增强”，因为它并没有与其他信号一起结合同时激活金字塔形细胞。这是长时程增强效应的一个例子。很显然，如果你认为金字塔形细胞是一种关于埃及的记忆，那么当你看到金字塔的画面或听到“埃及”这个词，该细胞就会被激活。而无论是看到海马的画面还是听到海马这个词，都是全然无效的。

如同海蛞蝓的学习那样，长时程增强效应，绝对依赖于突触特性的改变。在上面的这个例子中，输入信号的细胞和金字塔细胞之间的突触发生了改变，而这种改变几乎肯定与整合素有关。奇怪的是，对整合素的抑制并不会干扰长时程增强效应的形成，而只会影响其持续时间。整合素或是将突触紧密结合在一起所必需的。

我刚才提到，金字塔形细胞实际上可能本身就是一种记忆。这简直是无稽之谈，因为童年记忆甚至根本就不在海马体里，而是在大脑新皮质中。位于海马体内部和周遭的部分，是负责产生新的长期记忆的。据推测，金字塔形细胞是以某种方式将新形成的记忆传送到它的居所的。我们之所以知道这些，是因为两位在 20 世纪 50 年代不幸遭遇了离奇事故的优秀年轻人。在科学文献中，按名字的首字母缩写，第一位被称为 H.M.，他的一部分大脑被切除了，以防止因自行车事故而引起癫痫发作。第二位被称为 N.A.，是一名空军雷达技师，有一天，他正坐着制作一个模型，碰巧转过身来。非常不凑巧的是，一位正在玩微型花剑的同事向前刺了下，花剑正好穿过 N.A. 的鼻孔，直插入他的大脑。

两人至今都患有严重的健忘症。他们可以非常清楚地记得他们童年时的事情，以及事故发生前几年的事情。在被要求回忆过往时，如果不被打断，他们可以短暂地记起刚刚所发生的事情，但无法形成新的长期记忆。他们认不出每天见到的人，也认不出回家的路。N.A. 的症状较轻，他无法领会看电视的乐趣，因为插播的广告会让他忘记之前所看过的内容。

H.M. 可以很好地学习并掌握新的技能，但无法忆起他是否学过这项内容。这意味着程序性记忆与事实或事件的“陈述性”记忆不同。另有 3 名对事实和事件有严重健忘症的年轻人，通过对他们进行研究证实了这一区别，结果表明，这些年轻人去上学、阅读、写作以及学习其他技能，几乎没有什么困难。经过扫描，发现这 3 个人的海马体都非常小。[7]

除发现记忆是形成于海马体中的之外，我们还有更多的收获。H.M. 和 N.A. 的共有损伤表明，大脑的另两个区域同记忆的形成有关：H.M. 缺少内侧颞叶，N.A. 缺少部分间脑。受此启发，神经科学家们在寻找最重要的记忆器官时，逐渐把范围缩小到一个主要结构——鼻周皮层上。也许是在 CREB 的帮助下，来自视觉、听觉、嗅觉或其他区域的感官信息正是在这里进行处理并形成记忆的，然后信息被传递到海马体，再由海马体传递到间脑进行临时存储。如果被认为是值得永久保存的，就会作为长期记忆被送回新皮质。当你在不断查找某人电话号码的时候，大脑却突然回忆起来了，而这个神奇时刻，背后经历的正是这样的过程。此外，记忆从内侧颞叶传到新皮质很可能发生在夜晚睡眠期间，因为老鼠大脑中的脑叶细胞在夜间十分活跃。

人脑是一台远比基因组更加了不起的机器。如果你喜欢量化指标，那么，大脑有数万亿个突触，而基因组有数十亿个碱基；大脑的重量是以千克来计，而基因组的重量是以微克来计的；如果你喜欢几何学，那么，大脑是一种模拟的三维机器，而基因组是一部数字化的一维机器；如果你喜欢热力学，那么，大脑在工作时会产生大量的热，就像蒸汽机一样；对于生物化学家来说，它需要成千上万种不同的蛋白质、神经递质和其他化学物质，而 DNA 仅仅只需要 4 种核苷酸；对于缺乏耐心的人来说，看起来突触是一直都在变，一直都在创造学习记忆，而基因组却没怎么变，其变化甚至比冰川还要慢；对于崇尚自由意志的人来说，经验就好比一个无情园丁，对我们大脑中的神经网络进行修整，这对器官的正常运作至关重要，而基因组则以一种预先设定好的方式传递信息，灵活性相对较小。从各方面看来，有意识、由意志主导的生命都比无意识、由基因决定的生命更有优势。然而，詹姆斯 · 马克 · 鲍德温认识到，现代人工智能极客们所推崇的这种二分法是错误的。大脑是由基因制造的，其好坏取决于它天生的设计。事实上，它是一种被设计为可由经验修改的机器，这一点被写在了基因之中。而解密这是如何实现的成为现代生物学中最大的挑战之一。毫无疑问，人类大脑是体现基因能力的最佳写照。一个伟大领袖的标志就是他知道什么时候该放权。而基因，收放自如。

拾柒号

17号染色体
凋亡

为祖国捐躯，伟大而光荣。

——贺拉斯

不过是古老的谎言。

——威尔弗雷德·欧文

学习是在脑细胞之间建立新连接的过程，不过与旧连接的丧失也脱不了干系。自诞生以来，大脑就存在众多细胞之间的连接，只是其中很多连接在发育过程中给丢掉了。例如，对于刚出生的婴儿，大脑两侧的视觉皮层都同时接收双眼输入的信息。而（在发育过程中）经过较为大幅的修整，情况变成了大脑的一侧仅接收来自右眼的信息，而另一侧仅接收来自左眼的信息。生活经历使那些不必要的连接逐渐凋敝，从而使大脑从一个普通装置变成一个特殊的精密装置。就像雕刻家在一块大理石上凿刻，慢慢雕琢成了人形。与此类似，环境也是慢慢剥去了多余的神经元，以使大脑变得更强。而在失明或永久被蒙住双眼的年轻哺乳动物中，这种大脑神经元的筛选过程从不会发生。

但这种凋敝不仅仅意味着突触连接的丧失，同时还意味着整个细胞的凋亡。当小鼠的 ced-9 基因出现问题时，大脑中多余的细胞无法正常凋亡，从而导致小鼠无法正常发育。最终，小鼠的大脑组织混乱，负荷过重，无法工作。民间有个普遍的说法：我们每天损失多达一百万个脑细胞。这个数据过于冰冷，毫无意义。在我们年轻的时候，甚至当我们还在子宫里的时候，我们的脑细胞就一直在快速死去。但如果不是这样，那人类的大脑将永远都无法思考。[1]

在 ced-9 等基因的刺激之下，多余的细胞会集体凋亡（其他 ced 基因会导致其他身体组织中相关细胞的凋亡）。这些凋亡的细胞有序地遵循着凋亡程序。在显微镜下观察到，线虫的胚胎包含 1090 个细胞，但在其发育过程中会有 131 个细胞凋亡，就像是为维护整体利益而英勇献身，最终成虫体内仅保留 959 个细胞。他们呼喊着“为祖国捐躯，伟大而光荣”，英勇地逝去了，就像士兵们冲向凡尔登的峰顶，工蜂自杀式地蜇入侵者一样。这一类比可谓恰如其分。体细胞之间的关系确实很像蜂巢中蜜蜂之间的关系。体细胞的祖先们曾经是独立的个体，大约在 6 亿年前，他们演化出了相互合作的决定。而在大约 5000 万年前，群居的昆虫也做出了几乎完全相同决定：遗传上关系相近的个体意识到，如果把繁殖后代变成一项专门的工作，效率就会高得多，在细胞那里，它们把这项任务交给了生殖细胞；在蜜蜂那里，承接这项任务的是蜂王。[2]

虽然主旋律是分工合作，但演化生物学家已经开始意识到这种合作也是有限度的。正如凡尔登的士兵偶尔也会被迫叛变，如果工蜂抓住机会，杀死蜂王，也可以取而代之，自己繁殖；只有依靠其他工蜂加强警惕才能阻止这种情况的发生。于是蜂王通过与多个雄蜂交配来确保工蜂对自己的忠诚，因为这样的话，大多数工蜂只是同母异父的姐妹，工蜂之间相同的遗传信息较少，共同的利益驱动也会较少。人体细胞也是如此，叛变是一个永恒的难题。终末分化的细胞经常会忘记为生殖细胞服务的“奉献”职责，转而开始自我繁殖。毕竟，每个细胞都是由生殖细胞繁殖而来的，让它们终生无法繁殖的确很残忍。因此每一天人体组织中都会有细胞打破这个枷锁重新开始分裂复制，似乎是受到基因自我繁殖的古老召唤。如果这些细胞的分裂失控，就会导致癌症的发生。

但通常情况下这是可以被制止的。癌细胞叛变的问题由来已久，以至于在所有的大型动物体内，都配备了一系列精心设计的开关，一旦发现有细胞发生癌变，身体便会打开开关诱使癌细胞自杀。这些开关中最为重要的，同时也是被人们谈论得最多的人类基因，就是发现于 1979 年的 TP53，它位于 17 号染色体的短臂上。本章将通过防癌基因的视角，来讲述癌症的传奇故事。

1971 年，当理查德 · 尼克松（Richard Nixon）宣布对癌症宣战时，除了知道癌症是某些组织过度增殖这一明显事实之外，科学家们对癌症的机理几乎一无所知。大多数癌症显然既不会传染也不会遗传。传统观点认为，癌症根本就不是一种疾病，它是由多种原因诱导的多系统疾病，其中大多数病因是外源性的。比如烟囱清扫工因接触煤焦油而患上阴囊癌；X 光检测技术人员和广岛核辐射幸存者因遭受辐射而得了白血病；吸烟者因吸烟诱发了肺癌；造船厂工人因接触石棉纤维也会引发肺癌。在各种癌症之间或没有共同的联系，即便有，也可能只是免疫系统没有能够抑制住肿瘤。传统的观点就是如此。

然而，两项并行的研究开始得出了一些新的认识，并引发了癌症研究领域的认知革命。第一项研究是在 20 世纪 60 年代，加州的布鲁斯 · 艾姆斯（Bruce Ames）发现，许多化学物质和辐射，如煤焦油和 X 射线，都会致癌。而它们都有一个重要的共同点——非常善于破坏 DNA。艾姆斯由此窥见了这么一个可能：癌症或是一种基因病。

第二项研究开展得更早。在 1909 年，佩顿 · 劳斯（Peyton Rous）

证明患有肉瘤的鸡可以把这种疾病传染给健康的鸡。他的工作被极大地忽视掉了，因为当时几乎没有其他证据表明癌症是具有传染性的。但在 20 世纪 60 年代，一系列动物癌症病毒，或称肿瘤病毒，相继被发现。劳斯最终以 86 岁高龄被授予了诺贝尔奖，以表彰他的先见之明。人类肿瘤病毒不久也被发现了，现在人们知道人类的许多种癌症都是由病毒感染引起的，比如宫颈癌。[3]

对劳斯肉瘤病毒进行基因测序发现，它携带了一种特殊的致癌基因，即现在所知的 src 基因。很快也从其他肿瘤病毒中发现了原癌基因。与艾姆斯一样，病毒学家也开始意识到癌症是一种基因病。1975 年，癌症研究领域发生了天翻地覆的变化，研究发现 src 基因根本不是一种病毒特有的基因，它其实是一种我们普遍都有的基因，鸡、鼠和人类体内也都有。而劳斯肉瘤病毒只是从它的宿主那里窃取了这个原癌基因。

许多保守的科学家不愿意接受癌症是一种基因病的观点。毕竟，除了极少数情况之外，癌症一般是不会遗传的。可是他们忽略了，基因变异并不仅仅局限于生殖细胞中。在生物体的整个生命周期中，基因也在其他器官中发挥着作用。并非只有生殖细胞的基因突变可以导致基因病，身体其他器官的基因突变也可以导致基因病。到了 1979 年，从 3 种不同肿瘤中提取出的 DNA 成功诱发了小鼠细胞的癌变，这证明基因本身就能致癌。

很显然原癌基因是能够促进细胞生长的基因，这种基因帮助我们从一个细胞发育成个体，再长大成人，还能在之后的生活中帮忙愈合伤口。但重要的是，它们大部分时间都处于关闭状态，一旦过度表达，结果就是灾难性的。人体细胞有 100 万亿个，更新速度也比较快。在人的一生中，即使没有容易引发变异的香烟或日照的刺激，也会有很多其他因素诱发原癌基因的表达。不过幸运的是，人体同时还拥有另外一些基因，可以察觉到过度增殖，并将其关停。这些基因是在 20 世纪 80 年代中期由牛津大学的亨利 · 哈里斯（Henry Harris）首先发现的，他将其称为抑癌基因。抑癌基因与原癌基因的功能是相反的。原癌基因一旦表达就会引发癌症，而抑癌基因如果被关停则会导致癌症。

它们通过各种方式履行自己的职责，其中最著名的一种是在细胞生长、分裂周期的某个时刻将细胞隔离起来，直到一切处理妥当时才将其放出来。因此，肿瘤细胞如果要想越过这道障碍，必须激活原癌基因并关停抑癌基因，这本身就已经够难了，但还不算完。为了防止这种情况发生，生物体内还存在一种岗哨机制，岗哨里的士兵监控细胞内的异常行为，并向异常细胞下达“自杀”命令。这个哨兵就是 TP53 基因。

1979 年，当戴维 · 莱恩（David Lane）在邓迪首次发现 TP53 基因时，他以为 TP53 是一个原癌基因，但后续研究发现 TP53 其实是抑癌基因。1992 年的一天，莱恩和他的同事彼得 · 霍尔（Peter Hall）在一家酒吧里讨论 TP53。因为获取动物试验许可需要长达数月的时间，但如果在人类志愿者身上进行，试验就可以马上开展起来，于是霍尔伸出自己的手臂，以验证 TP53 究竟是不是抑癌基因。接下来的两周里，霍尔一再对手臂的一小块皮肤进行辐射，随后莱恩取下这一小块皮肤进行活检。他们发现，在受到辐射损伤后，由 TP53 基因产生的 p53 蛋白浓度急剧上升。这很好地证明了该基因对致癌损伤有响应。莱恩继而开展了 p53 蛋白治疗癌症的临床试验。在本书出版之时，第一批人类志愿者刚刚开始服用这种药物。确实，邓迪的癌症研究发展得如此之快，以至于 p53 俨然将成为继黄麻和果酱之后，这个位于泰河口的苏格兰小城的第三大著名产品。[4]

TP53 基因突变几乎是致命癌症的最典型特征。在人类中，有 55% 的癌症存在 TP53 缺陷，这一比例在肺癌中上升到了 90% 以上。在遗传所得到的 2 个 TP53 基因拷贝中，如果其中之一存在缺陷，那么患癌症的概率便可高达 95%，且通常发病年龄很小。以结直肠癌为例，这种癌症始于一种突变，它破坏了一种叫作 APC 的抑癌基因，息肉在生长过程中如果再发生原癌基因 RAS 的突变，就会发展成为“腺瘤”。如果第三个突变发生在某个抑癌基因上，腺瘤就会发展成更严重的肿瘤。如果第四个突变发生在 TP53 基因上，危险就更大了，它会使肿瘤转变为癌。类似的“多重打击”模型也适用于其他癌种，而 TP53 突变在这些过程中通常会压轴出场。

现在你知道肿瘤的早期发现[㊀]是多么重要了吧。肿瘤越大，它发生进一步突变的可能性就越大。这不仅是从概率上来说，还因为肿瘤细胞的快速增殖很容易导致基因突变。有些癌症易感人群通常携带增变基因，这类基因会“促进”基因突变的发生（比如我们在 13 号染色体那章中所讨论过的乳腺癌基因 BRCA1 和 BRCA2[㊁]，就可能是乳腺所特有的增变基因），这些人有可能携带着一个有缺陷的抑癌基因。肿瘤就像兔群一样，很容易受到迅速有力的演化压力的影响。就像繁殖最快的兔子后代很快就会主宰着养兔场那样，每个肿瘤里分裂速度最快的细胞也会很快占据优势，而这

㊀ 肿瘤的早期发现，除了定期的临床检查以外，在基因层面上，也可实现特定肿瘤的早期预警。如华常康无创肠癌筛查基因检测，可通过检测粪便中携带的肠道脱落细胞 DNA 中基因的甲基化水平，评估受检者是否罹患结直肠癌以及癌前病变。——译者注

㊁ BRCA1/2 基因是评估乳腺癌、卵巢癌和其他相关癌症发病风险的重要生物标志物，也是影响患者个体化治疗方案选择的生物标志物。对于有相关癌症病史的个体，遗传性肿瘤基因检测可以探寻病因，同时指导临床用药；对于有相关癌症家族史的个体，遗传性肿瘤基因检测可以评估特定肿瘤风险，做到未雨绸缪，未病先防。——译者注

是以牺牲更为稳定的细胞为代价的。这就好比会打洞躲避秃鹰的变异兔子比地面跑的兔子能更快占据种群优势那样，使细胞能够逃脱抑制作用的抑癌基因突变，很快就能挤掉其他突变而占据上风。肿瘤环境选择突变的原理和自然环境选择兔子的原理是一样的。因此有些突变多次在不同患者中被检测出来，也就不足为奇了。突变是随机出现的，但自然选择不是。

同样，现在也很清楚，为什么癌症是一种老年疾病，在人类生命中发生的概率每 10 年翻一番。癌症最终将绕过包括 TP53 在内的各种抑癌基因，造成 10% ~ 50% 的人口（视所在国家的不同）患上这种可怕而致命的癌症。这是预防医学成功的标志，起码在工业化国家里，它消除了许多其他的死亡原因，不过这个说法并不能给我们什么安慰。我们活得越久，积累的基因突变就越多，因此在同一个细胞中出现 1 个被激活的原癌基因和 3 个失活的抑癌基因的概率就越大。这种情况发生的概率极其微小，但人体一生中所产生的细胞数量又是那么庞大。正如罗伯特·温伯格（Robert Weinberg）所说："每 10 亿亿次细胞分裂才出现一个致命的恶性肿瘤，这也不算太坏嘛。"[5]

让我们更深入地了解下 TP53 基因。它有 1179 个"字母"，编码了一种简单的 p53 蛋白，通常 p53 蛋白会被酶快速降解，它的半衰期只有 20 分钟。在这种状态下，p53 是不活跃的。然而一旦接收到信号，它的表达就会加速，并且停止降解。确切地说，该信号究竟是什么仍然是个谜团，但 DNA 损伤是信号的一部分。损伤的 DNA 片段会给 p53 发出信号，就像先遣队奋力吹响战争的号角。接下来 p53 接管了所有细胞，就像汤米·李·琼斯（Tommy Lee Jones）或哈维·凯特尔（Harvey

Keitel）演的角色那样，到达事故现场，这样说道：“我们是联邦调查局，现在由我们接管这里”。p53 主要通过激活其他基因来命令细胞：要么停止复制增殖直到完成修复，要么自杀。

另一个向 p53 发出警报信号的是细胞缺氧，这是肿瘤细胞的判别依据。癌细胞的迅速增殖会导致血液供应不足，细胞因此缺氧。恶性肿瘤为了解决这一问题，向身体发出信号，让肿瘤内长出新的血管。这是一种典型的蟹爪状血管，所以最初就给癌症起了“cancer”这么个希腊名字。一些治疗癌症的新型药物就是通过阻断新血管形成来发挥疗效的。但 p53 有时会意识到这种情况的发生，并在血液供应到达之前便杀死肿瘤细胞。因此，在血液供应不足的组织里的癌症，如皮肤癌，必须在其生长早期就让 TP53 失能，否则将无法生长。而这也正是黑色素瘤如此之危险的原因所在。[6]

难怪 p53 赢得了“基因组守护者”甚至“基因组守护天使”的雅号。TP53 似乎在为大局着想，它就好像是士兵嘴里的自杀药片，一旦发现士兵想要叛变，就会自溶。细胞的这种自杀方式称为细胞凋亡，希腊语意为像秋天的树叶那样凋落。它是人体对抗癌症最重要的武器，是最后一道防线。事实上细胞凋亡是如此的重要，让人们逐渐清楚地认识到，几乎所有的癌症治疗方法之所以有效，都是因为它们唤醒了 p53 及其同伴，因而引发了细胞凋亡。以前人们认为放射疗法和化学疗法之所以有效，是因为它们优先杀死正在分裂的细胞。但如果是这样的话，为什么肿瘤对治疗的响应有好有坏呢？癌症进展到一定时期，放化疗将不再发挥疗效，肿瘤细胞不再缩小。为什么会这样呢？如果治疗可以杀死分裂的细胞，它应该在任何时候都能有效才是。

在冷泉港实验室工作的斯科特·罗威（Scott Lowe）给出了一个巧妙的答案。他认为这些治疗确实会造成一定的 DNA 损伤，但这种程度的损伤不足以杀死细胞。相反，这一类 DNA 损伤仅足以提醒 p53 下达指令，让受损伤的细胞启动自杀程序。因此，化疗和放疗就像接种疫苗一样，是促使身体调动自身力量来抵抗癌症的。罗威理论的证据很是充分。在实验室用放疗方法以及三种化疗方法（5- 氟尿嘧啶、依托泊苷以及阿霉素）处理感染了病毒原癌基因的细胞，都能导致凋亡。而且目前发现，如果体内的 TP53 基因发生了突变，当癌症复发时，化疗就不起作用了。类似的，一些棘手的肿瘤，如黑色素瘤、肺癌、结直肠癌、膀胱癌、前列腺癌以及特定类型的乳腺癌等，都是 TP53 已发生突变所致。

这些见解对癌症的治疗非常重要。作为医学的一个主要分支，这里一直存在着很大的误解。现在科学家们才发现应该寻找能使细胞自杀的物质，而非寻找能杀死分裂细胞的物质。这并不意味着化疗完全无效，但它的有效只是偶然的。当前，既然医学研究知道自己在干些什么，那么结果就应该会更有保证。从短期来看，它有望让许多癌症患者减轻死亡痛苦。通过检测 TP53 基因是否已经被破坏，医生很快就能提前知道化疗是否有效。如果预测化疗无效，那么患者和他们的家人就可以在患者生命的最后几个月免遭痛苦和希望破灭的折磨。[7]

在没有发生突变的情况下，原癌基因是维持生命正常生长和繁殖所必需的。因为皮肤需要更新，新的血细胞需要再生，伤口需要修复，等等。抑癌基因必须允许例外情况，从而保证正常的生长和繁殖。细胞要频繁地进行分裂，就要配备促进分裂的基因，只要细胞能够在适当的时机停下来就可以。这一精确调控是如何实现的，目前已经研究得越来越清楚了。如果将细胞看成一件人造物品，我们一定会感叹造物主的鬼斧神工。

再次强调，保持细胞分裂平衡的关键还是在于细胞凋亡。原癌基因本来是促进细胞分裂和生长的基因，但令人惊讶的是，其中一些基因也会引发细胞凋亡。有一种被称为 MYC 的基因，既可以促进细胞分裂，也可以引发细胞死亡。通常情况下，凋亡信号被细胞外的存活信号暂时抑制住了。当这些存活信号耗尽时，凋亡信号占了上风，致使细胞凋亡。好像造物主早料到 MYC 会误入歧途，所以一开始就给它设了一个陷阱，使得存活信号一旦耗尽，这些细胞的死期就到了。另外，造物主还设置了双保险，将三种不同的原癌基因 MYC，BCL-2 和 RAS 结合在一起，使它们相互制约。只有这三者都正常工作，细胞才能正常生长。用发现这一现象的科学家的话说：[8]“如果没有这样的支持，诱杀陷阱就显露出来，受影响的细胞要么被杀死，要么奄奄一息。无论哪种方式，它们都不再受癌症的威胁。”

p53 和原癌基因的故事，就像我书中的大部分内容一样，是对“遗传研究危险论”（需要加以限制）的挑战，也是向“科学研究简化无用论”（认为对科学进行系统化拆分研究是有缺陷而徒劳的）进行挑衅。癌症医学是把所有癌症作为一个整体来对待的医学研究，尽管该领域的研究者们既勤奋又聪明，也有大量的经费支持，但与近几年来以简化论为基础的遗传研究相比，所取得的成就真是少得可怜。事实上，1986 年，意大利诺贝尔奖得主雷纳托·杜尔贝科（Renato Dulbecco）首次呼吁对整个人类基因组进行测序，他认为，这是战胜癌症的唯一途径。现在，对于癌症这个在西方社会里最残酷、最常见的杀手，终于有了真正治愈的希望，这在人类历史上是首次。而这种希望来自简化论、遗传研究以及由此带来的认知。那些反科学的人也应该记住这一点。[9]

自然选择，一旦选定了一个解决问题的方法之后，就会频繁地用它来解决另一个问题。细胞凋亡除了消灭癌细胞之外，还有其他用途。它在对抗普通传染病方面也很有用。如果一个细胞检测到它被病毒感染了，为了整个身体的利益，它可以杀死自己（蚂蚁和蜜蜂也会为了种群的整体利益而自杀）。有充分的证据表明，一些情况下某些细胞确实会这样做。不可避免，已有证据表明某些病毒已经演化出一种防止细胞自杀的方法。导致腺热或单核细胞增多症的 EB 病毒，含有一种暂时休眠的细胞膜蛋白，其作用似乎是阻止被感染细胞的自杀倾向。引起宫颈癌[㊀]的人类乳头状瘤病毒携带了两个基因，其作用是关闭 TP53 和另一个抑癌基因。

我在 4 号染色体那章提到的亨廷顿舞蹈症，就是由于脑细胞的过度凋亡所致，脑细胞一旦凋亡就无法被替代。因为成人大脑中的神经元无法再生，这就是为什么有些脑损伤是不可逆的。这在演化上很有意义，因为不同于皮肤细胞，每个神经元细胞都是形状精巧、训练有素、经验丰富的“接线员”。因此当大量脑细胞凋亡后，如果用新生的、未经训练的、形状不定的神经元来代替，只会更糟。当病毒侵入神经元时，神经元不会接到自杀的指令。相反，某些病毒自身会诱导神经元凋亡，目前原因尚且不明。致命的甲型脑炎病毒就属于这种情况。[10]

除了癌症，细胞凋亡对于预防癌症之外的其他类型的突变也很有用，比如由自私的转座子所引起的遗传变异。有证据表明，卵巢和睾丸中的

㊀ 宫颈癌是最常见的妇科恶性肿瘤，但它也是病因最为明确、最有可能被完全预防的恶性肿瘤。其发病原因与 HPV 病毒的长期反复感染密切相关，注射 HPV 疫苗、定期进行 HPV 筛查是预防宫颈癌的主要途径。目前，可通过 HPV 分型基因检测（如 SeqHPV®）进行筛查，识别出 HPV 阳性人群，结合临床检查，可以实现宫颈癌的早期发现、早期干预。——译者注

生殖细胞受到卵泡细胞和睾丸支持细胞的监控，一旦发生突变就会引起细胞凋亡。例如，在一个 5 个月大的人类胚胎的卵巢中，有近 700 万个生殖细胞。到了出生的时候就只有 200 万个了。而在这 200 万个中，只有 400 个左右最终会成为卵细胞排出体外，其余大多数将因细胞凋亡而被淘汰。这就是无情的优生策略，会对不完美的细胞发出严格的自杀命令（身体是一个实行极权主义的地方）。

同样的原则可能也适用于大脑，在那里，ced-9 和其他基因在该器官的发育过程中会淘汰大量的细胞，任何一个无法正常行使功能的细胞都会为了整体利益而牺牲自己。因此，由凋亡而淘汰一些神经元，不仅使学习成为可能，还提高了剩余脑细胞的平均质量。此外，在免疫细胞那里也发生了类似的事情，即通过细胞凋亡来淘汰细胞。

细胞的凋亡行动都是各自为政的，没有一个中枢机构来决定生死。这就是它的高妙之处。就像胚胎发育一样，它们通过自身经验判断需要杀死哪些细胞。余下的难题在于：细胞凋亡是如何演化而来的。如果一个细胞被感染、癌变或是产生了有害突变，它就会杀死自己，这样它就不能把它的优点传递给下一代。这个“神风难题”[㊀]，可以用群体选择理论来进行解释：细胞凋亡程序运行较为有效的个体较其他人而言，具有更大的生存优势，因此，就能更好地将优点传递给下一代。这样一来，虽然体内的细胞凋亡模式无法遗传给后代，但其体内的细胞自杀机制还是可以通过遗传留给后代的。[11]

㊀ 神风难题，特指二战期间日本神风特攻队所发起的史上规模最大、最残酷的自杀式攻击这一现象背后的逻辑所在。其生物学和社会学基础究竟是什么，难以回答，故称其为难解之题。——译者注

拾捌号

18号染色体
疗法

疑惑足以败事，一个人往往因为遇事畏缩的缘故，失去了成功的机会。

——《一报还一报》（威廉·莎士比亚）

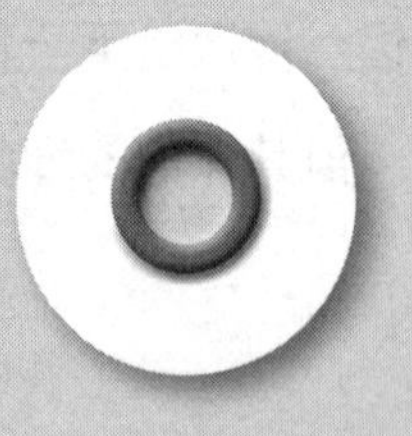

在第三个千年即将到来之际，我们终于得以有能力编辑自身的遗传密码文本。它不再是尘封的珍贵手稿，而是刻录在了光盘上，可供我们增添、删减、重排或改写。本章旨在阐述我们如何做、是否应该做以及为什么要做这种编辑。不过，在即将开始之际，人们似乎勇气不足，想要退却。大家极力想要扔掉整套文本编辑器，并坚持认为基因文本神圣不可侵犯。简而言之，本章是关于遗传操作的。

对于大多数非专业人员而言，遗传研究的终极目标显然是对人类进行基因改造。这或许意味着在几个世纪之后的某一天，将出现携带全新基因的人。在当下，这意味着一个人可以从别人，或别的动植物那里借用基因。这样的事情有可能发生吗？如果可能，这合乎伦理吗？

上一章中已经简要地提过，第 18 号染色体上有一个抑制结肠癌的基因，不过这是一个还未被完全定位的抑癌基因。人们曾认为这是一个名为 DCC 的基因，但现在我们知道 DCC 引导脊柱神经的生长，与抑癌无关。抑癌基因的位置靠近 DCC，但要找到它并非易事。如果出生时带有该基因的错误拷贝，罹患癌症的风险会大大增加。未来的基因工程师可以像更换汽车上的故障火花塞一样将其取出并换掉吗？在不久的将来，答案是肯定的。

在我刚开始新闻职业生涯时，整理材料要用剪刀裁下报刊内容并用胶水一一进行粘贴。现在倒好，若要移动、修改段落，只需稍微用下微软软件就大功告成了。（说话时分，我刚把这一段从下一页移到此处。）但是原理是相同的：要移动文本的话，得先将它剪切下来，然后再粘贴到其他地方。

要对基因文本做同样的事情，也需要剪刀和胶水。幸运的是，自然界为满足自身需求已经发明好了这两样东西。胶水是一种连接酶，它们遇到散开的 DNA 时会将其缝合在一起。剪刀叫作限制性内切酶，是 1968 年在细菌中发现的，它们在细菌细胞中的作用是通过切碎病毒的基因来将其消灭。但是人们很快就发现，限制性内切酶与真正的剪刀不同，它们异常挑剔，只切割特定序列的 DNA 链。现在已知的限制性内切酶有 400 种，每种都识别并剪切不同的 DNA 序列，这就好比一把剪刀只有在找到“特定”词的时候才把纸剪开。

1972 年，斯坦福大学的保罗·伯格（Paul Berg）在试管中使用限制性内切酶将病毒的两段 DNA 切成两半，然后使用连接酶把它们以新的组合方式进行再次黏合，从而制造出了第一个人造的“重组”DNA。这表明，人类开始可以像逆转录病毒那样，将基因插入染色体了。在那之后不到一年的时间里，首个基因工程细菌诞生了，这是一株带有蟾蜍基因的肠道细菌。

一时，公众哗然。除普通民众外，科学家自己也认为应该三思而后行，不该轮番抢用这项新技术。他们在 1974 年呼吁暂停所有基因工程研究，这更加激起公众的担忧：如果科学家群体因为担忧而停止了这项工作，那么这事肯定没那么简单。他们认为，大自然将细菌基因放在细菌中，将蟾蜍基因放在蟾蜍中，而我们人类有什么资格，居然想换掉它们的基因？不让人瘆得慌吗？1975 年，在阿西洛马尔（Asilomar）举行了一次会议，会上就安全问题进行了反复讨论，最后，才得以使美国的基因工程研究可以在联邦委员会的监督下更加小心谨慎地开展下去。科学加强了对自身的监管，公众的疑虑似乎逐渐消失了。不过，在 20 世纪 90 年代中期，公众的这种不安情绪又突然再次蔓延开来，但这次的关注焦点并非安全性，而是是否合乎伦理。

生物技术诞生了。首先是基因泰克（Genentech）[一]，接着是赛特斯（Cetus）[二]和渤健（Biogen）[三]，然后，其他众多开发新技术的公司如雨后春笋般纷纷涌现。新兴企业蕴藏着无限可能。比如，可以诱导细菌生产用于医药、食品或工业领域的人类蛋白质。可是当时人们发现细菌不能很好地用于制造大多数人类蛋白质，加之人们对蛋白质知之甚少，也不知道作为药物其需求量会很大，因而失望的情绪渐渐涌现。即使有巨额的风险投资，但能为股东赚钱的只有应用生物系统公司（Applied Biosystems）等制售设备的公司。不过，产品还是有一些的。到 20 世纪 80 年代后期，由细菌制造的人类生长激素已经替代了死尸大脑中那些昂贵而危险的提取

[一] 基因泰克创立于 1976 年，被认为是生物技术行业的创始者。2009 年 3 月 26 日，瑞士罗氏制药集团出资约 468 亿美元全额收购了该公司。——译者注

[二] 赛特斯公司创立于 1971 年。在 1991 年与另一家公司合并之前，该公司开发了几种重要的药物以及革命性的 DNA 扩增技术。——译者注

[三] 渤健创立于 1978 年，公司专门从事研究和开发神经变性，血液和自身免疫性疾病的药物。其创始人之二，即哈佛大学的沃尔特·吉尔伯特和麻省理工大学的菲利普·艾伦·夏普，均是诺奖得主。——译者注

物。迄今为止，伦理和安全方面的担忧被证明是多余的：在基因工程发展的 30 年间，基因工程实验并未造成任何一起环境或公共卫生事故。到目前为止，一切运转良好。

与此同时，基因工程对科研的影响大于对产业的影响。如今，“克隆”基因是可能的。不过，这里所说的克隆与人们通常所说的克隆含义不同。在基因组里挑出一个基因就好比在干草堆中寻针。挑出目标基因后，将其放入细菌，使其复制出数百万份，接着就可以纯化基因，继而读取出它的序列。正是通过这种方法，建立起了庞大的人类 DNA 库，其中包含了上千个人类基因组的片段，它们相互之间有重叠，且每种片段的数量够多，足以满足研究需求。

正是从这样的库中，人类基因组计划的幕后英雄将整个基因组文本拼凑在了一起。该项目始于 20 世纪 80 年代后期，其雄大的目标是在大约 20 年的时间内解读完整个人类基因组。然而 14 年来，进展甚微。不过，在接下来的 1 年里，新的基因测序仪横空出世，立马完成了这项工作。2000 年 6 月 26 日，该项目宣布人类基因组的“草图”已完成。

实际上，人类基因组计划是突然发布公告的，令人措手不及。克雷格·文特尔是高中辍学生，曾是专业冲浪手和越战退伍军人，他功劳不小。文特尔有 3 次颠覆性创举，可谓开遗传学之先河。首先，他发明了一种快速搜寻基因的方法，尽管专家们不太看好，但他还是做成功了；接着，在进入私营企业后，他发明了一种被称为“霰弹法”的快速基因组组装技术，该技术将基因组分解为随机片段，并通过对随机片段中的重叠序列进行重新拼接，进而组装出正确的序列；最后，在专家们一致看衰的时候，他用“霰弹法”成功对细菌基因组进行了测序，再一次证明了自己。

因此，当文特尔于 1998 年 5 月宣布他将首先对人类基因组进行测序，并就结果申请专利时，这对人类基因组计划而言犹如平地一声惊雷。英国惠康基金会（Wellcome Trust）资助了剑桥附近的桑格中心，其投入的资金占人类基因组计划总预算的 1/3。得知此消息，惠康基金会立马作出回应，并注入了更多的资金，力促此公共项目尽快完成。同时，桑格中心的负责人约翰 · 苏尔斯顿（John Sulston）领导了一场声势浩大的反对运动，以对抗文特尔这种在最后关头拆台，唯利是图的不齿行径。最终，大家冷静下来，握手言和，于 2000 年 6 月共同宣布草图完成。

回到遗传操作的话题。将基因插入细菌是一回事，将基因插入人体完全就是另一回事了。细菌很乐意吸纳名为质粒的小型环状 DNA，将其据为己有。此外，细菌都是单细胞，而人体有 100 万亿个细胞。如果你的目标是对人体进行基因改造，则需要将基因插入每一个相关的细胞，或从单细胞的胚胎开始便进行改造。

1970 年，人们发现逆转录病毒可以通过 RNA 来制造出 DNA 拷贝，这一发现突然使“基因疗法”变得切实可行起来。逆转录病毒包含有一条用 RNA 编写的信息，上面写道：“将我复制一份并整合进你的染色体里”。基因治疗过程需要做的就是获取逆转录病毒，切除其中的一些基因（特别是那些在第一次插入后使病毒具有传染性的基因），放入人类基因，然后用这个病毒感染患者。之后，病毒开始发挥作用，将基因插入到人体细胞，这样就得到了一个基因改造人。

在整个 20 世纪 80 年代初期，科学家一直担心这种操作的安全性。逆转录病毒的效果可能太好了，不仅会感染普通细胞，还会感染生殖细胞。逆转录病毒可能会以某种方式重新获得被切除的基因，变得有毒性；

也有可能破坏人体自身基因的稳定性，进而引发癌症。任何事情都有可能发生。在 1980 年，研究血液病的科学家马丁 · 克莱因（Martin Cline）在未获得允许的情况下，将无害的重组基因插入患有遗传性血液病（地中海贫血）的以色列人体内。操作尽管没有通过逆转录病毒进行介导，但却引发了人们对基因疗法的恐惧，克莱因因此丢掉了饭碗，声誉扫地，他的实验结果也从未发表。这至少可以说明，当时大家都认为人体实验的条件尚不成熟。

但是小鼠试验结果令人喜忧参半。基因治疗非但不安全，似乎也不太有用。每种逆转录病毒只能感染一种组织，需要仔细的处理之后才能将基因整合其中。此外，基因被随机整合在染色体的任一地方，通常无法开启表达。人体的免疫系统，可被传染病所激发，是不会放过如此毛糙的人工逆转录病毒的。而且，直到 20 世纪 80 年代初，都没有几个人类基因被克隆出来，即便逆转录病毒可以派上用场，也缺乏合适的候选基因。

尽管如此，到 1989 年还是出现了几个里程碑式的事件：逆转录病毒将兔的基因转入了猴子细胞；克隆的人类基因被转入了人的细胞；克隆的人类基因被转入了小鼠体内。弗伦奇 · 安德森（French Anderson）、迈克尔 · 布莱泽（Michael Blaese）和史蒂芬 · 罗森伯格（Steven Rosenberg）这三位雄心壮志的勇者认为进行人体实验的时机已经成熟。在与美国联邦政府重组 DNA 咨询委员会进行了漫长而激烈的争辩之后，他们取得了针对晚期癌症患者的实验许可。争辩过程体现出科学家和医生对不同事宜的优先考虑顺序不同。对于纯粹的科学家而言，人体实验显得草率且不成熟。而对于见惯了癌症患者生死的医生而言，仓促行事却是顺理成章的事情。“干吗这么着急？”安德森在一次会议上问道，“在这个国家，每分钟都有一名患者死于癌症。从 146 分钟前我们开始讨论以来，已有 146 名患者死于癌症。”最终，委员会于 1989 年 5 月 20 日开了绿灯。两天之后，患有黑素瘤的病危卡车司机莫里斯 · 孔茨（Maurice Kuntz）成了获准进行基因疗法的第一人。所转入的新基因不是用来医治他的，甚至不会永久地留在他的体内，而仅仅是癌症新疗法的辅助手段而已。同时，一种善于侵入并吞噬肿瘤的特殊白细胞，在体外培养成功。医生用带有少许细菌基因的逆转录病毒感染了这些白细胞，然后将白细胞输回患者体内，以追踪其体内那些白细胞的去向。孔茨最终还是去世了，实验并没有得到任何令人惊喜的结果，然而，基因治疗的时代，从此开启。

到了 1990 年，安德森和布莱泽带着更为雄心勃勃的计划再次回到委员会。这次，基因将被真正用于治疗，而不仅仅是作为识别标签。这次的目标是一种极为罕见的遗传性疾病——重度联合免疫缺陷（SCID），这个疾病使儿童无法对感染进行免疫防御，而无法防御的原因是所有白细胞的迅速死亡。这样的孩子必须生活在无菌舱中，或同配型成功（不过配型成功概率极低）的亲属进行一次完整的骨髓移植，否则孩子将处于反复感染和患病的状态，寿命很短。这个疾病是由 20 号染色体上一个名为 ADA 基因的“拼写”错误所引起的。

安德森和布莱泽提出从 SCID 儿童的血液中获取一些白细胞，用一种带有新 ADA 基因的逆转录病毒去感染它们，然后将这些白细胞输回该儿童体内。计划再次受阻，但这次的反对声音来自其他方面。到了 1990 年，SCID 有了一种名为 PEG-ADA 的治疗方法，这种疗法不是转入 ADA 基因，而是巧妙地将牛的 ADA 基因产生的蛋白输入到患儿血液中。这种治疗方法类似于治疗糖尿病（注射胰岛素）或血友病（注射凝血剂），SCID 几乎可以通过蛋白质疗法（注射 PEG-ADA）得到治愈。那么基因治疗到底又有什么必要呢？

新技术在诞生之初似乎毫无竞争力。正如，最初的铁路要比当时的运河贵得多，可靠性也差得多。然而，随着时间的推移，新的技术不断降低成本，提高效率，直至可以与旧技术相媲美。基因疗法就是如此。在治愈 SCID 的技能比拼之中，蛋白质疗法虽然赢了，但这种疗法需要每月都向臀部进行注射，有些痛苦，费用很高且需要持续一生。如果基因疗法有效，只需一次性向患者体内导入正常的基因，便可彻底治愈，可谓是一劳永逸。

1990 年 9 月，安德森和布莱斯获准使用经过基因改造的 ADA 治疗 3 岁女孩阿珊蒂·德希瓦（Ashanthi DeSilva），治疗效果立竿见影。她的白细胞数目增加了 2 倍，免疫球蛋白数目也猛增，并且 ADA 几乎达到了正常人的 1/4。因为她当时同时也在接受 PEG-ADA 治疗，所以不能说她是被基因疗法所治愈的，但是基因疗法确实奏效了。迄今为止，世界上已有的 SCID 患儿中，有超过 1/4 接受过基因治疗。虽然没有一个患儿被完全治愈从而告别使用 PEG-ADA，但是基因治疗的副作用可以说是相当小了。

逆转录病毒基因疗法可以治疗的疾病很多，除了 SCID，还将包括家族性高胆固醇血症、血友病和囊性纤维化。不过毫无疑问，癌症将是治疗的主要目标。在 1992 年，肯尼思·卡尔弗（Kenneth Culver）进行了一项大胆的实验，他首次将带有外源基因的逆转录病毒首次直接注射到人体内（而非用病毒感染体外培养的细胞，再把这些细胞输回人体）。他把逆转录病毒直接注射到了 20 个人的脑部肿瘤内。无论向脑部注射什么东西，听起来都令人毛骨悚然，更不用说是注射逆转录病毒了。不要着急，还是先听听逆转录病毒里面有什么吧：每个逆转录病毒都带有取自疱疹病毒的基因，肿瘤细胞会吸收逆转录病毒，因而疱疹病毒的基因得以能够表达。所以，精明的卡尔弗博士靠疱疹药物就可以治疗病人——药物攻击了癌细胞。这种疗法似乎在第一位患者中见效了，但接下来的 5 位患者中有 4 位都以失败而告终。

这就是基因疗法的早期情况。有人认为，将来基因治疗会和今天的心脏移植一样常见。但是，战胜癌症的策略将是基因疗法，还是基于阻断血管生成、端粒酶或 p53 的其他疗法，现在下结论还为时过早。无论如何，历史上从未出现过如此充满希望的癌症疗法，而这几乎完全归功于新兴的遗传学。[1]

关于这种体细胞基因疗法，已再没什么争议了。当然，对安全的担忧仍然存在，但是几乎没有人会在伦理方面投反对票。毕竟，这只是另一种治疗方式而已，如果亲眼见过朋友或亲人所经历的诸多癌症化疗或放疗，没有人会基于所谓的安全考虑而反对相对无痛的基因疗法。加进去的基因不会干扰生殖细胞，不会对下一代造成影响，所以，这种担忧完全可以消除。然而从某种意义上讲，改变后代基因的生殖细胞基因疗法，虽然是一件相对容易得多的事情，但仍是人类的禁忌。要知道，20 世纪 90 年代之所以再次引发抗议活动，其根源正是出现了生殖基因“疗法”实例——转基因大豆和转基因小鼠。在此援引基因疗法批评者的话：“这是典型的弗兰肯斯坦技术，是在自取灭亡。”

植物基因工程的迅速发展有几个原因。第一个是商业原因：多年来，农民迫切需要新品种的种子。在史前时期，尽管那些早期的农民意识不到，但是他们已然通过常规育种操纵着基因，将小麦、水稻和玉米从野草转变成了高产的作物。在现代，尽管世界人口在 1960 年至 1990 年之间翻了一番，但常规育种使产量增长了 2 倍，这使得人均粮食产量增加了 20% 以上。这种热带农业的“绿色革命”在很大程度上其实是一种遗传现象。然而，所有这些育种活动都是盲目的行为。通过有针对性的、细致的基因操作，还能达到怎样的目标呢？植物基因工程飞速发展的第二个原因是植物易于克隆或繁殖。从老鼠身上切下的一部分，不会长成一个新的老鼠，而许多植物却可以；第三个原因是意外地发现了一种叫作农杆菌的细菌，这种细菌具有非同寻常的特性，它们可以用名为 Ti 质粒的小环状 DNA 感染植物，从而将自身整合到植物染色体中。农杆菌是现成的载体，只需将一些基因添加到它的质粒中去，接着在叶片上摩擦，使叶片感染农杆菌，然后利用感染的叶片细胞便能培育出新的植物。这样，新植株的种子就可以把新基因传递给下一代了。在 1983 年，人们用这种方式先后改造了烟草、矮牵牛和棉花。

而对于那些能抵抗农杆菌感染的谷物，是在有了更为粗暴的方法之后才得以对其进行改造的：使用火药或粒子加速器将表面带有基因的细小金粒射入细胞。这项技术现在已经是所有植物基因工程的常规技术了。通过它产生了长货架期的番茄、抗棉铃虫的棉花、抗马铃薯甲虫的马铃薯、抗玉米螟的玉米以及许多其他的转基因植物。

这些转基因植物从实验室到田间试验，再到商业销售，几乎没有遇到任何的障碍。实验有时没有奏效（棉铃虫在 1996 年毁坏了本应具有抗虫性的棉花），有时招致了环保主义者的抗议，但是从来没有发生过“意外”。当基因改造作物被带到大西洋彼岸时，它们遭遇了环保人士更为强烈的抵制。特别是在英国，“疯牛病”疫情过后，公众对食品安全管理人员失去了信心。虽然早前它便已经成为美国的常规食品了，可在 3 年之后的 1999 年，基因改造食品竟突然引发轩然大波。此外，在欧洲，孟山都公司的农作物品种对广谱除草剂农达具有抗性，因此农民使用农达来除杂草。这是孟山都公司错误的开始。这种操纵自然、鼓励使用除草剂并且谋取商业利益的一系列做法激怒了众多环保主义者。生态恐怖分子开始大肆毁坏转基因油料作物的试验田，并穿着弗兰肯斯坦的衣服游行。这个问题成为绿色和平组织最为关切的三个问题之一，也是民粹主义的标志。

像往常一样，媒体迅速把相关言论推向了两极化，深夜电视上极端分子之间的大吵愈演愈烈，有些采访还火上浇油，迫使人们做出简单化的回答：你是赞成还是反对基因工程？最为糟糕的是，有人在一个不负责任的电视节目上声称有位科学家证明了带有凝集素基因的马铃薯对小鼠有害，导致这位科学家被迫提前退休。后来，地球之友组织的一群同事为他“平反”。事实上，他主要研究的是凝集素（已知的动物毒素）的安全性，而非基因工程的安全性。是媒体没搞清楚情况。好比，将砷放入大锅中会使炖菜有毒，但这并不意味着无论在锅中炖什么菜都有毒。

同理，基因工程，与被改造的基因本身，同样安全，或者说同样危险；有些是安全的，有些是危险的；有些是绿色的，有些对环境有害。抗农达油菜可能对环境不友好，它鼓励使用除草剂，或会将抗性传给杂草。抗虫土豆在一定程度上是环境友好型的，它仅需要更少的杀虫剂，因而就节省了施用杀虫剂的拖拉机所需要消耗的柴油量，减少了运输杀虫剂的卡车所需要行驶的道路里程。对基因改造作物的反对更多是出于对新技术的仇恨而不是对环境的热爱，毕竟，成千上万的安全性试验没有出现过意外，而反对者们却全当没看见。现在人们知道，不同物种之间，尤其是微生物之间的基因交换比以前所认为的更为普遍，因此，这一做法并没有什么“不自然”的；在基因改造技术出现之前，植物育种就包括有意或偶然地用 γ 射线辐照种子以诱导产生突变；基因改造的主要作用是通过提高作物对病虫害的抗性来减少对化学农药的依赖。同时，产量的快速增长减轻了垦荒的压力，对环境有利。

问题的政治化产生了荒谬的结果。1992 年，全球最大的种子公司先锋公司（Pioneer）将巴西坚果中的一个基因转入了大豆，旨在改善天然大豆中所缺乏的甲硫氨酸。有些人将大豆作为主食，改良的大豆对他们来说更加健康。但是，世界上有不少人对巴西坚果过敏，因此先锋公司对转基因大豆进行了检测，发现这些人对转入了坚果基因的大豆也过敏。这时，先锋公司提醒有关部门，公布了结果并放弃了这个项目。有统计表明，每年有不超过 2 名美国人死于由新型大豆所引发的过敏，但这种新型大豆每年却可拯救全球数十万营养不良者。然而，这个故事不仅没有成为公司谨慎行事的正面案例，反而被环保主义者重新演绎，用以展现基因工程的危险性和企业恣意妄为下的贪婪。[2]

尽管许多项目出于谨慎而被关停，可以肯定的是，到 2000 年，美国出售的农作物种子中有 50% ～ 60% 是经过基因改造的。无论好坏，基因改造作物都将继续存在。

基因改造动物也是如此。将一个基因转入动物中，永久性地改变它和它的后代，这一技术应用如今在动物中和在植物中一样简单，只需将基因插入即可。将目标基因吸进非常细小的玻璃移液器，待小鼠交配 12 小时后，取出处于单细胞状态的小鼠胚胎，将移液器的尖端刺入胚胎中，并确保移液器的尖端进入细胞的两个细胞核之一，然后轻轻按下。这个技术远不够完美：只有大约 5% 的小鼠会表达目标基因。而在其他动物，比如在奶牛身上，成功率更低。但即便是在这 5% 的“转基因”小鼠中，基因也是被随机地整合进一条染色体的任意位置上的。

转基因小鼠是科学的瑰宝，正是有了它们的存在，才使科学家得以发现基因的功能及其作用机制。转入的基因不一定非得来源于小鼠，也可以来自人：与计算机不同，实际上所有生物体都可以运行任何类型的软件。例如，可以通过转入人类 18 号染色体使极易患癌的小鼠重新恢复正常，这是早期发现 18 号染色体上具有抑癌基因的部分证据。但是更为常见的是转入单个基因，而非插入整条染色体。

显微注射正在被一种更为巧妙的技术所取代，这项技术具有一个明显的优势：可以使基因插入到确切的位置。在出生才 3 天的时候，小鼠的胚胎就含有了胚胎干细胞（ES 细胞）。如果提取其中的一个 ES 细胞，并向它注入一个基因，就像马里奥·卡佩奇（Mario Capecchi）于 1988 年首次发现的那样，细胞将在这个基因的确切位置进行剪接，继而取代现有的基因。卡佩奇克隆了一个小鼠原癌基因 int-2，通过在电场中短暂打开细胞孔将这个基因插入小鼠细胞，随即他观察到新基因找到了有问题的基因并将其替换掉了，这个过程称为“同源重组”，其常见机制是使用同源染色体上的另一条作为模板来修复断裂的 DNA。细胞将新基因误认作模板，依葫芦画瓢进而修复了现有基因。修复后，ES 细胞便可以被放回胚胎，并长成“嵌合体”小鼠，即一些细胞含有新基因的小鼠。[3]

同源重组使得基因工程操作者不仅可以修复基因，还可以反其道而行之：通过插入错误的基因来有意破坏原本正常的基因。结果就会得到所谓的基因敲除小鼠，这样的小鼠在成长的过程中会携带一个沉默基因，从而可以更好地用于揭示此基因的真正功能。与现代生物学的其他领域一样，记忆机制的发现（详见 16 号染色体那章）很大程度上归功于基因敲除小鼠。

不仅对科学家有用，转基因动物，如转基因绵羊、牛、猪和鸡，也颇具商业用途。比如，人类凝血因子的基因已经被转入了绵羊体内，人们希望可以从羊奶中获得凝血因子并用于治疗血友病。出于偶然，负责此项目的科学家在 1997 年初克隆出了绵羊多莉，它的出现震惊了全世界。此外，魁北克的一家公司将蜘蛛产丝的基因导入山羊中，希望能从山羊奶中提取丝蛋白用以纺丝。还有，另一家公司将希望寄托在鸡蛋上，想把鸡蛋变成工厂，用以生产从药品到食品添加剂等人类所需的各种有价值的产品。即使这些半工业化的应用以失败告终，就像它正在给植物育种带来革新那样，转基因技术也将给动物育种注入新的力量，比如，让肉牛长出更多的肌肉，让奶牛产出更多的奶，让母鸡产下更加美味的鸡蛋。[4]

听起来似乎很容易。对于一个实验设备精良的优秀团队而言，得到转基因人或基因敲除人，几乎没有任何技术障碍。在几年之后，理论上你可以从自己的身体中取出完整的细胞，将基因插入特定染色体上的特定位置，将细胞核转移到已去除细胞核的卵细胞中，然后利用这个胚胎培育出一个新人类。他就是你的转基因克隆体，除了具有某个基因的变异型（比如说谢顶基因）之外，其他各方面都是相同的。你也可以使用来自此类克隆的 ES 细胞来培育出备用肝脏，以替代被酒精损坏的肝脏。或者，还可以在实验室中培养人类神经元来测试新药，从而拯救实验动物的生命。或者，如果出现精神疾病，你大可将自己的财产留给克隆人，放心地离开。要知道，在某种程度上而言你依然活着，且活得更好。不必让人知道他是你的克隆体。如果后来随着年龄的增长，他与你越来越相似，即便那不退却的发际线也无法引起人们的怀疑。

不过，这一切暂时还只是停留在幻想阶段，因为人类 ES 细胞才刚刚被发现，但相信过不了多久，幻想即可转变为现实。如果人体克隆成为可能，这样做是否合乎伦理？作为一个自由的个体，你拥有自己的基因组，政府不能将其收归国有，公司也不能售卖它，但你自己是否有权伤害克隆体呢？你是否有权改造自己的克隆体呢？当前，全社会似乎都比较倾向于抵制这种诱惑，希望暂停克隆或生殖系基因治疗，严格限制胚胎研究，并且放弃一切医学试验，以规避未知风险。每一部科幻电影中浮士德式的说辞都灌输给我们这样的思想：篡改自然会招致凶残的报复。我们变得越来越谨慎，或者说我们作为看客变得越来越谨慎了。作为消费者，我们的做法或许会截然不同。克隆是很可能发生的，并非因为多数人赞同克隆，而是少部分赞同克隆的人直接付诸行动了。试管婴儿基本上就是这样的。要知道，社会可从未放开过对试管婴儿的管制，可那些迫切想要孩子的人，硬是给试管婴儿蹚出了一条路[一]。

同时，现代生物学所遭遇的囧境，层出不穷。比如，若 18 号染色体上的抑癌基因有缺陷，基因治疗就无能为力了。与此同时，一个简单得多的预防性措施近在眼前。新的研究表明，对于那些带有肠癌易感基因的人来说，进食富含阿司匹林的食品以及未成熟的香蕉，可以很好地预防癌症[二]。基因可以帮助诊断，但却无法给予治疗。基因诊断外加常规治疗，或是基因组对医学的最大恩惠。

[一] 我国不孕不育率高达 15% ～ 20%，试管婴儿技术给不孕不育夫妇带来了希望。研究表明当女性年龄超过 38 岁之后，胚胎染色体异常的概率急剧上升。传统的形态学方法并不能分辨胚胎染色体是否存在异常，对胚胎进行染色体数目和结构异常检测（如 EmbryoSeq 系列基因检测），可有效提高临床妊娠率，降低流产率。——译者注

[二] 最新文章对采用阿斯匹林防治有争议，主要会加剧 3 期以上的远端转移。——译者注

拾玖号

19号染色体 预防

99% 的人对于这场变革速度之快，一无所知。

——史蒂夫·福多尔（美国昂飞公司总裁）

任何医疗技术的进步都使我们人类面临道德的困境。对于一项可以救命的技术，即便存在风险，倘若不去开发与使用它，也会让我们良心不安。在石器时代，我们只能眼睁睁看着亲人死于天花，而束手无策。而在爱德华·詹纳（Edward Jenner）医生完善疫苗接种后，如果我们仍眼睁睁看着亲人死于天花而无动于衷，那就是我们失职了。在 19 世纪，我们只能看着父母死于肺结核，此外别无选择。而在亚历山大·弗莱明爵士（Sir Alexander Fleming）发现青霉素后，如果不送垂死的结核病人去就医，那就是我们疏忽了。这对个人而言是这样，在国家和民族层面上尤为如此。对于在贫穷国家肆虐并夺走无数幼童生命的流行性腹泻，富有国家再也不能坐视不管，因为医学发展迅速，我们已没有借口袖手旁观了。在这一点上，口服补液疗法满足了我们的良心。正因为我们有能力去做些事，所以我们必须要做点什么。

本章是关于两种疾病的基因诊断，这两种病均特别常见，且又十分折磨人。一种是迅速而无情的杀手，冠心病。另一种是缓慢而无情的记忆小偷，阿尔茨海默病。我认为，在运用基因知识来干预这两种疾病时，我们可能过于保守和谨慎，如若不敢先试先行，或会失德于人民。

有一个编码载脂蛋白的基因家族（APO 基因）。它们有 4 种基本类型，分别是 A、B、C 和很是特别的 E，而在各自不同的染色体上每种基本类型又具有很多不同的亚型。其中，最让我们感兴趣的是恰好位于 19 号染色体上的 APOE 基因。要了解 APOE 的工作，我们需要先说点题外话——胆固醇和甘油三酯的“品格秉性”。当你吃下一盘培根和鸡蛋时，会吸收大量的脂肪和胆固醇，胆固醇是一种用于合成多种激素的脂溶性分子（详见 10 号染色体）。这些物质经过肝脏消化后，会进入血液循环，以便运输到其他组织。由于甘油三酯和胆固醇均不溶于水，因此这些物质必须在脂蛋白的帮助下才能进入血液。在运输过程开始时，满载胆固醇和脂肪的“运输卡车”被称为极低密度脂蛋白（VLDL）。当它卸下一些甘油三酯时，会变成低密度脂蛋白（LDL，“坏胆固醇”）。最后，在卸载了胆固醇后，它会变成高密度脂蛋白（HDL，“好胆固醇”），然后返回肝脏接受新的运输任务。

对于 APOE 编码的蛋白质（称为 apo-epsilon），其作用是介导极低密度脂蛋白，与需要甘油三酯的细胞受体进行识别。APOB 编码的蛋白质（也称 apo-beta）的职责是以类似的方式来卸下胆固醇。因此，很容易看出 APOE 和 APOB 与心脏病有着重大的关系。如果它们不能正常工作，胆固醇和脂肪会滞留在血液中，并且有可能在动脉壁上形成动脉粥样硬化。将实验小鼠的 APOE 基因敲除，那么小鼠即使正常饮食，也会发生动脉粥样硬化。另外，制造脂蛋白以及细胞受体的基因也会影响胆固醇和脂肪在血液中起作用的方式，从而诱发心脏病。值得一提的是，家族性高胆固醇血症就是一种会导致心脏病易感性的遗传病，该病是由胆固醇受体基因上一种罕见的“拼写错误”造成的。[1]

APOE 之所以与众不同，是因为它的多态性。除了极个别情况，人体的大多数基因一般只有一种版本，很少有例外的，而 APOE 基因的多样性正如人类眼睛的颜色那样，它有 E2、E3 和 E4 三种常见类型。三种 APOE 的区别在于清除血液中胆固醇的效率不同，这就造成不同人群的心脏病易感性存在差异。在欧洲，E3 是清除胆固醇效率最高的，也是人群中最普遍的：超过 80% 的人至少有一份 E3 拷贝，39% 的人有两份 E3 拷贝。然而，7% 的人同时携带两份 E4 拷贝，他们患早发性心脏病的风险特别高；4% 的人携带两份 E2 拷贝，这些人也容易患心脏病，只是在患病方式上有些许不同。[2]

这只是整个欧洲的大体情况。同其他许多类似的多态性相似，APOE 的分布也受地理位置的影响。越往欧洲北部，E4 越常见，而 E3 的比例随之降低（E2 则大致保持不变）。在瑞典和芬兰，E4 出现的频率几乎是意大利的 3 倍，而当地冠心病的发病率也恰好符合这个比例。[3] 地理位置相差得越远，APOE 亚型分布的差异就越大。大约 30% 的欧洲人，至少携带一份 E4 拷贝；东方人携带 E4 的频率最低，约为 15%；美国黑人、非洲人和波利尼西亚人中，这个比例超过 40%；而在新几内亚人中，携带 E4 的比例在 50% 以上。人群中不同亚型比例的差异，一定程度上反映了过去几千年饮食中脂肪和肥肉含量的不同。我们很早就知道，当新几内亚人保持传统饮食方式（如以蔗糖、芋头为主，偶尔食用负鼠和树袋鼠的瘦肉）时，心脏病的发病率很低。然而，一旦他们在露天矿场工作，开始改吃西式的汉堡包和薯条，那么他们患早发性心脏病的风险就会猛增，甚至比大多数欧洲人发病还要快得多。[4]

心脏病是一种可以预防和治疗的疾病。特别是那些携带 E2 的人，他们对富含脂肪和胆固醇的饮食非常敏感，换句话说，如果远离这类食物，他们就很容易被治好。这是极具价值的遗传知识。通过简单的基因诊断来识别有风险的人群并有针对性地进行干预，可以避免多少早发性心脏病的发作，挽救多少生命啊？

遗传筛查不意味着要采取诸如流产或基因治疗之类的极端解决方案。相反，针对越来越多“坏基因”的遗传诊断，可以提出一些温和的治疗措施，比如只是改吃人造黄油或加强有氧运动就可以了。与其警告所有人远离高脂肪食物，倒不如让医务人员学会快速分辨适用人群，以便让那些不必担心摄入高脂肪食物的人，可以放松下来大吃冰激凌。这也许与医学界谨慎的直觉相反，但它并没有与希波克拉底誓言[⊖]相悖。

然而，我之所以提到 APOE，并不是为了讲述心脏病，而是为了讲述另一种疾病。要知道，APOE 之所以成为被研究最多的基因，并不是因为它在心脏病中所起的作用，而是因为它在另一种更为凶险、更难以治愈的疾病（阿尔茨海默病）中的突出作用。随着年龄的增长，很多人丧失了他们的记忆和性格（有部分人在年纪轻轻的时候就发病了），通常认为这是由环境、病理和偶发因素等多种因素造成的。诊断阿尔茨海默病，要看脑细胞中是否出现了不溶性蛋白质“斑块”，这种斑块的生长会损害脑细胞。此前曾一度怀疑它是由病毒感染引起的，也曾怀疑它是由头部经常遭到击打而造成的。此外，斑块中铝元素的存在也使人们对铝制烹饪锅产

⊖ 希波克拉底誓言总共只有数百字，但是产生的影响却非常深远。其核心是向世人公示了四条戒律：对知识传授者心存感激；为服务对象谋利益，做自己有能力做的事；绝不利用职业便利做缺德乃至违法的事情；严格保守秘密，即尊重个人隐私、谨护商业秘密。——译者注

生了怀疑。传统观点认为，这种疾病与遗传几乎没有关系，甚至有一本教科书言之凿凿地写着："这不是遗传疾病。"

但正如基因工程的共同发明人保罗·伯格所说，"所有的疾病都是遗传病"，尽管除此之外还有其他因素在左右疾病的发生。最终在一些伏尔加德意志人的美国后裔中发现了阿尔茨海默病高发的谱系。直到 20 世纪 90 年代初，人们发现早发性阿尔茨海默病至少与 3 个基因有关，1 个在 21 号染色体上，2 个在 14 号染色体上。但在 1993 年，一个更为重要的发现是，19 号染色体上的一个基因似乎与老年人是否罹患这种疾病有关，即老年性阿尔茨海默病也可能在一定程度上与遗传有关。很快，罪魁祸首被发现，不是别的，正是 APOE。[5]

血脂相关的基因与脑部疾病有关，这不足为奇。毕竟，人们曾注意到通常阿尔茨海默病患者的胆固醇水平也很高。然而，血脂相关基因对疾病的影响程度之大，让人十分震惊。与心脏病类似，其中的罪魁祸首也是 E4。在特别易感的阿尔茨海默病家族中，不携带 E4 的个体发病率为 20%，平均发病年龄是 84 岁；携带一份 E4 拷贝的个体发病率上升到了 47%，平均发病年龄是 75 岁；携带两份 E4 拷贝的人发病率可高达 91%，平均发病年龄为 68 岁。换言之，如果你携带了两份 E4 拷贝（7% 的欧洲人是这样的），那么最终患上阿尔茨海默病的概率要比一般人群高得多，虽然有些人逃过了这种厄运——的确有研究观察到，一位携带了两份 E4 拷贝的人，在 86 岁时依然没有出现任何相应症状。在许多没有记忆丧失症状的人身上，阿尔茨海默病的典型斑块也同样存在，而且在 E4 携带者身上通常比在 E3 携带者身上更为严重。虽然差异很小，但那些至少携带一份 E2 拷贝的人比那些携带 E3 拷贝的人患阿尔茨海默病的可能性更低。这不是偶然因素所致，也非统计上的巧合，这看起来更像是疾病机制的关键所在。[6]

回想一下刚才提到的内容，E4 在东方人中很是少见，在白人和非洲人中常见一些，而在新几内亚美拉尼西亚人中最为常见。因此，阿尔茨海默病的发病率应遵循相应的规律，但事实并非这么简单。与 E3/E3 相比，E4/E4 型白人患阿尔茨海默病的相对风险要比 E4/E4 型黑人或西班牙裔高得多。由此推测，阿尔茨海默病的易感性还受到其他基因的影响，且这些基因在不同的种族间存在差异。另外，E4 对女性的影响似乎比对男性的影响要严重。不仅女性阿尔茨海默病的患者多于男性，而且 E4/E3 的女性与 E4/E4 的女性有着同样的患病风险。而在男性中，携带一个 E3 基因是会降低患病风险的。[7]

你或许在想，如果 E4 会加剧患心脏病和阿尔茨海默病的风险，那它应该在很久以前就会被相对无害的 E2 和 E3 所淘汰，而现实中为什么 E4 没有被淘汰，反而还以如此高的频率存在呢。我很想回答这个问题，因为高脂肪饮食一直是比较少见的，以至于它对冠状动脉的影响是可以忽略的，而阿尔茨海默病几乎与自然选择无关，因为它发病的年龄较大，在很久以前的石器时代，已经把孩子抚养大的人们，大多数都活不到这个疾病的发病年龄。但我不确定这是不是一个足够好的答案，因为在世界上的有些地方，多肉甚至多脂的饮食习惯已经持续了很久——时间长到足以让自然选择发挥作用了。而我怀疑 E4 在人体中还扮演了我们所不知道的其他角色，以至于较 E3 更有竞争优势。请记住一点：基因不是为了致病而存在的。

E4 与更为普遍的 E3 的区别在于它的第 334 个“字母”是 G 而不

是 A；E3 与 E2 之间的区别在于其第 472 个“字母”是 G 而不是 A。相比之下，E2 的蛋白比 E4 的蛋白多两个半胱氨酸，而 E4 的蛋白比 E2 的蛋白多两个精氨酸；E3 的蛋白介于两者之间。虽然仅有几个“字母”的微小变化，可对于一个只有 897 个“字母”的基因来说，这足以改变 APOE 编码的蛋白的工作方式。不过载脂蛋白的工作模式目前还不是很清楚，但有一种理论认为它可以稳定另一种叫作 tau 的蛋白质，可 tau 又被认为是保持神经元管状“骨架”结构的蛋白质。tau 蛋白亲和磷酸盐，但这会妨碍 tau 蛋白的正常工作，而 APOE 编码的蛋白的工作是帮助 tau 蛋白远离磷酸盐。另一个理论是，APOE 编码的蛋白在大脑中的工作模式与在血液中的并无不同。它携带着胆固醇，游走于脑细胞之间，这样脑细胞就可以形成和修复能隔绝脂肪的细胞膜。第三个更为直接的理论是，无论 APOE 的功能是什么，E4 都对一种叫作 β– 淀粉样肽蛋白的物质有着特殊的亲和力，这种蛋白会在阿尔茨海默病患者神经元内形成并累积。不知何故，它会以某种方式促进致病斑块的生长。

总有一天这些细节会变得很重要，但现在要紧的是，我们突然拥有了一种预测疾病的手段。通过检测个体的基因，我们就可以很好地预测他们是否有患上阿尔茨海默病的风险。不过，遗传学家埃里克·兰德（Eric Lander）最近提出了一种可能性，令人担忧。众所周知，美国前总统罗纳德·里根（Ronald Reagan）患有阿尔茨海默病，回想起来，他尚在白宫的时候，似乎就已出现了这种疾病的早期迹象。假设 1979 年里根竞选总统时，某个有胆识且持不同政见的记者，急于找到某种方式来诋毁候选人里根的名声，如果他拿到了一张里根擦过嘴的纸巾，检测了上面的 DNA（因为当时还没有这种 DNA 检测技术，所以这里只是假设），然后发现这位美国历史上第二年长的总统候选人很可能在他的任期内罹患阿尔茨海默病，并将这一发现发表在报纸上，情况会如何？

这个故事说明了基因检测给公民自由所带来的危害。当被问及我们是否应该为那些想知道自己是否会患上阿尔茨海默病的人提供 APOE 检测时，大多数医学专家持否定态度。在仔细思量这个问题之后，英国在此领域内最好的智囊团——纳菲尔德生物伦理委员会（Nuffield Council on Bioethics），也给出了同样的结论。对一个无法治愈的疾病进行检测，说得再好也只是空谈。对于那些没有 E4 基因的人来说，这种检测意味着买到了心理安慰；而对于携带了两份 E4 拷贝的人来说，这会带来可怕的代价，因为这无疑是在宣判，他一定会患上阿尔茨海默病这一不治之症。如果诊断是绝对可靠的，那么遗传筛查结果会更加令人崩溃（详见 4 号染色体那章，正如南希·韦克斯勒针对亨廷顿舞蹈症所说的那些话）。另外，亨廷顿舞蹈症的诊断起码不会误导人。但是，在相关性不那么确定的疾病中，比如 APOE 这个例子，它的检测就更没有价值了。如果足够幸运，那么即便携带了两份 E4 拷贝，也可以活得长久且不患病；而如果运气不好，即使没有携带 E4 基因，在 65 岁的时候也可能罹患阿尔茨海默病。因为检测到两份 E4 拷贝并非预判阿尔茨海默病的充分必要条件。由于该疾病没有任何治愈方法，所以除非是出现了疾病的征兆，否则就不应该进行这个检测。

起初我觉得上述论点都是有说服力的，但现在我有点犹豫了。毕竟，虽然目前艾滋病是无法治愈的，但给人们提供 HIV（人类免疫缺陷病毒）检测被认为是符合伦理道德的。HIV 感染者并不一定会患艾滋病：一些人终身携带 HIV 病毒但可以长期生存。诚然，在艾滋病的问题上，进行

HIV 检测还考虑到了阻止该疾病在社会中的传播问题，而阿尔茨海默病就无须考虑这方面的内容。在这个问题上我们考虑的是对个体的风险，而不是对社会的风险。纳菲尔德委员会委婉地指出应该将基因检测和其他检测区别对待。该报告的作者菲奥娜·卡尔迪科特（Fiona Caldicott）夫人认为，将一个人对某种疾病的易感性归咎于其遗传结构，会扭曲人们的态度，会使人们误以为遗传基因的影响是首要的，从而忽视了社会和其他因素；这反过来又增加了人们对精神疾病的耻辱感。[8]

这是一个稳妥的观点，但是被不恰当地运用了。纳菲尔德委员会是在使用双重标准。精神分析学家和精神科医生基于所谓的证据，对精神疾病做了“社会化”的解释，给这些人和基因检测泼脏水。这种思想大有市场，而其他一些诊断虽有真凭实据，但仅仅因为它们是基于遗传解释所做出的，就被伟大而正义的生命伦理学冠以不合法的帽子。为了扶持社会化的解释，并为打压遗传解释找个理由，纳菲尔德委员会甚至声称 APOE4 检测的预测能力非常低，这是一个匪夷所思的说法，因为 E4/E4 和 E3/E3 之间的风险相差了 11 倍。[9] 正如约翰·马多克斯以 APOE 为例所评述的那样，[10]“人们有理由怀疑，医生在向病人透露不受欢迎（敏感）的基因信息时有些犹豫不决，因此可能会让病人错失宝贵的治疗机会……但是这种犹豫不决可能有点过头”。

此外，虽然阿尔茨海默病是无法治愈的，但已经有一些药物可以缓解部分症状，也许还有一些可以阻止它的预防措施，尽管这些预防措施的效果还不是非常确定。知晓应不应该采取一切预防措施来应对它不是更好吗？如果我有两个 E4 基因，我会很想知道，这样我就可以作为志愿者去参加药物试验了。对于那些沉迷于会增加自己罹患阿尔茨海默病风险的活动的人来说，这项检查无疑是有意义的。例如，现在比较明确的是携带两个 E4 基因的专业拳击手会有风险罹患早发性阿尔茨海默病，因此最好建议携带两个 E4 基因的拳击手不要再打拳击了。每 6 个拳击手中就有 1 个在 50 岁之前罹患帕金森病或阿尔茨海默病，尽管两种疾病的微观症状相似，但所涉及的基因不同。还有很多人，包括拳王穆罕默德·阿里（Mohammed Ali）在内，发病年纪会更小。E4 在那些得了阿尔茨海默病的拳击手中尤为普遍，而在那些头部受过伤，之后又在神经元中发现有斑块存在的人中，也是如此。

拳击手所面临的疾病风险，那些头部会受到撞击的其他运动员同样会面临。有些传闻表明，许多优秀的足球运动员会过早地衰老，比如英国足球俱乐部的丹尼·布兰奇弗劳尔（Danny Blanchflower）、乔·默瑟（Joe Mercer）和比尔·佩斯利（Bill Paisley），近来出现了这些状况，令人痛心。神经科医生已经开始研究此类运动员中阿尔茨海默病的患病率。有人计算过，一个足球运动员在一个赛季中平均会有 800 次头球，这对头部的损伤可能是巨大的。一项荷兰的研究发现，足球运动员发生记忆衰退的情况确实比其他运动员更为严重；挪威的一项研究则发现了足球运动员脑部受损的证据。所以 E4/E4 纯合子至少可以在其职业生涯开始时就知道自己是否更容易罹患阿尔茨海默病，这对他们来说是有好处的。建筑师没有把门框做得足够高，不利于高个子通过，因此作为一个经常会把头撞到门框的人，我也常常想知道我的 APOE 基因是什么样子，也许我早该去做个检测。

基因检测在其他方面也可能是很有价值的。目前至少有 3 种新的阿尔茨海默病药物正在研发和测试中。其中一种治疗药物他克林，现在已知它在携带 E3 和 E2 患者中的效果要比在携带 E4 患者中的效果更好。人类基因组的差异一次又一次地告诫我们个体差异，人类多样性携带了大量信息。然而，目前的医务人员显然倾向于针对群体而非个体进行治疗。对一个人适用的疗法或许对另一个人无效，能挽救一个人生命的饮食建议可能对另一个人毫无益处，不过，总有一天，除非医生测出你有哪一种或哪几种基因，否则他不会给你开药。这项技术已在开发之中，有一些小公司，比如加利福尼亚州的昂飞公司，就可以将完整的全基因组序列放在单个硅芯片上。也许有一天，我们每个人都会做一个这样的检测，且医生的电脑可以从中读取任何关于基因的信息，从而更好地为我们量身定制治疗方案。[11]

也许你已经意识到这么做可能带来的问题，以及专家们对 APOE 检测过于谨慎的背后原因是什么。假设我是一名携带 E4/E4 的职业拳击手，那么，我患心绞痛和早发性阿尔茨海默病的概率要比一般人高得多。假设今天我不是去看医生，而是去见保险经纪人，为我安排一份新的人寿保险（伴随它的还有我的抵押贷款），或者买一份健康保险来应对将来可能的疾病。我需要填写一张表格，并回答一系列的问题，比如我是否吸烟，饮酒情况如何，是否患有艾滋病以及我的体重，我是否有心脏病的家族病史（这可是一个遗传方面的问题）。每个问题都旨在将我归到特定的风险类别，以便给出一个既能保障保险公司利润但又仍具有竞争力的报价。自然而然，保险公司很快就会要求查看我的基因情况，想知道我是 E4/E4，还是有一对 E3。因为保险公司会担心，我也许是因为近期做了一次基因检测，知道自己注定将不久于人世，所以才来买保险的，为的是坑保险公司一大笔钱，就像一个计划纵火的人提前为房子买好保险一样。不仅如此，保险公司还可以为基因检测结果没问题的那些人提供折扣以获取更多的利润。这就是所谓的“采樱桃谬误”㊀，这也解释了为什么年轻、苗条、异性恋、不吸烟者的人寿保险费用比年老、肥胖的同性恋吸烟者更便宜。这个逻辑对于拥有两个 E4 基因的人同样适用。

难怪美国的医疗保险公司已经对阿尔茨海默病的基因检测表现出了兴趣，因为这种疾病对保险公司来说可能需要支付高昂的费用（在英国，医疗保险基本上是免费的，保险公司主要关注的是人寿保险），所以保险公司这样做有一定的道理。当该行业开始向同性恋者收取高于异性恋者的保险费时，这引发了大众对保险行业的愤怒，因为这从侧面反映出保险公司认为同性恋者患艾滋病的风险更高。有了前车之鉴，保险业变得谨言慎行起来。如果大量基因的遗传检测成为常规项目，那么保险行业的基础（风险共担的概念）将遭到破坏。一旦精确地了解自己的命运，人们就会收到能覆盖一生所需确切医疗费用的保单报价。对于那些遗传基因不好的人，他们会成为保险业的下层阶级，保费高昂。出于对这些敏感问题的考虑，1997 年，英国保险业协会同意，两年内不得把做基因检测作为参保的条件，同时当抵押贷款少于 10 万英镑时，保险行业也不得要求投保人提供已经做过的基因检测结果。还有一些公司进一步表态，基因检测不在其考量的范围之内。但是，这种“羞涩”，这种遮遮掩掩的态度，也许不会持续得太久。

对于许多人而言，基因检测实际上意味着可以交更少的保费，但是为什么人们对这个问题的反应竟然如此强烈呢？确实，与许多事情不同，在

㊀ 采樱桃谬误，是指单方论证或隐瞒证据，即在大量数据或证据中，选择性地只呈现出支持你论点的例子，忽略或者隐瞒与你的论点相左的证据。——译者注

遗传上，运气的好坏在有特权的阶层和弱势的阶层之间是平均分配的——富人可以花更多的钱来买保险，但是无法买到优质基因。我认为，这涉及了“决定论”的核心。一个人是否吸烟和饮酒，甚至去做有可能导致他患上艾滋病的事情，从某种意义上说，都是其自愿行为。但他在 APOE 基因上是否拥有两个 E4，根本就不是由他自己可以决定的，而是与生俱来的。基于 APOE 基因的歧视就像肤色歧视或性别歧视一样。非吸烟者拒绝与吸烟者缴同样高的保费，这是合情合理的，因为这看起来似乎是在为吸烟者提供保费补贴，但是如果拥有两个 E3 基因的人拒绝对与拥有两个 E4 基因的人缴纳相同的保费，那就是赤裸裸的歧视和偏见了，因为后者没有犯任何错误，只不过是运气不好罢了。[12]

在雇主使用基因检测来筛选未来员工这一问题上，倒没有太多可担忧的。即便市面上出现了多种检测，用人单位也不会太感兴趣。事实上，一旦我们习惯了“基因决定了我们对环境风险的易感性”这一说法，那么对于雇主和雇员而言，某些基因检测可能会变得有价值。在一项会暴露于已知致癌因素的工作中（例如，救生员处在阳光暴晒的工作环境下），如果雇主雇用了 p53 基因缺陷的人，将来雇主可能被追责，认为他忽略了工人的建康，因为这个基因有缺陷的人群更容易患癌。另外，用人单位出于私心，可能会要求求职者进行基因检测，以便选择更健康或性格更外向的人（这正是开展求职面试时用人单位的目的），但已经有法律禁止这类歧视。

同时，还会有另一种危险，那就是保险基因检测或者招聘基因检测这类令人害怕的做法，会阻碍基因检测在医药领域中的应用。然而，还有另一个令我更加感到恐惧的事情：政府对使用基因的方式指手画脚。我特别不愿意与保险公司分享我的遗传密码，倒是希望医生能够了解并使用它，不过我坚定地认为这些都应该是我个人的决定。基因组属于个人资产，而非国家财产。至于我跟谁分享基因信息，我是否可以进行检测，都不该由政府来决定，而应由我自己来做主。有一种可怕的家长式倾向，认为我们在这件事上必须得有一个政策，政府必须制定规则，规定一个人可以看到多少自己的遗传密码，以及可以向谁展示这些信息。对于遗传信息来说，它是你自己的，而不是政府的，这一点应该牢记于心。

廿号

20号染色体

政治

噢，

英格兰烤牛肉，

老英格兰的烤牛肉。

——《格鲁布街歌剧》（亨利·菲尔丁）

驱动科学发展的原动力是无知。科学好似一个饥饿的熔炉，需要我们去周遭无知的森林中取来木柴去喂饱它。在此“砍伐”的过程中，被我们称为“知识”的空地就扩大了，但是空地的面积越大，它的边界也就越长，我们所能感触到的无知也就越多。在基因组被发现以前，我们不知道在每个细胞的核心都有一份长达 30 亿个字母的文件，对此文件内容我们更是一无所知。而当我们开始翻阅这本书时，我们发现了无数新的奥秘。

本章的主题充满未解之谜。一个真正的科学家会对已知的知识感到乏味，真正驱动他进行科研的是向未知挑战，以揭示那些先前研究中尚未发现的谜团。无知的森林比已开垦的空地更为有趣。20 号染色体上，就有一片神秘的“灌木丛”，令人恼火也让人为之着迷。仅仅是因为有人揭示了它的存在，便已授予了两项诺贝尔奖，但人们始终无法解开它的奥秘。1996 年的某一天，它成为科学界最具挑战且炙手可热的政治话题之一，这似乎是在提醒着人们，深奥的知识拥有改变世界的能力。而这一切，都与一个名为 PRP 的小基因有关。

故事得从羊开始讲起。在 18 世纪的英国，一批具有开拓精神的创业者发起了农业革命，这其中就包括莱斯特郡的罗伯特·贝克韦尔（Robert Bakewell）。贝克韦尔发现一种可以快速改良牛羊牲畜品种性状的方法，即挑选最优品种及其后代进行交配，从而选择性地富集人们喜欢的优良性状。用这种近亲繁殖的方法培育出的绵羊生长迅速，羊毛又密又长。但是近亲繁殖有个意想不到的副作用：经过此方法培育的绵羊在养殖后期会逐渐表现出精神错乱的症状，这种情形在萨福克羊中尤为明显。病羊会不停搔痒，走路跌跌撞撞，奔跑步态异常，随后逐渐表现出焦虑、不合群等症状，并很快死去。羊所患的这种不治之症（羊瘙痒症），会使得每十只母羊中就有一只因此而亡，所以是个大问题。羊瘙痒症跟随萨福克羊以及少量其他品种的羊，传播到世界各地。这个病的病因一直是个谜。它看起来不像是遗传性疾病，但又无法追溯到其他病因。20 世纪 30 年代，当一位从事兽医领域的科学家在测试针对另一种疾病的新疫苗时，在英国引发了一场羊瘙痒症的疫情。疫苗的一部分成分是由羊脑提取物所制成的，尽管已用福尔马林对其进行了彻底的灭活，但疫苗仍具有一定的感染性。从那时起，兽医学家达成一种共识（先不说这种观点是否狭隘），认为羊瘙痒症既然是可传染的，那么一定是由微生物引起的。

但这种微生物又是何方神圣呢？福尔马林杀不死它，清洁剂、沸水和紫外线照射也同样对它无能为力，甚至于能阻挡最小病毒的过滤器都拿它没办法。它在被感染的动物体内不会引起免疫反应，有时候，从注入含有该微生物的物质到动物开始发病，有着很久的延迟。不过如果将它直接注射到动物大脑中，就会缩短发病延迟的时间。羊瘙痒症筑起了一堵令人困惑的无知之墙，击败了整整一代致力于攻克此问题的科学家。类似症状甚至出现在了美国的水貂养殖场和落基山脉国家公园里的野生麋鹿和黑尾鹿身上，令一切变得愈发地扑朔迷离。实验证明水貂对羊瘙痒症具有抵抗力。到了 1962 年，一位科学家把这个问题归到了遗传假说上。他认为，也许羊瘙痒症是一种可传染的遗传性疾病（一种前所未闻的组合）。已知的遗传病有很多，由遗传因素决定是否易受感染的传染病也不少——比如霍乱就是个典型的例子，但是传染性颗粒能以某种方式在不同的种系间传播的观点，似乎有违所有的生物学定律。然而针对这一问题，提出该假说的科学家詹姆斯 · 帕里（James Parry）立场坚定。

大约同一时间，美国科学家比尔 · 哈德洛（Bill Hadlow）在伦敦惠康医学博物馆的一个展览中看到了患有羊瘙痒症的羊的受损大脑图片。这些图片与他在其他地方所看到的极为相似，令他感到十分震惊。他意识到，羊瘙痒症即将与人类扯上说不清的关系了。比尔 · 哈德洛所想到的这个地方就是巴布亚新几内亚，在那里，有一种可怕的会导致大脑衰弱的库鲁（Kuru）病，侵袭着一个名叫弗雷（Fore）的土著部落中的大部分人，尤其是女性。刚开始，她们的腿会打战，走路摇晃，然后整个身体开始摇晃，说话开始吐字不清并且会突然大笑起来。随着大脑从内向外逐渐受到侵蚀，患者会在一年内死亡。到了 20 世纪 50 年代末，库鲁病成为导致弗雷部落女性死亡的主要原因，它杀死了如此之多的女性，以至于男女比例失衡，变成了 3 比 1。除了女性，儿童也会感染这种疾病，但成年男子受到感染的情况相对少见。

后来证明这是一条至关重要的线索。在 1957 年，两位在巴布亚新几内亚工作的西方医生文森特 · 兹加斯（Vincent Zigas）和卡尔顿 · 盖杜谢克（Carleton Gajdusek），很快便意识到发生了什么。原来，弗雷部落的人去世后，女性会在葬礼仪式上肢解死者的尸体，据传，尸体最终会被吃掉。然而，葬礼上食尸的行为已被政府明令禁止，并且这种行为臭名昭著，几乎没有人愿意公开谈论。因此，这使得有些人怀疑它是否真的曾经发生过。但是，盖杜谢克医生和他的团队收集了足够多的目击者证词，毫无疑问，弗雷部落的人并没有撒谎。当部落的人用混杂的语言描述 1960 年以前举行的葬礼仪式时，他们所说的“katim na kukim na kaikai”，其意思就是“切碎，烹饪，吃掉”。通常来说，女性和儿童会吃掉死者的器官和大脑，男性吃掉死者的肌肉。而巧合的是库鲁病在女性和儿童中最常见，往往出现在死者的亲属里，而且在姻亲和血亲中都会出现。自从食人的习俗被认定为非法行为后，库鲁病的发病年龄逐渐提高了。值得一提的是盖杜谢克的学生罗伯特·克利兹曼（Robert Klitzman）鉴定了 3 组死亡病例，每组都在二十世纪四五十年代参加过库鲁病死者的葬礼。例如，1954 年，在一个名叫尼诺（Neno）的女性葬礼上，15 名参加仪式的亲戚中，有 12 名死于库鲁病。其余的 3 人，1 人由于其他原因很早便去世了，1 人因为与死者的丈夫结了婚而不被允许吃死者尸体，还有 1 人声称他只吃了死者的一只手。

比尔·哈德洛在发现库鲁病病人的大脑和患羊瘙痒症的羊的大脑很相似时，立即给新几内亚的盖杜谢克写信，反映了这一情况。随后，盖杜谢克沿着这条线索继续进行探索。如果说库鲁病是羊瘙痒症的另一种形式，那么通过颅内注射的方式，便有可能把它从人传到动物身上。1962 年，他的同事乔·吉布斯（Joe Gibbs）开展了一系列实验，试图用弗雷部落中因库鲁病而死亡的患者大脑，去感染猩猩和猴子（这种实验是否符合现在的伦理道德规范，不在本书讨论的范围）。头两只猩猩在注射后的两年内得病死了，它们的症状和库鲁病患者的症状很是相似。

实验证明了库鲁病是羊瘙痒症在人身上的患病形式，但这看起来并没有太大帮助，因为人们对于羊瘙痒症的病因仍感到困惑。自 1900 年以来，一种罕见且致命的人类脑部疾病一直困扰着神经病学家。这个疾病后来被称为克雅氏病（简称 CJD），该病的第一例患者是由汉斯·克罗伊茨费尔特（Hans Creutzfeldt）在布雷斯劳（Breslau）诊断出来的，当时的患者是一位 11 岁的小女孩，她在被疾病折磨了 10 年后去世了。由于克雅氏病几乎不会侵袭孩子，而且发病后一般不会存活太久，因此几乎可以肯定的是，这是一个奇怪的误诊案例，使我们陷入了神秘疾病的典型状况：第一例被诊断为克雅氏病的患者其实并没有得这个病。然而，在 20 世纪 20 年代，阿尔方斯·雅各布（Alfons Jakob）确实发现了一些可能是克雅氏病的病例，于是这个疾病名得以保留并沿用至今。

很快，吉布斯的猩猩和猴子实验就证明，同得库鲁病一样，这两种动物对克雅氏病也同样敏感。1977 年，事态发生了更可怕的转折。在同一家医院接受脑部电极探测术的两名癫痫患者突然都患上了克雅氏病。治疗中所使用的电极设备在此之前曾被用于治疗一名克雅氏病的患者，但在使用后已按规范流程消毒过了。也就是说，这种导致克雅氏病的神秘物质不仅能抵抗福尔马林、去污剂、沸水和紫外线照射，而且还能在外科医疗器械的严格消毒中存活下来。后来，这些电极设备被空运到贝塞斯达，用在了黑猩猩身上，实验结果显示它们也很快便染上了克雅氏病。这表明，出现了一种更加奇怪的新型流行病——医源性（就医过程中所导致的）克雅氏病。迄今为止，有将近 100 个身材矮小的患者因克雅氏病而死亡，因为他们需要接受人类生长激素的治疗，而他们使用的生长激素是从尸体的脑垂体中提取的。由于每个矮小病人在治疗中所需要的生长激素量很大，需要从数千个脑垂体中进行提取，这一过程使得原本自然病例极少的克雅氏病，成了真正的流行病。但是，如果因为这种浮士德式干涉自然的行为遭到大自然无情反噬而谴责科学，那也请向解决了这个问题的科学致敬。因为在 1984 年，在发现生长激素会引起克雅氏病广泛流行之前，作为第一批来自基因工程细菌的产品，合成生长激素就已经取代了从尸体中提取的生长激素。

让我们来回顾一下这个发生在 1980 年左右的离奇故事。绵羊、水貂、猴子、鼠和人通过注射被感染的大脑组织而染上同一种病，只是形式不同而已。大脑中的这种神秘物质几乎可以逃脱所有常用的杀灭微生物的程序，即使是最强大的电子显微镜也完全看不到它。但它在日常生活中却没有传染性，似乎不会通过母乳传染，也不会引起机体的免疫反应，有时可以在体内潜伏二三十年以上，尽管染病的可能性很大程度上取决于剂量大小，但只需要些许剂量就可能造成感染。那么它到底是什么呢？

在热烈地讨论克雅氏病时，可不要忘了前面所提的萨福克羊，它似乎暗示了近亲繁殖会加剧羊瘙痒症。逐渐变得明晰的是，有些患者（虽不到总数的 6%）似乎具有亲缘关系，暗示着这可能是遗传病。要想了解羊瘙痒症的关键所在，无关乎病理学，关键在于遗传学。其实羊瘙痒症的秘密就在基因里。在以色列发现的一个线索充分说明了这一点。20 世纪 70 年代中期，当以色列科学家在国内收集克雅氏病信息时，他们注意到一件非同寻常的事情：从利比亚移民到以色列的为数不多的犹太人中，足足有 14 个病例，比自然发病率高出 30 倍。他们偏爱食用羊脑的饮食习惯立即引起了人们的怀疑。但后来证明并非饮食习惯的原因，真正的解释来自遗传方面：虽然分散在不同的地方，但是所有的患者均来自同一谱系。目前已知他们携带了一个共同的突变，而在斯洛伐克人、智利人和德裔美国人的几个家庭中也发现了这种突变。

羊瘙痒症的世界虽怪诞离奇，但又似曾相识。当一组科学家忍不住将羊瘙痒症的病因归咎于基因时，另一组科学家已然沉浸在一种截然相反但颇具革命性的异端想法之中。早在 1967 年，就有人提出，羊瘙痒症的致病体可能既不含 DNA 又不含 RNA，它或许是地球上唯一不以核酸为遗传物质，也没有任何基因的生命。弗朗西斯·克里克刚在那之前不久创建了“遗传学中心法则”，即 DNA 产生 RNA，RNA 合成蛋白质。在生物学界，如果有人提出可能存在一种没有 DNA 的生物，那么生物学界对其理论的欢迎程度就跟罗马教廷对路德牧师理论的态度差不多。

一方面是不含 DNA 的生物，另一方面是与人类 DNA 有关的疾病，两者明显是矛盾的。1982 年，一位名叫斯坦利·普鲁西纳（Stanley Prusiner）的遗传学家提出了一种方案，以对此进行诠释。普鲁西纳发现了一种无法被普通蛋白酶分解的蛋白质，它存在于患有类似羊瘙痒症的动物体内，但是在健康的动物中却没有。接下来，他便比较容易地得到了这种蛋白质的氨基酸序列，以及与之对应的 DNA 序列，并在小鼠以及人的基因中分别找到了这个序列。于是，普鲁西纳发现了名为 PRP（可编码蛋白酶抗性蛋白）的基因，并向学术界公布了这一发现，犹如把“异端邪说”送进了科学殿堂。他的理论在接下来的几年里逐步发展了起来，具体说起来是这样的：PRP 并非一个病毒的基因，而是小鼠和人体内的正常基因，并且能产生正常的蛋白质。但是它的产物被称为“朊病毒”，是一种非同寻常的蛋白质。它可以突然改变原本的形状，变得坚韧而黏稠并聚集成团块，变身后的它可以抵抗诸如蛋白酶等所有企图破坏它的物质，蛋白团块会逐渐累积并最终破坏细胞结构。拥有此性能的蛋白质可谓史无前例，然而普鲁西纳却又提出了一些更具前瞻性的见解。他认为这种能“变身”的朊病毒有能力将其他正常的朊病毒，重塑成与自身一致的版本。它并不会改变正常蛋白质的序列（蛋白质与基因一样，也是由长长的数字序列所组成），但是它改变蛋白质的折叠方式。[1]

普鲁西纳的理论并未引起太大反响，因为它完全无法解释羊瘙痒症和相关疾病的一些最基本的特点。具体而言，它未能解释为何这种病有多种表现形式。如今，普鲁西纳只能很沮丧地说：“人们对这样的假说不太感冒。”在我为当时正在写的一篇文章征求羊瘙痒症专家的意见时，他们对普鲁西纳理论的蔑视之情令我至今记忆犹新。但随着谜团被逐渐拨开，普鲁西纳的猜想似乎是对的。最终变得清楚的是，不携带朊病毒基因的小鼠不会感染这些疾病，而一定量的畸形朊病毒便足以让其他小鼠得病。这说明疾病不仅是由朊病毒引起的，还是由它传播的。然而，尽管普鲁西纳的发现揭示了朊病毒的致病性，而且他也继盖杜谢克之后实至名归地获得了诺贝尔奖，但遗憾的是仍有太多未知亟待解答。朊病毒仍然有着太多的谜团，最令人感到费解的一点是，它们到底是因何而存在的。迄今所有检查过的哺乳动物身上，都有 PRP 基因，而且它的序列很是保守，这暗示它发挥着一些重要的作用。几乎可以肯定的是，它与大脑有关，因为这个基因是在大脑里被激活的。朊病毒蛋白似乎很喜欢铜，它存在的意义可能也牵涉到铜元素。但是，令人费解的是如果一只小鼠在出生前就被敲除了两个 PRP 基因，它依然会长成一只完全正常的小鼠。不论朊病毒蛋白有何功能，它似乎都不是小鼠生长过程中所不可或缺的。那么我们为什么会有这种潜在的致命性基因呢？我们仍不得而知。[2]

同时，朊病毒基因只要发生一两个突变，我们便会染上这种疾病。在人体内，该基因包含 253 个“单词”，每个单词由 3 个“字母”组成，在蛋白制造过程中，前 22 个和后 23 个氨基酸会被切掉。仅有那么 4 处，稍改一下，便会导致朊病毒病。当然，改动不同的地方会有不同的疾病表现。假如第 102 位氨基酸由脯氨酸变为亮氨酸，会导致一种名为格斯特曼综合征（Gerstmann-Straussler-Scheinker）的遗传性疾病，患者可以存活很长一段时间；如果将第 200 位氨基酸由谷氨酰胺变为赖氨酸，会导致利比亚犹太人特有的克雅氏病；而将第 178 位氨基酸由天冬氨酸变为天冬酰胺，会导致典型的克雅氏病；在第 178 位氨基酸改变的同时，如果再将第 129 位的氨基酸由缬氨酸更改为蛋氨酸，就会导致朊病毒病中最可怕的那种被称为致死性家族性失眠症的罕见病，患者会在经历数月失眠之后，黯然死去，同时患者的丘脑（大脑的睡眠中心）会被疾病所吞噬掉。由此看来，诸多朊病毒病的症状各异，是不同的大脑区域被侵蚀的结果。

这一切水落石出之后的 10 年里，科学在进一步探索这一基因奥秘方面，取得了长足的发展。在普鲁西纳和其他研究者的实验室里涌现出了许多别出心裁的实验设计，揭示了一个非同寻常的关乎宿命论和特殊性的故事。致命的朊病毒蛋白通过重新折叠其中心区域（第 108 ～ 121 个词）来改变自身形状。这一区域的突变所引起的朊病毒蛋白形状变化更有可能导致实验小鼠在出生几周内就患病并丧命。我们在多种与朊病毒蛋白相关的遗传疾病谱系中所发现的突变，并没有发生在重要的蛋白中心区域，这些“外围”区域的突变仅仅是轻微增加了蛋白错误折叠的概率。这样一来，科学就越来越多地告诉了我们有关朊病毒的知识，但每条新知识又蕴含了更为丰富的奥秘。

蛋白折叠构象的变化具体是怎么起作用的？是否像普鲁西纳猜想的那样，还有另外一种未知的 X 蛋白质参与其中？如果有，那为什么没发现它呢？我们不得而知。

为何明明是在大脑的各个区域都有表达的同一个基因，却因其突变的不同而在大脑的不同区域里呈现出不同的形式呢？山羊染上此病后的症状可能是嗜睡，也可能是极度亢奋，这取决于它们患的具体是哪种类型的疾病。同样，为何如此，我们不得而知。

为什么会存在物种屏障，使得朊病毒病很难在不同物种之间进行传播，但在相同物种之间却很容易传播呢？为什么它很难通过口腔传染，但将其直接注射到大脑里，传染就变得相对容易呢？我们不得而知。

为什么症状的发作存在剂量效应？小鼠被注入的朊病毒越多，发病就越快。当被注入异常朊病毒时，如果小鼠体内的朊病毒基因拷贝数越多，就越容易发病。这是为什么呢？我们不得而知。

为什么杂合子比纯合子更安全？换句话说，如果某个个体在一对等位基因的第 129 位氨基酸位置上，一个是缬氨酸，另一个是蛋氨酸，那么他就会比那些在第 129 位是两个缬氨酸或两个蛋氨酸的人更能抵抗朊病毒病（致死性家族性失眠症除外），这是为什么呢？我们不得而知。

为什么这种疾病有如此挑剔的患病条件？小鼠很难患上仓鼠瘙痒症，反之亦然。但是，如果在小鼠基因中导入仓鼠的朊病毒基因，那么就能通过注射仓鼠大脑组织的方式，使小鼠患上仓鼠瘙痒症。携带两种人类朊病毒基因的小鼠，可以染上两种人类朊病毒病，一种类似致死性家族性失眠症，另一种像是克雅氏病。同时携带人类和鼠朊病毒基因的小鼠，比只携带人类朊病毒基因的小鼠患上人类克雅氏病的速度要慢。这是否意味着不同来源的朊病毒会相互竞争呢？我们不得而知。

当基因被植入其他物种时，它是如何改变自身品系的？虽然小鼠难以患上仓鼠瘙痒症，但一旦患上，便可轻易地将它传给其他小鼠。[3] 这是为什么呢？我们不得而知。

为什么疾病会从注射的部位缓慢而渐进地传播开去，就好像致病朊病毒只能改变在其邻近区域的正常朊病毒？我们已经知道疾病可以通过免疫系统中的 B 淋巴细胞进行传播，然后以某种方式进入大脑。[4] 但为什么会这样，是怎么做到的呢？我们不得而知。

随着对疾病的深入了解，未知的东西也在不断涌现，但真正令人困惑的是它触及了一个比弗朗西斯·克里克的“遗传中心法则”更为核心的遗传学理论。从本书的第一章开始，我就一直在宣扬生物学的核心是数字化。本章节里，在朊病毒基因中我们看到很多数字变化，即一个词代替另一个词，但这种变化如果离开数字以外的其他知识，就会变得完全无法预测。也就是说，朊病毒的系统类似通信系统中的模拟信号，而非数字信号。它不是基因序列上的变化，而是蛋白形状上的变化，另外，它还与剂量、位置和其他外界因素有关。这并不是说无法确定这种疾病的发病情况，要说起开始发病的年龄来，克雅氏病可比亨廷顿舞蹈症更为精确。有记载的案例显示，曾有一对一直居于不同地方的兄妹，发病的年龄却完全相同。

朊病毒病是由一种链式反应所引起的，在这种链式反应中，一个朊病毒将它临近的朊病毒变成跟自己一样的形状，然后变形后的邻居又接着去改变其他邻居，以此类推，呈指数级增长。1933 年的某一天，当利奥·西拉德（Leo Szilard）在伦敦等着过马路时，他脑海中浮现出了一个决定人类命运的场景：一个原子分裂并释放出两个中子，导致另一个原子分裂，并释放两个中子，以此类推。这一链式反应场景在随后的日本广岛原子弹爆炸中得到了体现。虽然朊病毒的链式反应要比中子的链式反应慢得多，但它同样具有制造指数级爆炸效应的能力；当时新几内亚库鲁病的流行模式就为这种爆发模式提供了证据，尽管普鲁西纳在 20 世纪 80 年代初才开始对细节进行梳理。然而，一场规模更大的、更贴近我们生活的朊病毒相关流行病，已然开始其链式反应。这次的受害者是牛。

牛瘙痒症的起因仍然是个谜。没有人知道它发生的确切时间、地点或传播方式。但在 20 世纪 70 年代末或 80 年代初的某个时候，英国的牛肉食品加工制造商发现，畸形的朊病毒已经掺入了他们的产品之中。也许是因为工厂为了应对牛脂价格的下跌而改变了生产工艺，也许是由于在当时羔羊补贴的影响下大量的老羊进入了加工厂，但不管是什么原因，也许仅仅是因为牛饲料是用被瘙痒症朊病毒高度感染的动物加工而成的，畸形的朊病毒便进入了食品加工的生产线。尽管当时老牛和老羊的骨头和内脏会被煮沸灭菌，然后被制成富含蛋白质的牛饲料供奶牛食用，可是仅凭煮沸是不足以杀死朊病毒的。

尽管让一头奶牛感染朊病毒病的机会很小，但是对于成千上万头奶牛来说，这个概率还是不容小觑的。一旦最初的疯牛病病例又重新进入食物链，被做成食物给其他的牛吃，链式反应就开始了。越来越多的朊病毒进入牛饲料饼，给小牛的用量也越来越多。由于这种疾病的潜伏期很长，这意味着染病的牛平均需要 5 年才会出现症状。到 1986 年底，当人们发现最初的 6 例病牛时，英国已有大约 5 万头牛深受其扰，然而没有任何人意识到这一点。一直到 20 世纪 90 年代末，这种被称为牛海绵状脑病的疾病才基本被消灭，而在那时，已有 18 万头牛死于此病。

在第一例病牛被报告出来的一年之内，政府畜牧部门经过缜密的调查，已经确定了问题的根源在于被污染的饲料。这个调查结果是有充分理论依据的，同时还解释了一些异常现象，比如根西岛爆发牛海绵状脑病的时间比泽西岛早很多，就是因为这两个岛的饲料来自两个不同的供应商，其中一个供应商添加了大量的肉骨粉，而另一个则很少添加。1988 年 7 月，《反刍动物饲料禁令》正式成为法律。专家和政府部门对此次事件所作出的反应如此之迅速，是前所未有的，颇有点亡羊补牢的意味。到了 1988 年 8 月，索思伍德（Southwood）委员会的建议得到执行，所有感染牛海绵状脑病的病牛被予以销毁，不允许再进到食物链中。但在这时，出现了第一个大错：政府仅给农民支付牛价的 50% 以作为补偿，这使得农民倾向于对有症状的病牛睁一只眼闭一只眼。好在这个不明智决定的代价并没有像人们想象的那么严重。毕竟，在提高赔偿金后，上报的病牛数量也没有大幅增加。

为了防止成年牛的大脑组织进入人类食物链，《牛内脏特殊禁令》在一年之后也生效了。1990 年，该法令限制的范围扩展到了小牛身上。这个禁令本该更早颁布，但是鉴于除了直接向大脑注射外，其他物种很难感染羊瘙痒症，因此当时的禁令似乎显得过于谨慎了。事实证明，除非是摄入量特别大，否则仅通过食物，是不可能让猴子染上人类朊病毒病的。而让疾病从牛传到人身上，会比从人传到猴身上更难。据估计，相较摄食，通过颅内注射的方式，患病风险增加了 1 亿倍。在那个时候，如果谁说食用牛肉不安全，那就是极大地不负责任。

对于科学家而言，病毒通过口腔途径实现跨物种传播的概率很小，几乎为零。做实验时，如果不动用数十万只实验动物，甚至连 1 个病例都难以找到。但重点在于，有个实验正在 5000 万英国人的身上进行着。在这样大的一个样本里，出现个别病例是在所难免的。但是对于政治家而言，安全是一个绝对概念，不是相对的。他们要的不是出现个别病例，而是没有一个病例。除此之外，牛海绵状脑病同之前的其他朊病毒病一样，善于制造“惊喜”，让人丈二和尚摸不着头脑。猫吃了那种含有肉骨粉的牛饲料后，也会患病。自此，有 70 多只家猫，3 只猎豹，1 只美洲狮，1 只豹猫甚至还有 1 只老虎均死于牛海绵状脑病。但还没发现有狗患上过此病。在牛海绵状脑病面前，人类是会像狗一样顽强，还是会像猫一样脆弱呢？

到了 1992 年，牛的问题得到了有效解决，但由于从感染到出现病症之间有 5 年的潜伏期，可以预见后续仍将出现一个发病高峰。1992 年以后出生的牛就很少患病了。不过，人类才刚刚开始变得歇斯底里。正是在这个时候，政客们所做的决定开始变得越来越不明智。由于有了《内脏禁令》，如今食用牛肉比近 10 年来的任何时候都更加安全，然而不久之后人们却开始抵制牛肉。

1996 年 3 月，政府宣布，确实有 10 人死于某种朊病毒病。由于该疾病的某些症状与牛海绵状脑病类似，并且以前从未出现过类似病例，因此怀疑它是在牛海绵状脑病流行期间通过牛肉传播的。政府的通报，再加上媒体的煽风点火，人们很快就走向了极端。有人预测，说仅仅在英国就会有数百万人死于该病，对此荒谬言论，大众竟然信以为真。牛被描述成了吃人的怪兽，愚蠢至极，不过这竟成为支持有机农业的一个论据。阴谋论层出不穷：有人说疾病是由杀虫剂引起的；有人说科学家被政客封口了；也有人说真相是被隐瞒了；还有人认为真正原因在于取消了对饲料行业的管理；同时有人认为法国、爱尔兰、德国和其他国家同样存在大规模的疫情，但他们都在封锁消息。

政府觉得有必要对此事作出进一步回应，于是宣布了一项禁令——禁止食用任何超过 30 个月大的奶牛。该禁令后来被证明是毫无用处的，不过它却愈发地激起了公众的警惕，摧毁了整个行业，牛遭殃不说，系统也被搞得崩溃了。那一年的晚些时候，在欧洲政客的坚持下，政府下令“选择性地屠宰”10 万头牛，尽管政府明知这个举动不仅毫无意义，反而还可能进一步加深农民和消费者之间的矛盾。此时的政府已经不能用事后诸葛亮来形容了，简直是偷鸡不成蚀把米。欧盟的禁令主要出于对自身利益的考虑，可想而知，新的扑杀政策并没有起到解除欧盟对英国所有牛肉出口禁令的作用。更为糟糕的是，1997 年，连带骨牛肉都被禁止了。大家都很清楚，食用带骨牛肉导致克雅氏病的风险是微乎其微的，充其量也不过是四年一遇。政府对风险的处理上升到如此高度（国家的高度），以至于尽管危险性比遭雷劈还小，农业部长也不准备让人们自己去做决定。事实上，政府在面对风险时采取了如此荒谬的态度，人们被逼得不得不选择更加冒险的行为。在某些圈子里，出现了逆反心理。我发现随着禁令的临近，自己受邀去吃红烧牛尾的次数比以往任何时候都要多。

在 1996 年一整年里，英国都在为人类牛海绵状脑病的流行做准备。然而，从当年 3 月到年末，只有 6 人死于这种疾病。这个数字非但没有增长，反倒呈现稳定甚至是下降的趋势。在我撰写本书时，有多少人会死于新型克雅氏病还不得而知。患病人数慢慢超过 50 人，每一个病例都是一个无法想象的家庭悲剧，但这还不能算是一场流行病。起初，调查发现这些新型克雅氏病的受害者都是在危险的年头里热衷于吃肉的人，尽管有一个患者在几年前开始吃素。当科学家们向那些被认为死于克雅氏病（但尸检时被证实死于别的疾病）的病人的亲属询问死者生前的习惯时，家属称死者都偏好肉食，而这只是一种错觉。因为这些回忆不过是亲属的臆测，而非实际情况。

其实，该疾病受害者的共同之处在于，几乎所有患者在朊病毒基因编码的第 129 个词上都是甲硫氨酸纯合子。也许，人数更多的杂合子和缬氨酸纯合子会被证明只不过是有更长的潜伏期。通过颅内注射的方式可以让猴子感染牛海绵状脑病，但是和其他朊病毒病相比，该病有着更长的潜伏期。另一方面，考虑到绝大多数患者通过牛肉感染疾病都应该发生在 1988 年的年底之前，而且 10 年的时间已经是牛平均潜伏期的 2 倍了，也许物种屏障和在动物实验中看到的一样高，不过这种疾病最严重的时期已然过去了。也有可能的是，这种新型克雅氏病与吃牛肉根本就没有任何关系。现在，许多人认为，利用牛制成的人类疫苗或其他医药制品可能会给我们造成更大的危险，然而在 20 世纪 80 年代末，这种观点被当局过于草率地否定了。

克雅氏病夺去了那些从未做过手术，从未离开过英国，从未在农场或肉店工作过的终身素食主义者的生命。直到今天，人们通过各种方法了解到了克雅氏病的各种形式和传播途径，包括同类相食、手术、注射激素，当然吃牛肉也有可能。值得一提的是，朊病毒的最后一个，同时也是最大的一个谜团在于，85% 的克雅氏病病例都是散发的。也就是说，目前只能用随机事件来解释这种疾病。不过，这是违反自然决定论的，此理论里所有疾病都必须要有个病因，可是我们生活的世界并非完全由决定论控制着。也许克雅氏病就是以百万分之一的概率随机出现的。

因为我们的无知，在朊病毒面前，我们只能甘拜下风。我们没有想到存在一种不使用 DNA（实际上根本不使用数字化信息）的自我复制方式。我们没能想到的是，这种神秘莫测、让人如此难以理解的疾病，会在如此让人意想不到的地方出现，同时还如此致命。我们仍不清楚，肽链的折叠怎么就能造成如此大的破坏，或者肽链组成上的一个微小变化是如何产生如此复杂的后果的。正如两位朊病毒专家所言：[5]“个人和家庭的悲剧、民族与经济的灾难，都可以追溯到一个小小分子的错误折叠上。”

廿壹号

21号染色体
优生

我知道社会最终的权力只有存放于人民自己手上才安全，如果我们认为他们没有足够的觉悟来凭借健全的判断力行使他们的控制权，补救的办法不是剥夺他们的权力，而是以教育来指导他们的判断。

——托马斯·杰斐逊

21 号染色体是人体中最小的染色体。因此，它本应被称作 22 号染色体。不过当初命名的时候并不知道 21 号染色体更小。可能是因为 21 号染色体是最小的，包含的基因数目也最少，因而 21 号染色体是唯一一个可以在人体内出现 3 条的（相较而言，其他染色体都只能有 2 条）。在其他任何的情况下，多一整条染色体会彻底打乱人体基因组的平衡，致使身体根本无法正常发育。偶尔会有多一条 13 号染色体或者 18 号染色体的婴儿出生下来，但他们最多只能存活几天。出生时多一条 21 号染色体的孩子是健康的，也明显是个乐天派，并且能活很多年。然而，用一个略带贬义的字眼来说，他们并不正常——他们患有唐氏综合征。他们有着尤为明显的外表特征：身材矮小、体态肥胖、眼距狭窄、堆满笑容。同时他们智力落后、性情温和、衰老迅速，常会患上阿尔茨海默病，寿命不超过 40 岁。

唐氏综合征患儿一般由高龄产妇所生[⊖]。随着母亲年龄的增加，唐氏

⊖ 目前，通过产前筛查可以降低发生唐氏综合征等染色体疾病的风险。随着测序技术的发展和应用，以 NIFTY 为代表的无创产前基因检测技术，通过对孕妇静脉血中游离 DNA 的检测得出胎儿罹患染色体异常的风险，因其在胎儿 21- 三体、18- 三体和 13- 三体检测中具备高灵敏度和高特异性的优势而大规模应用于经医生充分告知、由孕妇自主选择的产前筛查中。——译者注

综合征患儿的出生概率呈指数式增长，从 20 岁时 1/2300 的概率，升高至 40 岁时 1/100 的概率。正是由于这个原因，基因筛查多用于识别患有唐氏综合征的胚胎，高龄母亲是主要的受检测人群。现在，大部分国家都给高龄产妇提供（甚至可能是强制性的）羊膜穿刺术，来判断腹中胎儿是否携带了一条多余的染色体。如果是，就会劝说孕妇去堕胎。这么做的原因在于，尽管这些孩子们看起来是乐呵呵的，可大部分人还是不希望成为患唐氏综合征孩子的父母。如果你也持这种观点，就会认为这是“科技向善”的表现，用无痛的方式奇迹般地阻止了无行为能力之人的出生。如果你持有另一种观点，就会认为它是打着优化人种的旗号，公然鼓励草菅人命，是对残疾人的不尊重。尽管 50 多年前纳粹的暴行让人们看到了人种优化论的荒诞，但时至今日，这种做法在实际生活中依旧大行其道。

本章是关于遗传学历史上的阴暗面，旨在讲述遗传学领域的害群之马——以基因净化名义所进行的谋杀、绝育和堕胎。

优生学之父，弗朗西斯 · 高尔顿在很多方面都与他的表哥查尔斯 · 达尔文相悖。达尔文是井井有条、耐心十足、性格羞涩、思想传统的人，而高尔顿则是一个知识浅薄、性心理紊乱且爱炫耀的人。他同样非常聪明，曾在非洲南部探险，研究过双胞胎，收集过统计数据，并且幻想过乌托邦社会。如今他的名气可与表哥达尔文比肩，只不过更像是臭名昭著而非美名远扬。达尔文主义总有沦为政治信条的风险，而高尔顿的主张已然沦为了政治信条。哲学家赫伯特 · 斯宾塞（Herbert Spencer）欣然接受了“适者生存”的观点，认为它支持了自由放任经济政策和维多利亚时期社会中的个人主义，他称之为社会达尔文主义。高尔顿的主张则更为缺乏诗意一些。如果按照达尔文所认为的那样，经由系统选择育种，物种得到改良（比如牛和赛鸽），那么人类也可以用这种方式来优化自己。某种意义上说，高尔顿所呼吁的是一个比达尔文主义更为古老的传统：18 世纪牛的育种传统，以及更早的苹果和玉米的育种方式。他的口号是：让我们像优化其他物种那样优化我们人类自己吧。在 1885 年，他为这种生育方式发明了“优生”一词。

但是，谁才是前文中的那个“我们”呢？在斯宾塞的个人主义世界中，实际上就是我们每个人，优生学意味着每个人都应当努力寻找一个好的配偶——一个心智健全、身体健康的人。这与我们选择结婚对象时比较挑剔没什么不同——我们本来已经这么做了。然而，在高尔顿的世界中，“我们”变成了一个更为集体化的含义。高尔顿的第一个，也是最具影响力的追随者是卡尔·皮尔逊（Karl Pearson），一个激进的空想社会主义者和杰出的统计学家。被德国增长的经济实力吸引的同时又对其感到畏惧，皮尔逊于是将优生学转变成了沙文主义链条上的一个环节。不只是个人，而是整个民族都需要进行人种优化。只有在公民中实行有选择性的生育，才能使英国领先于欧洲大陆上的其他竞争对手。政府必须要在谁应当生育，谁不应当生育的问题上掌控发言权。优生学在诞生之初就不是一门政治科学，而是一则打着科学幌子的政治信条。

到 1900 年，优生学引起了人们的普遍关注。“优基因”（eugene）这个用语突然流行起来，随着优生学相关的会议在英国各地都冒了出来，有所规划的生育想法让人们不禁陷入狂热之中。皮尔逊在 1907 年写给高尔顿的信中说：“如果一个孩子比较虚弱的话，我听到一些很是体面的中产阶级妇女说，‘看，那不是符合优生学理念的婚姻！’”布尔战争中新兵的状态糟糕，这激起了关于提高社会福祉的辩论，同时也引发了有关人种优化的辩论。

类似的事情也在德国发生了，弗雷德里希·尼采（Friedrich Nietzsche）的英雄哲学与恩斯特·海克尔的生物命运学说的融合，激发出了一种热情，希望演化过程跟经济和社会的发展步调一致。相对于英国，在德国人们更容易被权威哲学所吸引，这意味着生物学在德国更容易陷入民族主义的泥潭之中。不过在那时，它主要还只是一种意识形态，并没有付诸行动。[1]

到目前为止，还没有什么危害产生。然而，焦点很快就从鼓励最好的优生繁衍行为转变为阻止最差的非优生繁衍行为。很快，“最差的”就迅速变成了“低能”的代名词，所指代的包括酗酒者、癫痫患者、罪犯以及智力障碍人群，这一势头在美国显得尤为突出。1904年，高尔顿和皮尔逊的崇拜者查尔斯·达文波特（Charles Davenport）说服安德鲁·卡内基（Andrew Carnegie）资助他建立冷泉港实验室以用于优生学研究。达文波特是一个精力旺盛但古板的保守派，与如何促进优生行为相比，他更在乎的是如何防止非优生行为。至少可以说，他的科学观点太过简单化。比如他说，既然孟德尔遗传学说已经证明了颗粒遗传，那么美国关于“民族熔炉”的理念就应该被摒弃。他还认为海军的家庭会有一种热爱海洋的基因。但在政治上，达文波特精明老练并且很有影响力。亨利·戈达德（Henry Goddard）有一本著作，很好地讲述了一个神秘的、有智力缺陷的家族，名为“卡利克斯”（Kallikaks）。在这本书中，这个家族有力地证明了智力缺陷是会遗传的。凭借这本书，达文波特和他的盟友逐渐说服了美国政界，使他们认为人种有退化的危险。西奥多·罗斯福（Theodore Roosevelt）说：“总有一天，我们将意识到，作为好公民，我们不可推卸的责任就是在世界上留下血脉。”而这句话并不适用于其他那些公民。[2]

美国人对优生学的热情大多源于对移民的抵制心理。那时，东欧和南欧的移民正迅速地涌向美国，很容易引发人们的偏激情绪，认为“更好”的盎格鲁-撒克逊血统正在被稀释。优生学为那些出于传统的种族主义考量，希望限制移民的人们提供了便利。1924 年的移民限制法案就是人种优化运动的直接结果。在接下来的 20 年里，该法案拒绝许多欧洲移民在美国开始新的生活，致使绝望的他们在故国面临着更为悲惨的命运。这项法案实施了 40 年，一直未曾修改。

限制移民并不是优生学者在法律上的唯一一次胜利。到 1911 年，已有 6 个州出台相关法律，对精神不健全的人进行强制绝育。6 年之后，又有 9 个州加入其中。如果一个州能够剥夺罪犯的生命，那么它肯定可以剥夺其生育的权利（似乎将头脑简单等同于刑事犯罪）。“在此情况下谈论个人自由或个人权利……真是愚蠢至极。这些人……是无权生育像他们那样的后代的。”一位名叫鲁宾孙（W. J. Robinson）的美国医生写道。

最高法院最初否定了许多绝育方面的法律，但在 1927 年，它改变了立场。在巴克控告贝尔案（Buck v. Bell）中，法院裁定弗吉尼亚州可以对 17 岁的女孩卡丽·巴克（Carrie Buck）进行绝育。她与母亲埃玛（Emma）和女儿维维安（Vivian）一起居住在林奇堡一个癫痫病人和智力障碍者的社区里。经过草率的检查，她七个月大的女儿维维安被诊断为智力存在缺陷，于是卡丽被要求去做绝育。正如奥利弗·温德尔·霍姆斯（Oliver Wendell Holmes）法官在判决中的那句名言：“三代人存在智力缺陷已经够了。”维维安幼年时就去世了，但卡丽一直活到较大的年纪，是智力中等、受人尊敬的女性，她会在空闲时做做填字游戏。她的妹妹多里斯（Doris）同样也被绝育了。她多年来尝试生孩子，最终才意识到在未经她同意的情况下别人对她做了什么。在20世纪70年代，弗吉尼亚州仍旧对智力缺陷者进行绝育。根据1910年至1935年间通过的30多部各州法律和联邦法律，美国，作为个人自由的堡垒，对超过10万名智力缺陷者进行过绝育。

尽管美国是优生学的先驱，其他国家却也紧随其后。瑞典绝育了近6万人。加拿大、挪威、芬兰、爱沙尼亚和冰岛都将绝育列入其法律并付诸实践。最为臭名昭著的是，德国曾给40万人做了绝育，然后又杀死了其中的许多人。在第二次世界大战的短短18个月里，7万名已经绝育的德国精神病患者被毒气杀害，为的是给受伤的士兵腾出病床。

但是，在新教工业化国家中，几乎只有英国从未批准过优生法。也就是说，它从未通过任何一项法律，以允许政府干涉个人的生育权。特别是，从来没有一项英国法律阻止精神缺陷者结婚，也从来没有哪怕一条英国法律允许国家以智力缺陷为由对人进行强制绝育。（这并不排除在极个别情况下，医生或医院私自诱骗病患进行绝育手术。）

英国并非独一无二的，在受罗马天主教会影响较大的国家，都没有优生法。荷兰不予通过此类法律。苏联也从未有这样的条文记录在案。不过，之所以单把英国拎出来，是因为在20世纪的前40年里，它是许多（实际上也是大多数）优生科学和宣传的源泉。与其质问为何这么多国家会实施如此残忍的行为，倒不如回过头来问：英国为什么能抵制这种诱惑？这应该归功于谁？

首先不能归功于科学家。如今科学家自欺欺人地认为，真正的科学家一直都是对优生学这种“伪科学”嗤之以鼻的，尤其是在孟德尔遗传定律被重新发现以后（它揭示了沉默突变携带者比显性突变体多了多少），但几乎没有书面记录能为此提供佐证。大多数科学家乐于被奉为新技术官僚体系中的专家，受人吹捧。他们一直敦促政府立即采取行动。（在德国，超过半数的生物学家加入了纳粹党，这一比例高于任何其他的专业团体，并且无人批判优生学。[3]）

罗纳德·费希尔爵士便是一个典型的例子，他是现代统计学的另一位奠基人（尽管高尔顿、皮尔逊和费希尔都是伟大的统计学家，但从没有人认为统计学和遗传学一样危险）。费希尔是一个真正的孟德尔主义者，但他同时也是优生学会的副主席。他痴迷于将上等人和贫民的“生育比例进行重新分配”，因为目前的现实情况是，贫民比富人生育了更多的孩子。即便是后来对优生学大肆抨击的人，如朱利安·赫胥黎（Julian Huxley）和霍尔丹，在 1920 年之前也曾是这个理论的支持者。他们所批判的是优生政策在美国实施时所表现出的简单粗暴和偏颇，而非优生学这一观念。

优生学被禁止也不能归功于左翼政治家。尽管英国工党在 20 世纪 30 年代反对优生学政策，在那之前，左翼运动总体说来还是为优生学提供了思想上的支持。要想在英国找到一个在 20 世纪头 30 年里对优生学政策表示出了哪怕一丝反对意见的社会学家，都是很难的。在那个时候，从工党里找到支持优生学言论者是极其容易的。韦尔斯（H. G. Wells）、凯恩斯（J. M. Keynes）、萧伯纳（George Bernard Shaw）、哈夫洛克·埃利斯（Havelock Ellis）、哈罗德·拉斯基（Harold Laski）、西德尼（Sidney）和比阿特丽斯·韦伯（Beatrice Webb）都有一些骇人听闻的言论，认为迫切需要阻止智力障碍者和残疾人的生育。萧伯纳在他的剧本《人与超人》中曾经说过：“作为懦弱者，我们用慈善的名义打败自然选择；作为懒汉，我们用体贴和道德的名义忽视人工生育选择。”

韦尔斯的作品饱含道理：“就好比传播的病菌，以及在隔音不好的公寓里所发出的噪音那样，人们把孩子带到这个世界上来也不单单是他们自己的私事。”又如，“很明显，整个人类群体，对未来的要求不高……想要平等就得把人数控制在一定的范围以内，纵容将会招致汹涌的人潮”。为了表示宽慰，他又补充道：“诸般杀戮都是在麻醉之下实施的。”（事实并非如此。）[4]

英国工党对实施计划充满信心，愿意为国家利益而放弃个人权利，时刻准备着优生指令的下达。有所规划的生育同样已时机成熟。优生学首先从皮尔逊的那些费边社朋友之中传播开来，风靡一时。优生学对社会主义是有益的，它是一种进步的哲学，能够凝聚国家的力量。

很快，保守党和自由党也同样热情高涨。1912 年，前首相阿瑟 · 巴尔弗（Arthur Balfour）主持了在伦敦举行的首届国际优生学大会，发起会议的副主席包括首席大法官和温斯顿 · 丘吉尔（Winston Churchill）。1911 年，牛津大学辩论社以近乎 2 比 1 的比例通过了优生学原则。正如丘吉尔所说：“智力障碍者的成倍增长对于一个种族而言是极其危险的。”

当然，也有少数几个人发出过反对的声音。零星几个知识分子对此仍持怀疑态度，其中就包括希莱尔 · 贝洛克（Hilaire Belloc）和切斯特顿（G. K. Chesterton），他们写道：“优生学家一方面铁石心肠，一方面又头脑活络。”但毫无疑问，大多数英国人都支持优生法案。

1913 年和 1934 年，英国曾几近通过优生法案。在 1913 年，勇于打破传统思潮的反对者力挽狂澜，挫败了这项法案。1904 年，政府设立了一个皇家委员会，在拉德纳伯爵（Earl of Radnor）的领导下，负责“照顾和控制智力障碍者”。在 1908 年做工作汇报时，该委员会坚持认为智力缺陷是可以遗传的。这并不奇怪，因为它的许多成员都是收了钱的优生学者。正如格里·安德森（Gerry Anderson）最近在剑桥的一篇论文中所阐述的[5]，在那之后的一段时间里，利益团体持续游说，试图说服政府采取行动。内政部收到了各郡、各市议会以及教育委员会的数百项决议，敦促通过一项法案来限制“不健全人群”的生育。新的优生学教育协会对议员们进行轮番轰炸，并与内政大臣进行磋商，以进一步推进这一主张。

风平浪静了一阵子。内政大臣赫伯特·格拉德斯通（Herbert Gladstone）对此不为所动。但是，当 1910 年温斯顿·丘吉尔继任时，优生学终于在内阁里有了一位铁杆的拥护者。早在 1909 年，丘吉尔就以内阁文件的形式将艾尔弗雷德·特雷德戈尔德（Alfred Tredgold）的一篇支持优生学的讲演稿分发了下去。1910 年 12 月，丘吉尔在内政部就职后写信给首相赫伯特·阿斯奎斯（Herbert Asquith），倡导尽快推进优生学的立法工作，并在结尾处写道：“我认为，在年底之前我们就得切断并堵住精神失常的源头。”为防止有人质疑他这段话的意思，威尔弗里德·斯科恩·布伦特（Wilfrid Scawen Blunt）写道，当时丘吉尔已经私下主张使用 X 光和手术来对精神不健全的人进行绝育。

1910 年和 1911 年的宪法危机使得丘吉尔未能提出议案，然后他就被调到了海军部。到 1912 年，立法的呼声再起，保守党的后座议员㊀格

㊀ 后座议员，是指体英国议会下院中坐在后排议席的普通议员。——译者注

尔肖姆·斯图尔特（Gershom Stewart）最终以个人身份就此问题提出了议案，迫使政府将其提上议程。1912年，新任内政大臣雷金纳德·麦克纳（Reginald McKenna）勉强提出了一项政府提案——《精神缺陷法案》。该法案旨在限制智力障碍者的生育，并处罚那些与其结婚的人。大家都很清楚，如果这个法案被付诸实施，那么它稍加修改就可用于实施强制绝育。

特别值得一提的是，有一个人在当时对此议案提出了反对意见。他就是激进的自由党议员，著名的乔赛亚·韦奇伍德（Josiah Wedgwood）。他是与达尔文家族多次联姻的著名工业家族的后代。查尔斯·达尔文的外祖父、岳父和姐夫（同时也是妻子的哥哥），都叫乔赛亚·韦奇伍德。最小的那位乔赛亚的职业是一位海军建筑师。1906年，他以压倒性优势当选为自由党议会议员，但后来他加入了工党，并于1942年进入上议院。达尔文的儿子伦纳德（Leonard）当时是优生学会的主席。

韦奇伍德非常不喜欢优生学。他指责优生学会试图“像养牛那样来对待工人阶级”，并且他坚称遗传定律有“太大的不确定性，不能把信仰寄托在任何这样的学说之上，更不能据此立法”。但他的主要反对意见是以个人自由为基础的。这种法案可使国家强行把孩子从自己的家中带走，而警察依据条款规定有义务根据公众的举报对智力障碍者采取行动，对此他感到震惊。其他保守党的自由派，如罗伯特·塞西尔勋爵（Lord Robert Cecil），也加入了他的行列。他们的共同主张关乎个人权利而非国家利益。

真正让韦奇伍德如鲠在喉的条款是，“为了社会的利益，应该剥夺（智力障碍者）生育孩子的机会”。用韦奇伍德的话说，这是“有史以来最为可憎的提议”，而且完全没有实现“对自由的关切以及对个体的保护，而这是我们有权期待执政的自由党所能做到的”。[6]

韦奇伍德的发难卓有成效，政府撤回了法案，第二年再次提出该法案时，气势大打折扣。关键是，这一次它省去了“任何可能被视为优生说的提法”（用麦克纳的话说），限制婚姻和限制生殖的冒犯性条款也被拿掉了。韦奇伍德仍然反对这项法案，整整两个晚上，他仅靠巧克力支撑，列出了 200 多项修正案，继续对草案发难。但是，当他的支持者减少到 4 个人时，他放弃了。最终，法案得以通过，成为法律。

韦奇伍德也许以为自己失败了。从此，强行将精神病患者送入医院的政策在英国实施开来，这实际上令他们很难再有机会繁育后代。但事实上，韦奇伍德不仅阻止了采取优生措施，还向未来政府发出了警告，称优生立法可能会引发争议。此外，他还发现了整个优生项目的核心漏洞。这个漏洞不是说科学理论的基础是错误的，也不是说它不具现实可行性，而是说它归根结底是对人的压迫，且手法残暴，因为它需要国家动用全部力量来维护个人的权利。

在 20 世纪 30 年代早期，随着大萧条期间失业率的上升，优生学再次死灰复燃。在英国，优生学会的成员数达到了前所未有的水平，人们开始荒谬地将高失业率和贫困归咎于最初优生学者们预言过的种族退化。就是在那时，大多数国家通过了优生法案。例如，瑞典在 1934 年开始实施强制性绝育法，德国也是如此。

对英国绝育法案的施压由来已久，主要来自一份有关精神缺陷的政府报告，也叫《伍德报告》（Wood report）。该报告的结论是，精神问题正在增加，其部分原因在于精神缺陷患者的高生育率。但是，当一位工党议员以私人名义向下议院递交的优生法案被驳回时，优生学利益团体改变了策略，转而游说行政部门。卫生部被说服了，成立了一个由劳伦斯·布罗克爵士（Sir Laurence Brock）牵头的委员会，以着手研究对精神缺陷者进行绝育的议案。

布罗克委员会尽管背靠政府，但从一开始就有派系之争。正如一位现代历史学家所说，大多数成员“一点都不愿意冷静地考虑那些自相矛盾和非结论性的证据”。这个委员会认为精神缺陷具有遗传性，对相悖的证据视而不见，并“填充”（用他们自己的话来说）有利的证据。尽管证据不足，委员会依然认可精神不健全的人群生育过多的观点，它拒绝强制绝育的说法只是为了平息批评——它掩盖了获得精神缺陷者知情同意的问题。1931 年出版的一本生物学科普读物中有这么一段话，曝出了其中的内情：“这些低能者中相当一部分可能是收了钱或是被劝诱，才自愿接受了绝育的。”[7]

布罗克报告纯粹是为了宣传，但却套上华丽的外衣，伪装成客观冷静的专家评估材料。正如最近有人所指出的那样，“专家”一致认为，它引发了一场人造危机，得到所谓的“专家”的共识，需要采取紧急行动。这种做法同 20 世纪后期国际环保人士呼吁民众关注全球变暖问题的手段很相似。[8]

这份报告的本意是推动绝育法案的落地，但此企图落了空。这一次，与其说是因为有诸如韦奇伍德这样的坚定反对者，倒不如说是因为整个社会的舆论氛围发生了变化。许多科学家改变了主意，尤其是霍尔丹。部分原因是像玛格丽特·米德这样的人以及心理学领域的行为学派，他们用环境来解释人性，日益影响了大众的认知。工党在当时坚决地反对优生学，认为这是针对工人阶级的压迫。天主教会反对优生，也在某些地方产生了影响。[9]

令人惊讶的是，直到 1938 年，德国才收到有关强制绝育现实意义的报告。布罗克委员会对 1934 年 1 月生效的纳粹党绝育法大加赞扬，这样的行为十分不明智。显然，这项法案侵犯了个人自由，是不能容忍的行为，为实施迫害提供了借口。在英国，理智最终占了上风。[10]

从优生学的这段简史我们能够得出这么一个确切的结论：优生学的问题不在于其科学理论，而在于强制性的做法。优生学是一种人道主义罪行，而非一种科学问题。毫无疑问，就像应用于狗和奶牛身上那样，优生也同样适用于人类。通过优生，可以减少许多精神疾病的发生，提高人们的健康水平。但与此同时，这需要一个漫长的过程，以及付出巨大的代价，这项工作无比残忍，充斥着不公和压迫。卡尔·皮尔逊曾这样对韦奇伍德说："社会权利是至高无上的，没有任何权利可以凌驾于它之上。"这一糟糕透顶的表述应该成为优生学的祭文。

然而，当我们在报纸上读到智商基因、生殖细胞基因疗法、产前诊断和筛查时，我们能深入骨髓地感受到优生学阴魂不散。正如我在 6 号染色体那章中所述，高尔顿那"人的本性大多都有遗传性"的观点又重新流行起来，这一次，尽管并未得到证实，但有了更好的事实依据。如今，基因筛查使得父母对孩子的基因进行选择成为可能。例如，哲学家菲利普·基彻（Philip Kitcher）把基因筛查称为"自由优生"："每个人都是自己的优生专家，可以利用现有的基因检测手段来做出自认为正确的生育决定。"[11]

照此标准，世界各地的医院每天都在进行着优生，并且迄今为止，最为常见的受害者是那些带有一条多余21号染色体的胚胎，他们出生时便患有唐氏综合征。在大多数情况下，自呱呱坠地，他们会度过短暂而快乐的一生——生来如此。在大多数情况下，自呱呱坠地，他们会得到父母和兄弟姐妹的爱。但对于依赖母体的、无意识的胚胎来说，不把它生下来与杀死它并不能画上等号。我们又立马回到了关于堕胎的争论上面：母亲是否有权打掉孩子，或者说，政府是否有权阻止。此番争论由来已久，可遗传知识给了她更多堕胎的理由。要知道，选择一个具有特殊能力的胚胎，而非带有缺陷的胚胎，或许触手可及。选择生下男孩，放弃女孩，这种滥用羊膜穿刺技术的风气在印度次大陆地区尤为盛行。

人们拒绝政府所提出的优生学，难道是为了落入私人优生学的陷阱吗？在医生、健康保险公司和社会文化的驱使之下，迫于压力父母可能会主动选择优生。直到20世纪70年代，还有女性因为携带遗传病基因而被医生哄骗着去做绝育，这样的故事比比皆是。然而，如果政府以基因筛查或被滥用为由而禁止基因筛查，就有可能加重社会负担。取缔筛查与强制筛查同样不人道。这是个人的决定，不能被专业人员所左右。基彻当然这么想："至于人们想具备什么特性，或是不想具备什么特性，都是他们自己的事。"詹姆斯·沃森也是这么认为："那些自认为很专业的人，应该远离这种事……我希望看到的是有关基因的问题应交由自己来做决定，而非让政府说了算。"[12]

仍有少数非主流科学家对人类的基因退化深表担忧。[13]基因筛查与鼎盛时期优生学家之所思所想，是有着本质区别的。具体体现在，基因筛查就是根据个人价值标准进行个人选择的。优生学是基于国家价值标准，让人们为国家利益而非个人权利而进行生育。在步入新的基因领域之际，人们往往忽视了“我们”该做什么、不该做什么这个重要的问题。“我们”到底是谁？是独立的个体，还是代表着国家或种族的集体利益？

举例说明一下正在进行着的“优生学”案例。正如我在 13 号染色体那章所述，在美国，犹太遗传疾病预防委员会对小学生的血液进行了检测，如果发现两个人携带特定基因的同一份致病拷贝，就会建议他们以后不要结婚。这是一项完全自愿的政策。尽管被批评为优生，但根本没有涉及任何强制措施。[14]

现在，许多人都将优生学史视作描述科学（尤其是遗传学）失控时会有多危险的一个鲜活例子。实际上，它更为真切地反映出，如果政府失控，该会带来多么严重的后果。

廿贰号

22号染色体

自由意志

休谟之叉：我们的所做所为，
要么命中注定，我们无须对此负责；
要么纯属偶然，我们无法对此负责。

——《牛津哲学词典》

在新千年的篇章正式翻开的几个月前，也恰逢本书初稿即将完稿之际，坐落于剑桥旁的桑格研究所发布了一则重磅消息。这一在人类基因组测序中引领世界的研究所宣布：22 号染色体的全部测序工作已经完成。人体 22 号染色体的全部 1100 万个“单词”已被完全破译出来了，它们是用 3340 万个 A、C、G、T 字母写就的。

“靠近 22 号染色体长臂的顶端，有一个巨大、复杂且极其重要的基因——HFW 基因。HFW 基因总共有 14 个外显子，拼凑成了一篇超过 6000 个字母的文稿。这份文稿在转录后会经过一个特殊的 RNA 剪接过程来对其进行大量编辑，最终产生一个只在大脑前额叶皮层某处表达、结构高度复杂的蛋白。这个蛋白的功能，一言以蔽之，即赋予人类以自由意志。如果没有 HFW 基因，人类也就不会存在自由意志。”

前面那一大段其实是我瞎编的。22 号染色体上根本没有所谓的 HFW 基因——人类的哪条染色体上都没有。在给本书读者科普了 22 章无情而残酷的事实之后，我就是想要逗逗大家。我简直受够了作为一个纪实作家的种种限制，忍不住想要编点东西出来。

然而“我”又是谁呢？那个被愚蠢冲动冲昏头脑而瞎编了一大段话的我，到底是谁呢？我是一个由自身基因搭建而成的生物体。基因塑造了我的外形，使我的每个手上都有 5 根手指，让我嘴里长上 32 颗牙齿，赋予了我语言能力，决定了我大约一半的智商水平。当我要记住某事时，其实是基因在帮我记，它们打开了 CREB 系统并储存了那一段记忆。基因为我打造了一颗大脑并给它分派了日常的工作职责。同时基因还让我清楚地知道，我可以自主决定自己想要做的事情。简而言之，让我觉得所有的事情都是能由我自由决定做或者不做的，同样也没有任何一条规则规定我必须做某事或不能做某事。我完全可以现在就跳上车一路开到爱丁堡，仅仅因为我就是想这么做——更别提瞎编一整段的文章出来了。我是一个自由的个体，我拥有自由意志。

那自由意志是从何而来的呢？它显然不会是从基因中来的，否则也就称不上是自由意志了。答案（大多数人的共识）是自由意志来源于社会、文化以及后天的培养。由此可以推论，自由就是人类天性中不受基因控制的那部分，是基因残暴专制下盛开的花朵。我们可以从基因决定论的桎梏中挣脱，去抓取那神秘的自由之花。

对于某些科学类著作的作家而言，用“信仰基因决定论”及“信仰自由”来区分生物学界已经成为他们的一个传统做法。但也正是这同一批作者，却仅仅通过建立其他类型的生物学决定论的方式就否定基因决定论——比如承认双亲对后代的影响或社会地位对个体的影响。这些作家一方面捍卫人类自尊，反对基因专制，另一方面又对人类周围环境的专制甘之如饴，这在逻辑上很是奇怪，完全无法自洽。曾有人写文章批评我，称我曾说过“所有行为都是由基因决定的”这句话（事实上我从未说过此话）。这位作家紧接着举了一个行为并非由基因决定的例子：众所周知，虐待儿童者大部分都在他们的童年期受到过虐待，而这段受虐经历又转变为他们成年之后虐待儿童的诱因。但这位作家似乎没有想到，他这个论断对于那些已经饱受虐待的人来说充满着偏见，而且是比基因决定论更加残酷无情的决定论：他一直强调虐待儿童者的后代也极有可能成长为虐待儿童者，而他们对此无能为力。这个作家似乎也没有意识到他一直在用双重标准看待此事：如果要证明一个行为是由基因导致的，那就必须提供严格而明确的证据；但如果认为一个行为是社会因素导致的，就无需旁证便可贸然接受了。

把基因视作加尔文主义宿命论的门徒，而把环境认为是自由主义的美丽家园，这种思维定式本身就是一种谬误。塑造品格与能力的一个最重要的环境因素就是子宫，子宫的情况纷繁复杂，不受人的支配。正如我在 6 号染色体中所说，有些与智商相关的基因影响的很可能只是学习欲望而非学习能力，只是让人更加具有学习主动性罢了，一名善于启迪学生的老师也能产生同样的效果。换句话说，天性相对于后天教养更有可塑性。

在优生学理论热情高涨的 20 世纪 20 年代，奥尔德斯·赫胥黎（Aldous Huxley）在其代表作《美丽新世界》中就描述了一个统一、专制、泯灭个性的恐怖世界。每个人都恭顺且心甘情愿地接受自己在种姓制度中的地位，即从阿尔法（α）到厄普西隆（ε）五种社会阶层，顺从地完成这个社会阶层应有的任务并享受他们所处社会阶层的娱乐生活。书名“美丽新世界”现已被引申为集权与先进科技联手制造出的反乌托邦社会。

因此，通读此书后你会发现书中所描述的世界与“优生学”简直毫无关联。从阿尔法到厄普西隆的阶层都不是被繁育出来的，而是在人工子宫中通过化学药物控制、巴普洛夫条件反射训练及一系列洗脑程序制造出来的，然后在成年后用类鸦片药物进行维持。换言之，在这个反乌托邦社会里天性无足轻重，一切都是由后天环境造就的。这是一个由环境因素而非遗传因素造就的人间地狱。所有人的命运都已注定，只不过是由他们所处的环境来决定，而非他们的基因所决定的。这显然是一种生物决定论，而非基因决定论。奥尔德斯·赫胥黎的伟大之处就在于他认清了一个纯粹靠后天教养来主导的社会有多么恐怖。诚然，我们很难评估究竟是那些在20 世纪 30 年代统领德国的极端基因决定论者造成了更多苦难，还是同一时期的环境决定论者更加劣迹斑斑。但是我们可以确定的是，这两种极端思想都非常恐怖。

幸运的是我们没那么容易被说服。不论父母或者政客如何告诫吸烟的坏处，那些年轻人还是会抽烟。事实上，显然正是由于成年人的反复说教，才让吸烟看上去显得更令人心向往之。我们天生就有藐视权威的倾向，尤其是在年轻的时候——通过对抗统治者、老师、养父母的虐待或政府的宣传攻势来守护我们自己的天性。

而且，我们现已知道几乎所有有关“父母做派可以塑造孩子品性”的证据都存在着极大的缺陷。虐待儿童和在儿童期被虐待之间，确实存在着关联性，但是这个关联性完全可以解释为由遗传自父母的人格特征所致：施虐者的孩子们也遗传了一部分施虐者的人格特征。研究显示，在考虑到这个因素之后，后天影响因素就全然不是决定性的了。例如，施虐者收养的子女就不会变成施虐儿童者。[1]

上面的原则对于你所听到过的其他“社会常识”也都适用：犯罪者

的后代也会犯罪；离异家庭的小孩未来也会离异；问题家长也会有问题儿童；肥胖的父母也会有肥胖的小孩。朱迪斯·里奇·哈里斯（Judith Rich Harris）在其常年编撰心理学教科书的生涯中，对于上述论断都深信不疑。然而就在几年前，她突然开始质疑这些论断的正确性了。她的调研结果令其感到震惊：几乎所有研究都没有考虑到遗传因素这个变量，因此在这些研究中根本就没有足够的证据来支撑其研究的因果关系。甚至都没有在文章中提及遗传因素，就把关联关系当作因果关系呈现在结论中了。然而在每一份行为遗传学的研究中，都有强有力的新证据来反驳这个被里奇·哈里斯称为“后天教养假说”的理论。一项针对双胞胎离婚率的研究表明，导致双胞胎离婚率差异的因素中，遗传因素占比为 50%，研究对象与其胞亲所处的不同的环境因素占了另外 50%，而双胞胎共有的家庭环境对离婚率的影响为零。[2] 换句话说，如果你是在一个破裂的家庭中长大的，除非亲生父母离异，否则你并不会比在双亲家庭长大的孩子们离婚概率高。多项针对丹麦被收养者犯罪记录的研究均表明，被收养者是否犯罪与其亲生父母的犯罪记录有着高度相关性，与其养父母的犯罪记录相关性不大。不过，在排除掉同群效应（养父母居住在罪犯聚集区）之后，这种与养父母之间的弱相关性都没有了。

事实上，现在已经研究得很清楚，孩子对父母的非遗传影响比父母对孩子的非遗传影响更大。正如我在性染色体那章中所提到的，传统观念认为疏远的父子关系以及母亲的过度溺爱会让儿子变成同性恋。然而最新的证据表明，上述论断的因果倒置了：正是由于儿子对男性事务不感兴趣，所以父子关系疏远了，而母亲则展示出更强的保护欲以补偿父爱的缺失。同样，自闭症儿童通常会有一个冷漠如霜的母亲，这也只是果而非因：常年与自闭症儿童进行毫无互动的沟通，令她精疲力竭，最终只得放弃了。

“父母塑造了子女性格与文化”这个假说在 20 世纪的社会科学领域大行其道，这一信条此前从未受到过挑战，然而如今已被里奇 · 哈里斯系统地推翻了。在西格蒙德 · 弗洛伊德（Sigmund Freud）的心理学理论、约翰 · 沃森（John Watson）的行为主义理论、玛格丽特 · 米德的人类学理论中，来自父母的后天教育决定论只是一个理论设想，从未被证实过。然而对双胞胎、移民家庭以及被收养孩子的研究均清楚地表明：一个人的性格受自身基因以及周遭同伴的影响，跟其父母没有必然联系。[3]

20 世纪 70 年代，在爱德华 · 威尔逊（E.O.Wilson）的大作《社会生物学》刊印后不久，他的哈佛大学同僚理查德 · 勒文廷及斯蒂芬 · 杰伊 · 古尔德（Stephen Jay Gould）发起了一场针对遗传影响行为理论的猛烈抨击。他们最响亮的一句口号是“不在我们的基因里”（来源于勒文廷的一部书名），掷地有声。在当时，“基因对行为没有什么影响或者完全不影响”是被大众所认可的理论。然而在经过 25 年行为遗传学研究后，上述观点已经站不住脚了，因为人们发现基因确实会影响行为。

然而尽管我们有了如此之多的发现，环境因素的作用依然不可小觑——甚至从总体上来说比基因更甚。来自父母的影响只占环境因素中非常小的一部分，但这并不能否认父母的重要性，也不能说孩子离开了父母也能活得好好的。正如里奇 · 哈里斯所说，如果有谁会这么想，那就未免太荒谬了。父母负责营造家的环境，而一个温馨幸福的家庭环境对孩子的健康成长大有裨益。即使你不认为幸福可以塑造人格，你也一定会认可幸福是个美好的东西。但当孩子离开家门或者长大成人后，家庭对于其个性的塑造就不再有什么影响了。里奇 · 哈里斯对此曾做过细致观察，她认为：大家都把生活中的公私空间进行了很好的划分，相互独立，互不干扰，且能自由切换。所以孩子们在移民之后，可以操着跟同伴们一样，而非父母那样的语言或口音，度过余生。文化很容易在孩子之间进行传播，而从父母传给孩子就没那么容易了，这就是为什么虽然成人一厢情愿地想要推进性别平等的进程，可一旦到了操场上，男孩、女孩还是各自扎堆，各玩各的。所有父母都心知肚明，孩子更愿意模仿同伴，而非家长。不论是心理学、社会学还是人类学曾经一度都被那些反对遗传影响的人所把持，但不能再这样继续无知下去了。[4]

我说了这么多，不是想一再重复我在 6 号染色体那章所探讨的先天说与后天说之争，而是想让大家把注意力放在这么一个事实上：即使后天说被证明是正确的，也丝毫不会影响基因决定论。里奇·哈里斯特别强调同龄人对于个性塑造的巨大影响，并且揭示了相较遗传，社会决定论更令人感到担忧。这是在洗脑。她从未提及有关自由意志的内容，有的只是一味的贬损。一个小孩顶住了来自父母或兄妹的压力而展现出自己的（部分是遗传的）个性，至少是在遵从自己的内心，而非受外界因素的影响。

所以，人们根本无法绕过决定论，仅仅谈论社会环境因素的影响。万事万物，或有起因，或无起因。如果我因儿时遭遇而变得胆怯，那么儿时这件事所起的决定性作用便可与“胆小基因”相匹敌。把基因与决定论画等号固然不对，但更大的谬误是把决定论认为是必然无法避免的。《不在我们的基因里》一书的三位作者史蒂芬·罗斯（Steven Rose）、利昂·卡明（Leon Kamin）及理查德·勒文廷曾写道：“对于那些生物决定论者来说，古语有云‘江山易改本性难移’就已经说明了一切。”但是，贸然把“决定论”等同于“宿命论”，明眼人一看便知这是彻彻底底的谬论。完全不懂这三位作者究竟是想控诉什么对象。[5]

下面就让我来阐述一下为什么把决定论等同于宿命论是荒谬的。假设你生病了，你通过推理认为没有必要去看医生，因为你要么能康复，要么一病不起，无论哪种情况医生都显得多余。然而在这个推论中你忽略了这么一种情况：你的康复恰恰是由于看了医生，而一病不起是由于没看医生。这个例子说明了决定论不会决定你会做什么或不会做什么。决定论只会从结果出发探究导致结果的原因，而不会反向推演未来的结果。

然而基因决定论的迷思依然存在，它比起社会决定论而言，看上去更加像一个不可逆转的宿命。正如詹姆斯·沃森所说："我们认为基因治疗或能改变人的命运，但是你帮一个人还债同样可以改变他的命运。"遗传知识可以让我们通过干预手段（大部分是非基因层面的手段）来尽可能减少先天缺陷的发生。我已经援引了很多例子以证明基因变异的发现能让人们加倍努力去改善这种不利影响，而非在宿命论的阴霾中自甘堕落，破罐子破摔。正如我在 6 号染色体那章中所说，当阅读障碍最终被认为是一种可以遗传的真实疾病时，家长、老师和政府并没有倒向宿命论。没有人会因为阅读障碍是一种无法治愈的遗传性疾病而认为阅读障碍患者就该是文盲。情况恰恰相反：人们给阅读障碍患者开办阅读补习班，效果惊人。就像我在 11 号染色体那章中所述，甚至连心理医生都发现遗传因素能够帮助人们克服害羞心理。通过让害羞的人相信他们的害羞是天生的和"真实存在的"，从而帮助他们克服害羞心理。

认为生物决定论会威胁政治自由的论调也是站不住脚的。正如萨姆·布里坦（Sam Brittan）所说："自由的反面是强制，而非决定论。"[6] 我们珍视政治自由是因为它让我们可以自行决定自己的行为，而非被其他情况束缚。虽然我们经常把热爱自由挂在嘴边，但是真当大难临头的时候，我们却总是搬出决定论来“挡枪”。1994 年 2 月，一个名为史蒂芬 · 莫布利（Stephen Mobley）的美国人被指控谋杀了比萨店老板约翰 · 科林斯（John Collins），罪名成立，并被判处了死刑。为了将死刑申减至终身监禁，他的律师在上诉的时候，提供了一份遗传学方面的抗辩材料，声称莫布利出身于一个犯罪世家，而他杀害科林斯很可能是由于身上的基因在作祟。科林斯本人不应该为犯罪行为负责，因为那是在基因层面就注定了的。

莫布利愉快地放弃了自由意志的想法，他希望大家相信自己是无辜的。那些以精神障碍或属于减责的情形为由给自己辩护的罪犯是这样的逻辑；那些出于嫉妒而杀害出轨配偶，以暂时性精神失常或激情杀人为由给自己辩护的人是这样的逻辑；那些出轨的人是这样的逻辑；那些以罹患阿尔茨海默病为由，规避诈骗投资人指控的企业大亨是这样的逻辑；那些声称在操场玩耍时犯错是由于受玩伴蛊惑的孩子是这样的逻辑；那些在与心理医生聊完后认定我们当今的种种不幸都拜父母所赐的人，是这样的逻辑；那些指责社会环境导致该地区犯罪率上升的政客，是这样的逻辑；那些声称消费者都追求效用最大化的经济学家，是这样的逻辑；那些试图解释过往经历如何塑造了人物性格的传记作家，是这样的逻辑；那些通过占星、问卜来看运势的人，还是这样的逻辑。以上我所举的例子里，大家都对决定论敞开怀抱，欣然接受。说到底，我们人类其实根本就不热爱自由意志，反倒是一有机会就跳出来抛弃它。[7]

一个人必须对其行为负全责，否则法律将无法执行，然而说到底这也不过是一个预设。表面上看随性而为的你要为自身行为负责，然而随性而为本身不过是众多导致你性格的决定因素的外在表现而已。戴维·休谟（David Hume）就发现自己深受此两难的困扰，这个悖论后被命名为休谟之叉：“我们的所做所为，要么命中注定，我们无须对此负责；要么纯属偶然，我们无法对此负责。”无论哪种情况，都违背了常识，从而令社会分崩离析。

基督教已经为这些问题斗争了两千年，而其他教派的神学家则纠结了更久。上帝，顾名思义，就是无视自由意志，否则他是无法做到全知全能的。然而基督教却努力在教义中留下自由意志的概念，因为他们认为没有自由意志的人将无法为其自身行为负责。而一旦人类摆脱了对其行为的责任，世间的罪恶就成为对上帝莫大的嘲讽，而地狱的存在也揶揄了上帝的不公。现代基督教普遍认为上帝赋予了人类以自由意志，所以人类可以自行选择是要活得一身正气，还是在罪过中消极地度过一生。

几位杰出的演化生物学家最近提出，宗教信仰是人类普遍拥有的本能之一。所以从某种意义上讲，人类携带有信仰上帝或诸神的基因（一位神经科学家甚至声称在大脑颞叶找到了一个特殊的神经模块，在宗教信徒的大脑里，此区域更大、更加活跃，而颞叶癫痫病的一种表现就是对宗教的过度虔诚）。宗教信仰本能或许就是迷信的一种副产物。而人也具有迷信的本能，会认为包括打雷在内的所有事件都是由心而生的。这种迷信在石器时代是能够发挥不小作用的：当你躲过一块从山上滚下的差点将你压垮的巨石后，认为这个巨石是被人推下的并视其为阴谋论会比认为这只是一个随机事件更让你有安全感。我们的语言本身就充满了意向性。我在前文中曾写道：我的基因为我打造了一颗大脑并给它分派了相应的工作职责。其实我的基因啥也没做，所有的事情就是这么自然而然地发生了。

爱德华·威尔逊在其著作《知识大融通》[8]中甚至指出：道德是深入人类骨子里的本能，对错的判断源自天性，虽然这是犯了自然主义谬误。这就引申出了一个自相矛盾的结论：信仰上帝是遵从天性，所以是正确的。然而威尔逊本人曾是虔诚的浸礼教徒，可如今却是一个不可知论者，所以他对确定性的本能持反对态度。同样地，史蒂芬·平克信仰自私基因理论并保持着丁克状态，这无异于告诉他的自私基因"见鬼去吧"。

所以说，即使是决定论者也可以逃脱决定论的掌控。这就是一个悖论了。除非我们的行为都是随机的，否则就是注定的。如果是注定的，那它就不是自由的。然而我们显然觉得——并且可以证明——我们的行为是自由的。查尔斯·达尔文把自由意志描述为人类由于无法分析自身的动机而产生的错觉。罗伯特·特里弗斯等现代演化论者甚至声称，自欺欺人地认为存在自由意志，其实是适应性演化的一种表现。平克则将自由意志称为"基于伦理的人类理想化状态"。作家丽塔·卡特（Rita Carter）则称自由意志为思想中根深蒂固的幻觉。哲学家托尼·英格拉姆把自由意志视作一种我们假定别人有的东西——我们似乎有一个内在的倾向，将我们每个人和我们周围所发生的一切都赋予自由意志，无论是难以控制的舷外发动机还是身上带着我们基因却不听话的孩子们。[9]

我很愿意相信我们就快要解决这个悖论了。请大家回想一下我在10号染色体那章中所讨论过的内容——构成人类应激反应的基因是由社会环境造就的，反之则不然。如果基因可以影响行为，而行为又可以影响基因，那就形成一个循环的因果律。而在一个循环往复的系统中，简单的确定性过程可能会带来极度不可预测的结果。

这种观点又被称为混沌理论。我不得不承认，物理学家走在了前面。

18 世纪法国著名数学家皮埃尔 - 西蒙 · 拉普拉斯（Pierre-Simon de Laplace）曾经苦思过这么一个问题：作为一个优秀的信仰牛顿学说的学者，如果他可以知道宇宙中每一个原子的位置及运动状态，那么他就可以预测未来。但更有可能的是，即便如此他也无法预测未来，那么他更想知道为何无法预测。如果用当下时髦的话来说，拉普拉斯这个问题的答案在于亚原子层级，我们现在知道有些量子力学事件只能从统计上进行预测，这对于牛顿学者而言显然已经超纲了。但是这个回答对于我们讨论的内容也帮不上什么忙，因为牛顿力学可以对我们日常生活层面所遇到的事物进行非常精细的描述，没有人真的想用海森堡不确定原理的概率论去解释这些日常问题。就这么直说吧：就在今天下午我决定写这一章时，我的大脑不需要靠扔骰子来决定写或者不写。随机行为与自由行为不是等同的概念——事实上，它们是恰恰相反的概念。[10]

混沌理论可以给拉普拉斯的问题一个更好的解释。不同于量子力学，混沌理论不依靠概率论。根据数学定义，一个混沌体系本身是确定的，并非随机的。但是这个理论认为即使你明确知道这个混沌体系中的每一个决定因素，你也不可能预测事件的走向，因为不同的因素之间会相互作用。即使只有单纯决定因素的系统也会最终趋于混沌。出现这种情况部分是由于自反性，即一个行为会对另一个行为的初始状态产生影响，众多微小的效应汇聚成更大的因果。股票市场指数的趋势线、未来的天气、海岸线的分形几何等全都属于混沌系统：在每一个系统中，大致的事件概述或过程是可以预测的，但是其中的细节则无法预知。我们都知道冬天会比夏天冷，但是没人能预测下一个圣诞节到底会不会下雪。

人类的行为也有类似的特征。压力因素可以影响基因的表达，而被影响的基因又可以影响个体对压力因素的适应力，如此往复。因此人类的行为在短期维度是无法预测的，但是人类的发展框架在长期维度是可以预测的。所以如果我今天心血来潮，我可以决定少吃一顿饭：我有选择不吃饭的自由。但在一天之中，几乎可以肯定我是会吃饭的。至于我吃饭的时机则受多种因素的影响——我的饥饿感（部分是由我基因决定的）、天气（由无数外界因素以混沌的方式来决定），或其他人决定约我出去吃饭（这个人是谁是我无法掌控的决定因素）。这种遗传与外界影响的相互作用让我的行为变得不可预测，但并非完全不可预测。介乎于可预测和不可预测之间的，便是我那所谓的自由。

我们永远无法逃脱决定论的影响，但是我们能在好的与坏的决定论之间，自由的与不自由的决定论之间做出选择。假设此刻我坐在加州理工学院下条信辅（Shin Shimojo）的实验室里，而他正把一个电极戳进我的大脑前扣带回附近。由于大脑这部分区域正是控制人类"自主性"行为的，所以它得为我所表现出来的自主性行为负责。如果这时有人问我为什么动了一下胳膊，我会非常肯定地回答我自己就是想动一下。下条教授肯定知道我说的并非实话（在此做个补充说明，这只是下条教授给我提出的一个实验设想，并非真的实验）。如果我的行为是被外界所左右的，这与我是否自由并不冲突。然而如果我的行为是被另外一个人所操控的，那我就真没自由可言了。哲学家阿尔弗雷德·朱勒斯·艾耶尔（A.J.Ayer）曾经这么说过：[11]

> 假如我患上了强迫症，起身穿过房间，无论这是我的主观意愿，还是受人所迫，无论是哪种情况，都不能说我的这个行为是

> 自由的。但是，如果没有上述假设，倘若我现在就起身穿过房间，那么我的行为是自由的。至于我现在为何要起身穿过房间，无关痛痒。

一位研究双胞胎的心理学家林登·伊夫斯（Lyndon Eaves）也有过类似的观点：[12]

> 自由是一种让人类超越周围环境限制而屹立于天地的能力。这种能力是自然选择赋予我们的，让我们得以适应……如果你被推着走，那么你更希望的是被你周围的环境（不是你自己）推着走呢，还是被自己的基因（也就是你自己）推着走呢？

自由在于自己做决定，而非受他人所左右。关键不在于决定本身，而在于是谁做出的决定。如果我们自己想要自由，那么最好由我们自己来做决定，而不是别人。我们对于克隆技术的恐惧，部分源于我们不再独一无二。我们始终认为，应该坚守“自己的身体应由自己的基因来掌控”这一观念，觉得不该受外界摆布，从而丧失自由。现在你开始明白为什么我会坚持不懈地调侃一个决定自由意志的基因了吧？自由意志基因并不是一个矛盾体，因为它存在于我们体内，外人无法借由它来控制我们。当然，单凭基因是无法决定自由意志的，而是需要倚靠全部的人性，人性极其强大，给人以力量，形式多样地存在于我们的染色体上，且每个人的都各不相同。每个人都有独特的、不同的、内生的本性——自我。

参考文献与注释

遗传学和分子生物学的文献浩如烟海，且内容过时。由于新知识层出不穷，在正式出版时，每本书、每篇文章或科学论文，都需要持续进行更新或修订。当然，我的这本书亦是如此。如今奋战在该领域之中的科学家是如此之多，以至于大多数人已不可能即时跟踪上彼此的工作进展了。在写这本书时，我发现经常去图书馆，并频繁与科学家交流，是远远不够的。要想保持与时俱进，上网或是一剂良方。

最好的遗传知识资料库可在维克托·麦库西克（Victor McKusick）那无与伦比的在线人类孟德尔遗传网站OMIM中找到，其网址是：http://www.ncbi.nlm.nih.gov/omim/。它包括每个已被定位或测序的人类基因的资料以及相应的一篇单独的小文章，且定期更新，这可是一项异常艰巨的任务。以色列的魏茨曼研究所（Weizmann Institute）还有另一个优秀的网站，上面的“基因卡片”不仅对每个基因的已有知识进行了概述，还附带相关网站链接：genecards.weizmann.ac.il/v3。

但是，这些网站仅有一些知识的简短概要，只适合于那些无所畏惧的人。毕竟，满篇的学术术语，要求读者具备一定的专业素养，不过这无疑会把外行挡在门外。此外，它们还侧重于将注意力放到基因与遗传性疾病的相关性上面，从而使我在本书中试图阐述的问题变得更加难以解决：人们会想当然地认为基因的主要功能就是致病。

因此，我非常依赖于教科书，以便即时补充和解释最新知识。其中比较好的有汤姆·斯特罗恩（Tom Strachan）和安德鲁·里德（Andrew Read）的《人类分子遗传学》（Bios 科学出版社，1996）、罗伯特·卫弗（Robert Weaver）和菲利普·赫德里克（Philip Hedrick）的《基础遗传学》（威廉·布朗出版社，1995）、戴维·米克洛斯（David Micklos）和格雷格·弗里尔（Greg Freyer）的《DNA 科学》（冷泉港实验室出版社，1990），以及本杰明·卢因（Benjamin Lewin）的《基因 VI》（牛津大学出版社，1997）。

而对于基因组方面的科普书而言，我个人一般比较推荐克里斯托弗·威尔（Christopher Will）的《外显子，内含子和会说话的基因》（牛津大学出版社，1991）、沃尔特·博德默（Walter Bodmer）和罗宾·麦凯（Robin McKie）的《人之书》（利特尔·布朗出版社，1994）、史蒂夫·琼斯（Steve Jones）的《基因的语言》（哈珀柯林斯出版社，1993），以及汤姆·斯特罗恩（Tom Strachan）的《人类基因组》（拜尔斯科学出版社，1992）。但是，这些书都已有些年头了。

在本书的每一章，我主要是参考一两个主要资料来源，外加各种科学论文。以下注释旨在把对该主题感兴趣，且希望深入研究的读者，引向资料出处。

1 号染色体

基因和生命本身由数字信息所组成的想法可在下面的书中找到：理查

德 · 道金斯的《伊甸园之河》（魏登菲尔德 · 尼科尔森出版社，1995），杰里米 · 坎贝尔（Jeremy Campbell）的《语法学家》（艾伦 · 雷恩出版社，1983）。而保罗 · 戴维斯（Paul Davies）的《第五个奇迹》（企鹅出版社，1998）一书，则很好地描述了关于生命起源的激烈争论。有关 RNA 世界的更多详细信息，请参见格斯特兰（Gesteland，R. F.）和阿特金斯（Atkins，J. F.）的《RNA 世界》(纽约冷泉港冷泉港实验室出版社，1993)。

1. Darwin, E. (1794). *Zoonomia: or the laws of organic life.* Vol. II, p. 244. Third edition (1801). J. Johnson, London.
2. Campbell, J. (1983). *Grammatical man: information, entropy, language and life.* Allen Lane, London.
3. Schrodinger, E. (1967). *What is life? Mind and matter.* Cambridge University Press, Cambridge.
4. Quoted in Judson, H. F. (1979). *The eighth day of creation.* Jonathan Cape, London.
5. Hodges, A. (1997). *Turing.* Phoenix, London.
6. Campbell, J. (1983). *Grammatical man: information, entropy, language and life.* Allen Lane, London.
7. Joyce, G. F. (1989). RNA evolution and the origins of life. *Nature* 338: 217—24; Unrau, P. J. and Bartel, D. P. (1998). RNA-catalysed nucleotide synthesis. *Nature* 395: 260—63.
8. Gesteland, R. F. and Atkins, J. F. (eds) (1993). *The RNA world.* Cold Spring Harbor Laboratory Press, Cold Spring Harbor, New York.
9. Gold, T. (1992). The deep, hot biosphere. *Proceedings of the National Academy of Sciences of the USA* 89: 6045—49; Gold, T. (1997). An unexplored habitat for life in the universe? *American Scientist* 85: 408—11.
10. Woese, C. (1998). The universal ancestor. *Proceedings of the National Academy of Sciences of the USA* 95: 6854—9.
11. Poole, A. M., Jeffares, D.C and Penny, D. (1998). The path from the RNA world. *Journal of Molecular Evolution* 46: 1—17; Jeffares, D. C, Poole, A.

M. and Penny, D. (1998). Relics from the RNA world. *Journal of Molecular Evolution* 46: 18—36.

2 号染色体

有关人类祖先演化的故事已被讲述了多次。近期比较好的相关书籍有：博阿兹（N. T. Boaz）的《生态人》（美国基础读物出版社，1997）、艾伦·沃克和帕特·希普曼（Pat Shipman）的《骨头的智慧》（凤凰城出版社，1996）、理查德·利基和罗杰·卢因（Roger Lewin）的《反思起源》（利特尔·布朗出版社，1992），以及唐·约翰松（Don Johanson）和布莱克·埃德加（Blake Edgar）的佳作《从露西到语言》（魏登菲尔德·尼科尔森出版社，1996）。

1. Kottler, M.J. (1974). From 48 to 46: cytological technique, preconception, and the counting of human chromosomes. *Bulletin of the History of Medicine* 48: 465—502.
2. Young, J. Z. (1950). *The life of vertebrates.* Oxford University Press, Oxford.
3. Arnason, U., Gullberg, A. and Janke, A. (1998). Molecular timing of primate divergences as estimated by two non-primate calibration points. *Journal of Molecular Evolution* 47: 718—27.
4. Huxley, T. H. (1863/1901). *Man's place in nature and other anthropological essays,* p. 153. Macmillan, London.
5. Rogers, A. and Jorde, R. B. (1995). Genetic evidence and modern human origins. *Human Biology* 67: 1—36.
6. Boaz, N. T. (1997). *Eco homo.* Basic Books, New York.
7. Walker, A. and Shipman, P. (1996). *The wisdom of bones.* Phoenix, London.
8. Ridley, M. (1996). *The origins of virtue.* Viking, London.

3 号染色体

关于遗传学的历史有很多记载，其中最好的当属霍勒斯·贾德森（Horace Judson）的《创世纪的第八天》（伦敦乔纳森海角出版社，1979；企鹅出版社，1995 年再版）。对于孟德尔的生平描述，可在西蒙·莫尔（Simon Mawer）的小说《孟德尔的侏儒》（双日出版社，1997）中找到。

1. Beam, A. G. and Miller, E. D. (1979). Archibald Garrod and the development of the concept of inborn errors of metabolism. *Bulletin of the History of Medicine* 53: 315-28; Childs, B. (1970). Sir Archibald Garrod's conception of chemical individuality: a modern appreciation. *New England Journal of Medicine* 282: 71—7; Garrod, A. (1909). *Inborn errors of metabolism.* Oxford University Press, Oxford.
2. Mendel, G. (1865). Versuche über Pfianzen-Hybriden. *Verhandlungen des naturforschenden Vereines in Brünn* 4: 3—47. English translation published in the *Journal of the Royal Horticultural Society,* Vol. 26 (1901).
3. Quoted in Fisher, R. A. (1930). *The genetical theory of natural selection.* Oxford University Press, Oxford.
4. Bateson, W. (1909). *Mendel's principles of heredity.* Cambridge University Press, Cambridge.
5. Miescher is quoted in Bodmer, W. and McKie, R. (1994). *The book of man.* Little, Brown, London.
6. Dawkins, R. (1995). *River out of Eden.* Weidenfeld and Nicolson, London.
7. Hayes, B. (1998). The invention of the genetic code. *American Scientist* 86: 8—14.
8. Scazzocchio, C. (1997). Alkaptonuria: from humans to moulds and back. *Trends in Genetics* 13: 125—7; Fernandez-Canon, J. M. and Penalva, M. A. (1995). Homogentisate dioxygenase gene cloned in *Aspergillus. Proceedings of the National Academy of Sciences of the USA* 92: 9132—6.

4 号染色体

对于那些关心诸如亨廷顿舞蹈症等遗传性疾病的人来说，下面所详细列出的南希和艾丽斯·韦克斯勒（Alice Wexler）的著作是必读的。而斯蒂芬·托马斯（Stephen Thomas）的《遗传风险》（鹈鹕鸟丛书，1986）一书，是一本浅显易懂的指南。

1. Thomas, S. (1986). *Genetic risk.* Pelican, London.
2. Gusella, J. F., McNeil, S., Persichetti, F., Srinidhi, J., Novelletto, A., Bird, E., Faber, P., Vonsattel, J. P., Myers, R. H. and MacDonald, M. E. (1996). Huntington's disease. *Cold Spring Harbor Symposia on Quantitative Biology* 61: 615—26.
3. Huntington, G. (1872). On chorea. *Medical and Surgical Reporter* 26: 317—21.
4. Wexler, N. (1992). Clairvoyance and caution: repercussions from the Human Genome Project. In *The code of codes* (ed. D. Kevles and L. Hood), pp. 211—43. Harvard University Press.
5. Huntington's Disease Collaborative Research Group (1993). A novel gene containing a trinucleotide repeat that is expanded and unstable on Huntington's disease chromosomes. *Cell 72:* 971—83.
6. Goldberg, Y. P. *et al.* (1996). Cleavage of huntingtin by apopain, a proapoptotic cysteine protease, is modulated by the polyglutamine tract. *Nature Genetics* 13: 442—9; DiFiglia, M., Sapp, E., Chase, K. O., Davies, S. W., Bates, G. P., Vonsattel, J. P. and Aronin, N. (1997). Aggregation of huntingtin in neuronal intranuclear inclusions and dystrophic neurites in brain. *Science* 277: 1990—93.
7. Kakizuka, A. (1998). Protein precipitation: a common etiology in neurodegenerative disorders? *Trends in genetics* 14: 398—402.
8. Bat, O., Kimmel, M. and Axelrod, D. E. (1997). Computer simulation of expansions of DNA triplet repeats in the fragile-X syndrome and

Huntington's disease. *Journal of Theoretical Biology* 188: 53—67.
9. Schweitzer, J. K. and Livingston, D. M. (1997). Destabilisation of CAG trinucleotide repeat tracts by mismatch repair mutations in yeast. *Human Molecular Genetics* 6: 349—55.
10. Mangiarini, L. (1997). Instability of highly expanded CAG repeats in mice transgenic for the Huntington's disease mutation. *Nature Genetics* 15: 197—200; Bates, G. P., Mangiarini, L., Mahal, A. and Davies, S. W. (1997). Transgenic models of Huntington's disease. *Human Molecular Genetics* 6: 1633—7.
11. Chong, S. S. *et al.* (1997). Contribution of DNA sequence and CAG size to mutation frequencies of intermediate alleles for Huntington's disease: evidence from single sperm analyses. *Human Molecular Genetics* 6: 301—10.
12. Wexler, N. S. (1992). The Tiresias complex: Huntington's disease as a paradigm of testing for late-onset disorders. *FASEB Journal* 6: 2820—25.
13. Wexler, A. (1995). *Mapping fate.* University of California Press, Los Angeles.

5 号染色体

在搜寻基因方面，最好的一本书是威廉·库克森的《基因猎人：基因组丛林中的冒险》（奥鲁姆出版社，1994）。库克森的这本书是我搜寻哮喘基因的主要信息来源之一。

1. Hamilton, G. (1998). Let them eat dirt. *New Scientist,* 18 July 1998: 26—31; Rook, G. A. W. and Stanford, J. L. (1998). Give us this day our daily germs. *Immunology Today* 19: 113—16.
2. Cookson, W. (1994). *The gene hunters: adventures in the genome jungle.* Aurum Press, London.
3. Marsh, D. G. *et al.* (1994). Linkage analysis of IL4 and other chromosome

5q31.1 markers and total serum immunoglobulin-E concentrations. *Science* 264: 1152—6.
4. Martinez, F. D. *et al.* (1997). Association between genetic polymorphism of the beta-2-adrenoceptor and response to albuterol in children with or without a history of wheezing. *Journal of Clinical Investigation* 100: 3184—8.

6 号染色体

罗莎琳德·阿登（Rosalind Arden）在即将出版的书中将讲述罗伯特·普洛明寻找影响智商的基因的故事。普洛明关于行为遗传学的教科书《行为遗传学》（第三版，1997），可读性强，堪称该领域的入门必备书。斯蒂芬·杰伊·古尔德的《人类的误测》（诺顿出版社，1981）很好地讲述了优生学和智商的早期历史。而劳伦斯·赖特（Lawrence Wright）的《双胞胎：基因、环境和身份的奥秘》（魏登菲尔德·尼科尔森出版社，1997）一书，读后令人颇有畅快之感。

1. Chorney, M. J., Chorney, K., Seese, N., Owen, M. J., Daniels, J., McGuffin, P., Thompson, L. A., Detterman, D. K., Benbow, C, Lubinski, D., Eley, T. and Plomin, R. (1998). A quantitative trait locus associated with cognitive ability in children. *Psychological Science* 9: 1—8.
2. Galton, F. (1883). *Inquiries into human faculty.* Macmillan, London.
3. Goddard, H. H. (1920), quoted in Gould, S. J. (1981). *The mismeasure of man.* Norton, New York.
4. Neisser, U. *et al.* (1996). Intelligence: knowns and unknowns. *American Psychologist* 51: 77—101.
5. Philpott, M. (1996). Genetic determinism. In Tarn, H. (ed.), *Punishment, excuses and moral development.* Avebury, Aldershot.

6. Wright, L. (1997). *Twins: genes, environment and the mystery of identity.* Weidenfeld and Nicolson, London.
7. Scarr, S. (1992). Developmental theories for the 1990s: development and individual differences. *Child Development* 63: 1—19.
8. Daniels, M., Devlin, B. and Roeder, K. (1997). Of genes and IQ. In Devlin, B., Fienberg, S. E., Resnick, D. P. and Roeder, K. (eds), *Intelligence, genes and success.* Copernicus, New York.
9. Herrnstein, R. J. and Murray, C. (1994). *The bell curve.* The Free Press, New York.
10. Haier, R. *et al.* (1992). Intelligence and changes in regional cerebral glucose metabolic rate following learning. *Intelligence* 16: 415—26.
11. Gould, S. J. (1981). *The mismeasure of man.* Norton, New York.
12. Furlow, F. B., Armijo-Prewitt, T., Gangestad, S. W. and Thornhill, R. (1997). Fluctuating asymmetry and psychometric intelligence. *Proceedings of the Royal Society of London, Series B* 264: 823—9.
13. Neisser, U. (1997). Rising scores on intelligence tests. *American Scientist* 85: 440—47.

7 号染色体

本章的主题是演化心理学，在多本书中都有过探讨，包括杰罗姆·巴尔科（Jerome Barkow）、莱达·科斯米德斯和约翰·图比的《适应的思想》（牛津大学出版社，1992），罗伯特·赖特（Robert Wright）的《道德动物》（万神殿出版社，1994），史蒂芬·平克的《心智探奇》（企鹅出版社，1998），以及我自己的《红色皇后》（维京出版社，1993）。人类语言的起源在下列著作中有过探讨：史蒂芬·平克的《语言本能》（企鹅出版社，1994）和特伦斯·迪肯（Terence Deacon）的《符号物种》（企鹅出版社，1997）。

1. For the death of Freudianism: Wolf, T. (1997). Sorry but your soul just died. *The Independent on Sunday,* 2 February 1997. For the death of Meadism: Freeman, D. (1983). Margaret Mead and Samoa: the making and unmaking of an anthropological myth. Harvard University Press, Cambridge, MA; Freeman, D. (1997). *Frans Boas and 'The flower of heaven'*. Penguin, London. For the death of behaviourism: Harlow, H. F., Harlow, M. K. and Suomi, S. J. (1971). From thought to therapy: lessons from a primate laboratory. *American Scientist* 59: 538—49.
2. Pinker, S. (1994). *The language instinct: the new science of language and mind.* Penguin, London.
3. Dale, P. S, Simonoff, E, Bishop, D. V. M, Eley, T. C, Oliver, B., Price, T. S., Purcell, S., Stevenson, J. and Plomin, R. (1998). Genetic influence on language delay in two-year-old children. *Nature Neuroscience* 1: 324—8; Paulesu, E. and Mehler, J. (1998). Right on in sign language. *Nature* 392: 233—4.
4. Carter, R. (1998). *Mapping the mind.* Weidenfeld and Nicolson, London.
5. Bishop, D. V. M., North, T. and Donlan, C. (1995). Genetic basis of specific language impairment: evidence from a twin study. *Developmental Medicine and Child Neurology* 37: 56—71.
6. Fisher, S. E., Vargha-Khadem, F., Watkins, K. E., Monaco, A. P. and Pembrey, M. E. (1998). Localisation of a gene implicated in a severe speech and language disorder. *Nature Genetics* 18: 168—70.
7. Gopnik, M. (1990). Feature-blind grammar and dysphasia. *Nature* 344: 715.
8. Fletcher, P. (1990). Speech and language deficits. *Nature* 346: 226; Vargha-Khadem, F. and Passingham, R. E. (1990). Speech and language deficits. *Nature* 346: 226.
9. Gopnik, M., Dalakis, J., Fukuda, S. E., Fukuda, S. and Kehayia, E. (1996). Genetic language impairment: unruly grammars. In Runciman, W. G., Maynard Smith, J. and Dunbar, R. I. M. (eds), *Evolution of social behaviour patterns in primates and man,* pp. 223—49. Oxford University Press, Oxford; Gopnik, M. (ed.) (1997). *The inheritance and innateness of grammars.* Oxford University Press, Oxford.

10. Gopnik, M. and Goad, H. (1997). What underlies inflectional error patterns in genetic dysphasia? *Journal of Neurolinguistics* 10: 109—38; Gopnik, M. (1999). Familial language impairment: more English evidence. *Folia Phoniatrica et Logopaedica* 51: in press. Myrna Gopnik, e-mail correspondence with the author, 1998.
11. Associated Press, 8 May 1997; Pinker, S. (1994). *The language instinct: the new science of language and mind.* Penguin, London.
12. Mineka, S. and Cook, M. (1993). Mechanisms involved in the observational conditioning of fear. *Journal of Experimental Psychology, General* 122: 23—38.
13. Dawkins, R. (1986). *The blind watchmaker.* Longman, Essex.

X 和 Y 染色体

要想找到更多有关基因组内部冲突的材料，最好是去参阅迈克尔·马耶鲁斯（Michael Majerus）、比尔·阿莫斯（Bill Amos）和格雷戈里·赫斯特（Gregory Hurst）的教科书《演化：四十亿年的战争》（朗曼出版社，1996），以及汉密尔顿的《基因狭途》（弗里曼出版社，1995年）。关于得出同性恋部分是出于遗传因素这一结论的研究，请参见迪恩·哈默和彼得·科普兰（Peter Copeland）的《欲望的科学》（西蒙与舒斯特公司，1995），以及钱德勒·伯尔的《再创：生物学如何使我们成为同性恋》（矮脚鸡出版社，1996）。

1. Amos, W. and Harwood, J. (1998). Factors affecting levels of genetic diversity in natural populations. *Philosophical Transactions of the Royal Society of London, Series B* 353: 177—86.
2. Rice, W. R. and Holland, B. (1997). The enemies within: intergenomic

conflict, interlocus contest evolution (ICE), and the intraspecific Red Queen. *Behavioral Ecology and Sociobiology* 41: 1—10.

3. Majerus, M., Amos, W. and Hurst, G. (1996). *Evolution: the four billion year war.* Longman, Essex.
4. Swain, A., Narvaez, V., Burgoyne, P., Camerino, G. and Loveli-Badge, R. (1998). Dax1 antagonises SRY action in mammalian sex determination. *Nature* 391: 761—7.
5. Hamilton, W. D. (1967). Extraordinary sex ratios. *Science* 156: 477—88.
6. Amos, W. and Harwood, J. (1998). Factors affecting levels of genetic diversity in natural populations. *Philosophical Transactions of the Royal Society of London, Series B* 353: 177—86.
7. Rice, W. R. (1992). Sexually antagonistic genes: experimental evidence. *Science* 256: 1436—9.
8. Haig, D. (1993). Genetic conflicts in human pregnancy. *Quarterly Review of Biology* 68: 495—531.
9. Holland, B. and Rice, W. R. (1998). Chase-away sexual selection: antagonistic seduction versus resistance. *Evolution* 52: 1—7.
10. Rice, W. R. and Holland, B. (1997). The enemies within: intergenomic conflict, interlocus contest evolution (ICE), and the intraspecific Red Queen. *Behavioral Ecology and Sociobiology* 41: 1—10.
11. Hamer, D. H., Hu, S., Magnuson, V. L., Hu, N. *et al.* (1993). A linkage between DNA markers on the X chromosome and male sexual orientation. *Science* 261: 321—7; Pillard, R. C. and Weinrich, J. D. (1986). Evidence of familial nature of male homosexuality. *Archives of General Psychiatry* 43: 808—12.
12. Bailey, J. M. and Pillard, R. C. (1991). A genetic study of male sexual orientation. *Archives of General Psychiatry* 48: 1089—96; Bailey, J. M. and Pillard, R. C. (1995). Genetics of human sexual orientation. *Annual Review of Sex Research* 6: 126—50.
13. Hamer, D. H., Hu, S., Magnuson, V. L., Hu, N. *et al.* (1993). A linkage between DNA markers on the X chromosome and male sexual orientation. *Science* 261: 321—7.

14. Bailey, J. M., Pillard, R. C, Dawood, K., Miller, M. B., Trivedi, S., Farrer, L. A. and Murphy, R. L.; in press. A family history study of male sexual orientation: no evidence for X-linked transmission. *Behaviour Genetics.*
15. Blanchard, R. (1997). Birth order and sibling sex ratio in homosexual versus heterosexual males and females. *Annual Review of Sex Research* 8: 27—67.
16. Blanchard, R. and Klassen, P. (1997). H-Y antigen and homosexuality in men. *Journal of Theoretical Biology* 185: 373—8; Arthur, B. I., Jallon, J. M., Caflisch, B., Choffat, Y. and Nothiger, R. (1998). Sexual behaviour in *Drosophila* is irreversibly programmed during a critical period. *Current Biology* 8: 1187—90.
17. Hamilton, W. D. (1995). *Narrow roads of gene land,* Vol. 1. W. H. Freeman, Basingstoke.

8号染色体

同样，在可转移的遗传因子方面，一个最佳的参考材料仍是此前所提到的由迈克尔·马耶鲁斯、比尔·阿莫斯和格雷戈里·赫斯特所编的教科书：《演化：四十亿年战争》（朗曼出版社，1996）。沃尔特·博德默（Walter Bodmer）和罗宾·麦凯（Robin McKie）的《人之书》（利特尔·布朗出版社，1994）很好地描述了基因指纹的发明。蒂姆·伯克黑德（Tim Birkhead）和安德斯·莫勒（Anders Moller）的《鸟类精子竞争》（美国学术出版社，1992）一书探讨了精子竞争理论。

1. Susan Blackmore explained this trick in her article “The power of the meme meme” in the *Skeptic,* Vol. 5 no. 2, p. 45.
2. Kazazian, H. H. and Moran, J. V. (1998). The impact of L1 retrotransposons

on the human genome. *Nature Genetics* 19: 19—24.
3. Casane, D., Boissinot, S., Chang, B. H. J., Shimmin, L. C. and Li, W. H. (1997). Mutation pattern variation among regions of the primate genome. *Journal of Molecular Evolution* 45: 216—26.
4. Doolittle, W. F. and Sapienza, C. (1980). Selfish genes, the phenotype paradigm and genome evolution. *Nature* 284: 601—3; Orgel, L. E. and Crick, F. H. C. (1980). Selfish DNA: the ultimate parasite. *Nature* 284: 604 —7.
5. McClintock, B. (1951). Chromosome organisation and genie expression. *Cold Spring Harbor Symposia on Quantitative Biology* 16: 13—47.
6. Yoder, J. A., Walsh, C. P. and Bestor, T. H. (1997). Cytosine methylation and the ecology of intragenomic parasites. *Trends in Genetics* 13: 335—40; Garrick, D., Fiering, S., Martin, D. I. K. and Whitelaw, E. (1998). Repeat-induced gene silencing in mammals. *Nature Genetics* 18: 56—9.
7. Jeffreys, A. J., Wilson, V. and Thein, S. L. (1985). Hypervariable 'minisatellite' regions in human DNA. *Nature* 314: 67—73.
8. Reilly, P. R. and Page, D. C. (1998). We're off to see the genome. *Nature Genetics* 20: 15—17; *New Scientist,* 28 February 1998, p. 20.
9. See *Daily Telegraph,* 14 July 1998, and *Sunday Times,* 19 July 1998.
10. Ridley, M. (1993). *The Red Queen: sex and the evolution of human nature.* Viking, London.

9 号染色体

兰迪·内瑟（Randy Nesse）和乔治·威廉斯的《我们为什么会生病》（魏登菲尔德·尼科尔森出版社，1995）是对达尔文主义医学以及基因和病原体之间相互作用的最好诠释。

1. Crow, J. F. (1993). Felix Bernstein and the first human marker locus. *Genetics* 133: 4—7.
2. Yamomoto, F., Clausen, H., White, T., Marken, S. and Hakomori, S.

(1990). Molecular genetic basis of the histo-blood group ABO system. *Nature* 345: 229—33.

3. Dean, A. M. (1998). The molecular anatomy of an ancient adaptive event. *American Scientist* 86: 26—37.
4. Gilbert, S. C, Plebanski, M., Gupta, S., Morris, J., Cox, M., Aidoo, M., Kwiatkowski, D., Greenwood, B. M., Whittle, H. C. and Hill, A. V. S. (1998). Association of malaria parasite population structure, HLA and immunological antagonism. *Science* 279: 1173—7; also A. Hill, personal communication.
5. Pier, G. B. *et al.* (1998). *Salmonella typhi* uses CFTR to enter intestinal epithelial cells. *Nature* 393: 79—82.
6. Hill, A. V. S. (1996). Genetics of infectious disease resistance. *Current Opinion in Genetics and Development* 6: 348—53.
7. Ridley, M. (1997). *Disease.* Phoenix, London.
8. Cavalli-Sforza, L. L. and Cavalli-Sforza, F. (1995). *The great human diasporas.* Addison Wesley, Reading, Massachusetts.
9. Wederkind, C. and Füri, S. (1997). Body odour preferences in men and women: do they aim for specific MHC combinations or simple heterogeneity? *Proceedings of the Royal Society of London, Series B* 264: 1471—9.
10. Hamilton, W. D. (1990). Memes of Haldane and Jayakar in a theory of sex. *Journal of Genetics* 69: 17—32.

10 号染色体

保罗·马丁的《病态心理》（哈珀柯林斯出版社，1997）一书，探讨了心理神经免疫学这个棘手的话题。

1. Martin, P. (1997). *The sickening mind: brain, behaviour, immunity and disease.* Harper Collins, London.

2. Becker, J. B., Breedlove, M. S. and Crews, D. (1992). *Behavioral endocrinology.* MIT Press, Cambridge, Massachusetts.
3. Marmot, M. G., Davey Smith, G., Stansfield, S., Patel, C, North, F. and Head, J. (1991). Health inequalities among British civil servants: the Whitehall II study. *Lancet* 337: 1387—93.
4. Sapolsky, R. M. (1997). *The trouble with testosterone and other essays on the biology of the human predicament.* Touchstone Press, New York.
5. Folstad, I. and Karter, A. J. (1992). Parasites, bright males and the immunocompetence handicap. *American Naturalist* 139: 603—22.
6. Zuk, M. (1992). The role of parasites in sexual selection: current evidence and future directions. *Advances in the Study of Behavior* 21: 39—68.

11 号染色体

迪恩·哈默既做了一线研究，也撰写了有关性格遗传学和寻找与性格差异相关的基因标记方面的书籍。他与彼得·科普兰合著的书是《与我们的基因共处》(双日出版社，1998)。

1. Hamer, D. and Copeland, P. (1998). *Living with our genes.* Doubleday, New York.
2. Efran, J. S., Greene, M. A. and Gordon, D. E. (1998). Lessons of the new genetics. *Family Therapy Networker* 22 (March/April 1998): 26—41.
3. Kagan, J. (1994). *Galen's prophecy: temperament in human nature.* Basic Books, New York.
4. Wurtman, R. J. and Wurtman, J. J. (1994). Carbohydrates and depression. In Masters, R. D. and McGuire, M. T. (eds), *The neurotransmitter revolution,* pp.96—109. Southern Illinois University Press, Carbondale and Edwardsville.
5. Kaplan, J. R., Fontenot, M. B., Manuck, S. B. and Muldoon, M. F. (1996).

Influence of dietary lipids on agonistic and affiliative behavior in *Macaca fascicularis. American Journal of Primatology* 38: 333—47.
6. Raleigh, M. J. and McGuire, M. T. (1994). Serotonin, aggression and violence in vervet monkeys. In Masters, R. D. and McGuire, M. T. (eds), *The neurotransmitter revolution,* pp. 129—45. Southern Illinois University Press, Carbondale and Edwardsville.

12 号染色体

最近有两本教科书，讲述了同源基因的故事，以及它们是如何开启的胚胎学研究的：刘易斯 · 沃尔珀特（Lewis Wolpert）、罗莎 · 贝丁顿（Rosa Beddington）、杰里米 · 布罗克斯（Jeremy Brockers）、托马斯 · 杰西尔（Thomas Jessell）、彼得 · 劳伦斯（Peter Lawrence）和埃利奥特 · 迈耶罗维茨（Elliot Meyerowitz）的《发育原理》（牛津大学出版社，1998），以及约翰 · 格哈特（John Gerhart）和马克 · 基施纳（Marc Kirschner）的《细胞，胚胎与演化》（布莱克威尔出版社，1997）。

1. Bateson, W. (1894). *Materials for the study of variation.* Macmillan, London.
2. Tautz, D. and Schmid, K. J. (1998). From genes to individuals: developmental genes and the generation of the phenotype. *Philosophical Transactions of the Royal Society of London, Series B* 353: 231—40.
3. Nusslein-Volhard, C. and Wieschaus, E. (1980). Mutations affecting segment number and polarity in *Drosophila. Nature* 287: 795—801.
4. McGinnis, W., Garber, R. L., Wirz, J., Kuriowa, A. and Gehring, W. J. (1984). A homologous protein coding sequence in *Drosophila* homeotic genes and its conservation in other metazoans. *Cell* 37: 403—8; Scott, M. and Weiner, A.J. (1984). Structural relationships among genes that

control development: sequence homology between the *Antennapedia, Ultrabithorax* and *fushi tarazu* loci of *Drosophila. Proceedings of the National Academy of Sciences of the USA* 81: 4115—9.
5. Arendt, D. and Nubler-Jung, K. (1994). Inversion of the dorso-ventral axis? *Nature* 371: 26.
6. Sharman, A. C. and Brand, M. (1998). Evolution and homology of the nervous system: cross-phylum rescues of otd/Otx genes. *Trends in Genetics* 14: 211—14.
7. Duboule, D. (1995). Vertebrate Hox genes and proliferation: an alternative pathway to homeosis. *Current Opinion in Genetics and Development* 5: 525—8; Krumlauf, R. (1995). Hox genes in vertebrate development. *Cell 78:* 191—201.
8. Zimmer, C. (1998). *At the water's edge.* Free Press, New York.

13号染色体

路易吉·路卡·卡瓦利–斯福扎和弗朗西斯科·卡瓦利–斯福扎（Francesco Cavalli-Sforza）的《伟大的人类散居者》（艾迪生·韦斯利出版社，1995）一书探讨了基因的地理学。贾雷德·戴蒙德（Jared Diamond）的《枪炮、病菌和钢铁》（伦敦乔纳森海角出版社，1997）一书中也有一些类似的描述。

1. Cavalli-Sforza, L. (1998). The DNA revolution in population genetics. *Trends in Genetics* 14: 60—65.
2. Jensen, M. (1998). All about Adam. *New Scientist,* 11 July 1998: 35—9.
3. Reported in *HMS Beagle: The Biomednet Magazine* (www.biomednet.com/hmsbeagle), issue 20, November 1997.
4. Holden, C. and Mace, R. (1997). Phylogenetic analysis of the evolution of lactose digestion in adults. *Human Biology* 69: 605—28.

14 号染色体

关于衰老，有两本好书值得推荐。分别是史蒂芬·奥斯塔德的《我们为什么会衰老》（约翰威利父子出版社，1997），以及汤姆·柯克伍德（Tom Kirkwood）的《我们生命中的时光》（魏登菲尔德·尼科尔森出版社，1999）。

1. Slagboom, P. E., Droog, S. and Boomsma, D. I. (1994). Genetic determination of telomere size in humans: a twin study of three age groups. *American Journal of Human Genetics* 55: 876—82.
2. Lingner, J., Hughes, T. R., Shevchenko, A., Mann, M., Lundblad, V. and Cech, T. R. (1997). Reverse transcriptase motifs in the catalytic subunit of telomerase. *Science* 276: 561—7.
3. Clark, M. S. and Wall, W. J. (1996). *Chromosomes: the complex code.* Chapman and Hall, London.
4. Harrington, L., McPhail, T., Mar, V., Zhou, W., Oulton, R., Bass, M. B., Aruda, I. and Robinson, M. O. (1997). A mammalian telomerase-associated protein. *Science* 275: 973—7; Saito, T., Matsuda, Y., Suzuki, T., Hayashi, A., Yuan, X., Saito, M., Nakayama, J., Hon, T. and Ishikawa, F. (1997).
   Comparative gene-mapping of the human and mouse TEP1 genes, which encode one protein component of telomerases. *Genomics* 46: 46—50.
5. Bodnar, A. G. *et al.* (1998). Extension of life-span by introduction of telomerase into normal human cells. *Science* 279: 349—52.
6. Niida, H., Matsumoto, T., Satoh, H, Shiwa, M., Tokutake, Y., Furuichi, Y. and Shinkai, Y. (1998). Severe growth defect in mouse cells lacking the telomerase RNA component. *Nature Genetics* 19: 203—6.
7. Chang, E. and Harley, C. B. (1995). Telomere length and replicative aging in human vascular tissues. *Proceedings of the National Academy of Sciences of the USA* 92: 11190—94.

8. Austad, S. (1997). *Why we age.* John Wiley, New York.
9. Slagboom, P. E., Droog, S. and Boomsma, D. I. (1994). Genetic determination of telomere size in humans: a twin study of three age groups. *American Journal of Human Genetics* 55: 876—82.
10. Ivanova, R. *et al.* (1998). HLA-DR alleles display sex-dependent effects on survival and discriminate between individual and familial longevity. *Human Molecular Genetics* 7: 187—94.
11. The figure of 7,000 genes is given by George Martin, quoted in Austad, S. (1997). *Why we age.* John Wiley, New York.
12. Feng, J. *et al.* (1995). The RNA component of human telomerase. *Science* 269: 1236—41.

15 号染色体

沃尔夫·赖克（Wolf Reik）和阿齐姆·苏拉尼（Azim Surani）的《基因组印记》（牛津大学出版社，1997）是个不错的基因组印记论文集。很多书都探讨了性别差异，包括我自己的《红色皇后》（维京出版社，1993）。

1. Holm, V. *et al.* (1993). Prader-Willi syndrome: consensus diagnostic criteria. *Pediatrics* 91: 398—401.
2. Angelman, H. (1965). ‘Puppet’ children. *Developmental Medicine and Child Neurology* 7: 681—8.
3. McGrath, J. and Solter, D. (1984). Completion of mouse embryogenesis requires both the maternal and paternal genomes. *Cell* 37: 179—83; Barton, S. C, Surami, M. A. H. and Norris, M. L. (1984). Role of paternal and maternal genomes in mouse development. *Nature* 311: 374—6.
4. Haig, D. and Westoby, M. (1989). Parent-specific gene expression and the triploid endosperm. *American Naturalist* 134: 147—55.

5. Haig, D. and Graham, C. (1991). Genomic imprinting and the strange case of the insulin-like growth factor II receptor. *Cell* 64: 1045—6.
6. Dawson, W. (1965). Fertility and size inheritance in a Peromyscus species cross. *Evolution* 19: 44—55; Mestel, R. (1998). The genetic battle of the sexes. *Natural History* 107: 44—9.
7. Hurst, L. D. and McVean, G. T. (1997). Growth effects of uniparental disomies and the conflict theory of genomic imprinting. *Trends in Genetics* 13: 436—43; Hurst, L. D. (1997). Evolutionary theories of genomic imprinting. In Reik, W. and Surani, A. (eds), *Genomic imprinting,* pp. 211—37. Oxford University Press, Oxford.
8. Horsthemke, B. (1997). Imprinting in the Prader-Willi/Angelman syndrome region on human chromosome 15. In Reik, W. and Surani, A. (eds), *Genomic imprinting,* pp. 177—90. Oxford University Press, Oxford.
9. Reik, W. and Constancia, M. (1997). Making sense or antisense? *Nature* 389: 669—71.
10. McGrath, J. and Solter, D. (1984). Completion of mouse embryogenesis requires both the maternal and paternal genomes. *Cell* 37: 179—83.
11. Jaenisch, R. (1997). DNA methylation and imprinting: why bother? *Trends in Genetics* 13: 323—9.
12. Cassidy, S. B. (1995). Uniparental disomy and genomic imprinting as causes of human genetic disease. *Environmental and Molecular Mutagenesis* 25, Suppl. 26: 13—20; Kishino, T. and Wagstaff, J. (1998). Genomic organisation of the UBE3A/E6-AP gene and related pseudogenes. *Genomics* 47: 101—7.
13. Jiang, Y., Tsai, T. F., Bressler, J. and Beaudet, A. L. (1998). Imprinting in Angelman and Prader-Willi syndromes. *Current Opinion in Genetics and Development* 8: 334—42.
14. Allen, N. D., Logan, K., Lally, G., Drage, D. J., Norris, M. and Keverne, E. B. (1995). Distribution of parthenogenetic cells in the mouse brain and their influence on brain development and behaviour. *Proceedings of the National Academy of Sciences of the USA* 92: 10782—6; Trivers, R. and Burt, A. (in preparation), *Kinship and genomic imprinting.*

15. Vines, G. (1997). Where did you get your brains? *New Scientist,* 3 May 1997: 34—9; Lefebvre, L., Viville, S., Barton, S. C, Ishino, F., Keverne, E. B. and Surani, M. A. (1998). Abnormal maternal behaviour and growth retardation associated with loss of the imprinted gene *Mest. Nature Genetics* 20: 163—9.
16. Pagel, M. (1999). Mother and father in surprise genetic agreement. *Nature* 397: 19—20.
17. Skuse, D. H. *et al.* (1997). Evidence from Turner's syndrome of an imprinted locus affecting cognitive function. *Nature* 387: 705—8.
18. Diamond, M. and Sigmundson, H. K. (1997). Sex assignment at birth: long-term review and clinical implications. *Archives of Pediatric and Adolescent Medicine* 151: 298—304.

16 号染色体

关于学习机制的遗传学，没有什么比较好的科普书。只有一本比较不错的教科书：贝尔（M. F. Bear）、康纳斯（B. W. Connors）和帕拉迪索（M. A. Paradiso）的《神经科学：探索脑》（美国威廉斯·威尔金斯出版社，1996）。

1. Baldwin, J. M. (1896). A new factor in evolution. *American Naturalist* 30: 441—51, 536—53.
2. Schacher, S., Castelluci, V. F. and Kandel, E. R. (1988). cAMP evokes long-term facilitation in *Aplysia* neurons that requires new protein synthesis. *Science* 240: 1667—9.
3. Bailey, C. H., Bartsch, D. and Kandel, E. R. (1996). Towards a molecular definition of long-term memory storage. *Proceedings of the National Academy of Sciences of the USA* 93: 12445—52.
4. Tully, T., Preat, T., Boynton, S. C. and Del Vecchio, M. (1994). Genetic

dissection of consolidated memory in *Drosophila. Cell* 79: 39—47; Dubnau, J. and Tully, T. (1998). Gene discovery in *Drosophila:* new insights for learning and memory. *Annual Review of Neuroscience* 21: 407—44.
5. Silva, A. J., Smith, A. M. and Giese, K. P. (1997). Gene targeting and the biology of learning and memory. *Annual Review of Genetics* 31: 527—46.
6. Davis, R. L. (1993). Mushroom bodies and *Drosophila* learning. *Neuron* 11: 1—14; Grotewiel, M. S., Beck, C. D. O., Wu, K. H., Zhu, X. R. and Davis, R. L. (1998). Integrin-mediated short-term memory in *Drosophila. Nature* 391: 455—60.
7. Vargha-Khadem, F., Gadian, D. G., Watkins, K. E., Connelly, A., Van Paesschen, W. and Mishkin, M. (1997). Differential effects of early hippocampal pathology on episodic and semantic memory. *Science* 277: 376—80.

17 号染色体

最近关于癌症研究的最好记述，是罗伯特·温伯格的著作《细胞叛逆者》(魏登菲尔德·尼科尔森出版社，1998)。

1. Hakem, R. *et al.* (1998). Differential requirement for caspase 9 in apoptotic pathways *in vivo. Cell* 94: 339—52.
2. Ridley, M. (1996). *The origins of virtue.* Viking, London; Raff, M. (1998). Cell suicide for beginners. *Nature* 396: 119—22.
3. Cookson, W. (1994). *The gene hunters: adventures in the genome jungle.* Aurum Press, London.
4. *Sunday Telegraph,* 3 May 1998, p. 25.
5. Weinberg, R. (1998). *One renegade cell.* Weidenfeld and Nicolson, London.
6. Levine, A. J. (1997). p53, the cellular gatekeeper for growth and division.

Cell 89: 323—31.
7. Lowe, S. W. (1995). Cancer therapy and p53. *Current Opinion in Oncology* 7: 547—53.
8. Hueber, A. O. and Evan, G. I. (1998). Traps to catch unwary oncogenes. *Trends in Genetics* 14: 364—7.
9. Cook-Deegan, R. (1994). *The gene wars: science, politics and the human genome*. W. W. Norton, New York.
10. Krakauer, D. C. and Payne, R. J. H. (1997). The evolution of virus-induced apoptosis. *Proceedings of the Royal Society of London, Series B* 264: 1757—62.
11. LeGrand, E. K. (1997). An adaptationist view of apoptosis. *Quarterly Review of Biology* 72: 135—47.

18 号染色体

杰夫·莱昂（Geoff Lyon）和彼得·戈梅尔（Peter Gomel）的《改变命运》（美国诺顿出版社，1996）一书对基因疗法的发展做了详尽的论述，起了个很不错的头。斯蒂芬·诺丁汉（Stephen Nottingham）的《吃掉你的基因》（泽德出版社，1998）详述了植物基因工程的历史。李·西尔弗（Lee Silver）的《复制之谜：性、遗传和基因再造》（魏登菲尔德·尼科尔森出版社，1997）探讨了生殖技术和基因工程对人类的影响。

1. Verma, I. M. and Somia, N. (1997). Gene therapy — promises, problems and prospects. *Nature* 389: 239—42.
2. Carter, M. H. (1996). Pioneer Hi-Bred: testing for gene transfers. Harvard Business School Case Study N9—597—055.
3. Capecchi, M. R. (1989). Altering the genome by homologous

recombination. *Science* 244: 1288—92.
4. First, N. and Thomson, J. (1998). From cows stem therapies? *Nature Biotechnology* 16: 620—21.

19 号染色体

许多书刊报中都对基因筛查的利弊进行了详尽的讨论，但却缺乏让人眼睛为之一亮的作品。钱德勒·伯尔（Chandler Burr）的《再创：生物学如何使我们成为同性恋》（矮脚鸡出版社，1996）正是难得的精品。

1. Lyon, J. and Gorner, P. (1996). *Altered fates.* Norton, New York.
2. Eto, M., Watanabe, K. and Makino, I. (1989). Increased frequencies of apolipoprotein E2 and E4 alleles in patients with ischemic heart disease. *Clinical Genetics* 36: 183—8.
3. Lucotte, G., Loirat, F. and Hazout, S. (1997). Patterns of gradient of apolipoprotein E allele *4 frequencies in western Europe. *Human Biology* 69: 253—62.
4. Kamboh, M. I. (1995). Apolipoprotein E polymorphism and susceptibility to Akheimer's disease. *Human Biology* 67: 195-215; Flannery, T. (1998). *Throwim way leg.* Weidenfeld and Nicolson, London.
5. Cook-Degan, R. (1995). *The gene wars: science, politics and the human genome.* Norton, New York.
6. Kamboh, M. I. (1995). Apolipoprotein E polymorphism and susceptibility to Alzheimer's disease. *Human Biology* 67: 195—215; Corder, E. H. *et al.* (1994). Protective effect of apolipoprotein E type 2 allele for late onset Alzheimer disease. *Nature Genetics* 7: 180—84.
7. Bickeboller, H. *et al.* (1997). Apolipoprotein E and Alzheimer disease: genotypic-specific risks by age and sex. *American Journal of Human Genetics* 60: 439—46; Payami, H. *et al.* (1996). Gender difference in apolipoprotein E-associated risk for familial Alzheimer disease: a

possible clue to the higher incidence of Alzheimer disease in women. *American Journal of Human Genetics* 58: 803—11; Tang, M. X. *et al.* (1996). Relative risk of Alzheimer disease and age-at-onset distributions, based on APOE genotypes among elderly African Americans, Caucasians and Hispanics in New York City. *American Journal of Human Genetics* 58: 574 —84.
8. Caldicott, F. *et al.* (1998). *Mental disorders and genetics: the ethical context.* Nuffield Council on Bioethics, London.
9. Bickeboller, H. *et al.* (1997). Apolipoprotein E and Alzheimer disease: genotypic-specific risks by age and sex. *American Journal of Human Genetics* 60: 439—46.
10. Maddox, J. (1998). *What remains to be discovered.* Macmillan, London.
11. Cookson, C. (1998). Markers on the road to avoiding illness. *Financial Times,* 3 March 1998, p. 18; Schmidt, K. (1998). Just for you. *New Scientist,* 14 November 1998, p. 32.
12. Wilkie, T. (1996). The people who want to look inside your genes. *Guardian,* 3 October 1996.

20 号染色体

在罗莎琳德·里德利（Rosalind Ridley）和哈里·贝克（Harry Baker）的《致命蛋白》一书中，作者很好地讲述了朊病毒的前世今生（牛津大学出版社，1998）。此外，我还借鉴了理查德·罗兹（Richard Rhodes）的《致命盛宴》（西蒙与舒斯特出版社，1997），以及罗伯特·克利兹曼的《颤抖的山脉》（企鹅出版社，1998）。

1. Prusiner, S. B. and Scott, M. R. (1997). Genetics of prions. *Annual Review of Genetics* 31: 139—75.
2. Brown, D. R. *et al.* (1997). The cellular prion protein binds copper *in*

vivo. Nature 390: 684—7.

3. Prusiner, S. B., Scott, M. R., DeArmand, S. J. and Cohen, F. E. (1998). Prion protein biology. *Cell* 99: 337-49.
4. Klein, M. A. *et al.* (1997). A crucial role for B cells in neuroinvasive scrapie. *Nature* 390: 687—90.
5. Ridley, R. M. and Baker H. F. (1998). *Fatal protein.* Oxford University Press, Oxford.

21 号染色体

关于优生运动的最详尽历史，可以参看丹·凯夫利斯（Dan Kevles）的著作《以优生学为名》（哈佛大学出版社，1985），不过里面主要写的是美国的情况。要想知道当时欧洲的情况，可参看约翰·凯里（John Carey）的《知识分子与大众》（费伯出版社，1992）一书，定会令你大开眼界。

1. Hawkins, M. (1997). *Social Darwinism in European and American thought.* Cambridge University Press, Cambridge.
2. Kevles, D. (1985). *In the name of eugenics.* Harvard University Press, Cambridge, Massachusetts.
3. Paul, D. B. and Spencer, H. G. (1995). The hidden science of eugenics. *Nature* 374: 302—5.
4. Carey, J. (1992). *The intellectuals and the masses.* Faber and Faber, London.
5. Anderson, G. (1994). The politics of the mental deficiency act. M.Phil. dissertation, University of Cambridge.
6. *Hansard,* 29 May 1913.
7. Wells, H. G, Huxley, J. S. and Wells, G. P. (1931). *The science of life.* Cassell, London.

8. Kealey, T., personal communication; Lindzen, R. (1996). Science and politics: global warming and eugenics. In Hahn, R. W. (ed.), *Risks, costs and lives saved,* pp. 85—103. Oxford University Press, Oxford.
9. King, D. and Hansen, R. (1999). Experts at work: state autonomy, social learning and eugenic sterilisation in 1930s Britain. *British Journal of Political Science* 29: 77—107.
10. Searle, G. R. (1979). Eugenics and politics in Britain in the 1930s. *Annals of Political Science* 36: 159—69.
11. Kitcher, P. (1996). *The lives to come.* Simon and Schuster, New York.
12. Quoted in an interview in the *Sunday Telegraph,* 8 February 1997.
13. Lynn, R. (1996). *Dysgenics: genetic deterioration in modern populations.* Praeger, Westport, Connecticut.
14. Reported in *HMS Beagle: The Biomednet Magazine* (www.biomednet.com/ hmsbeagle), issue 20, November 1997.
15. Morton, N. (1998). Hippocratic or hypocritic: birth pangs of an ethical code. *Nature Genetics* 18: 18; Coghlan, A. (1998). Perfect people's republic. *New Scientist,* 24 October 1998, p. 24.

22 号染色体

关于决定论，最高明的书是朱迪斯·里奇·哈里斯的《教养的迷思》（布鲁姆斯伯里出版社，1998）。而史蒂芬·罗斯的《生命线》（企鹅出版社，1998）则持相反的观点。此外，多萝西·内尔金（Dorothy Nelkin）和苏珊·林迪（Susan Lindee）的《DNA 之谜》（弗里曼出版社，1995）一书，也值得一看。

1. Rich Harris, J. (1998). *The nurture assumption.* Bloomsbury, London.
2. Ehrenreich, B. and McIntosh, J. (1997). The new creationism. *Nation,* 9 June 1997.

3. Rose, S., Kamin, L. J. and Lewontin, R. C. (1984). *Not in our genes.* Pantheon, London.
4. Brittan, S. (1998). Essays, moral, political and economic. *Hume Papers on Public Policy,* Vol. 6, no. 4. Edinburgh University Press, Edinburgh.
5. Reznek, L. (1997). *Evil or ill? Justifying the insanity defence.* Roudedge, London.
6. Wilson, E. O. (1998). *Consilience.* Little, Brown, New York.
7. Darwin's views on free will are quoted in Wright, R. (1994). *The moral animal.* Pantheon, New York.
8. Silver, B. (1998). *The ascent of science.* Oxford University Press, Oxford.
9. Ayer, A. J. (1954). *Philosophical essays.* Macmillan, London.
10. Lyndon Eaves, quoted in Wright, L. (1997). *Twins: genes, environment and mystery of identity.* Weidenfeld and Nicolson, London.

致　谢

在写这本书时，我不胜其烦地打扰周遭的亲友，但收获的满是平心静气和以礼相待的回应。我无法逐一致谢，但仍要对这些人表示由衷的感谢：比尔·阿莫斯、罗莎琳德·阿登、克里斯托弗·巴德科克（Christopher Badcock）、罗莎·贝丁顿（Rosa Beddington）、戴维·特利（David Bentley）、雷·布兰查德、山姆·布里坦、约翰·伯恩（John Burn）、弗朗西斯·克里克、格哈德·克里斯托弗里（Gerhard Cristofori）、保罗·戴维斯（Paul Davies）、巴里·迪克森（Barry Dickson）、理查德·德宾（Richard Durbin）、吉姆·埃德沃得森（Jim Edwardson）、玛瑞娜·戈普尼克、安东尼·戈特利布（Anthony Gottlieb）、迪恩·哈默、尼克·黑斯蒂（Nick Hastie）、布雷特·霍兰、托尼·英格拉姆、玛丽·詹姆斯（Mary James）、哈姆克·坎明加（Harmke Kamminga）、特伦斯·基利（Terence Kealey）、阿诺德·莱文（Arnold Levine）、科林·梅里特（Colin Merritt）、杰弗里·米勒（Geoffrey Miller）、格雷姆·米奇森（Graeme Mitchison）、安德斯·莫勒（Anders Moller）、奥利弗·莫顿（Oliver Morton）、金·纳斯米斯（Kim Nasmyth）、萨沙·诺里斯（Sasha Norris）、马克·帕格尔（Mark Pagel）、罗斯·佩特森（Rose Paterson）、戴维·彭妮

（David Penny）、马里昂 · 皮特里（Marion Petrie）、史蒂文 · 平克、罗伯特 · 普洛明、安东尼 · 普尔（Anthony Poole）、克里斯汀 · 里斯（Christine Rees）、珍妮特 · 罗桑（Janet Rossant）、马克 · 里德利（Mark Ridley）、罗伯特 · 萨波尔斯基（Robert Sapolsky）、汤姆 · 莎士比亚（Tom Shakespeare）、安西诺 · 席尔瓦（Ancino Silva）、李 · 西尔弗、汤姆 · 斯特罗恩（Tom Strachan）、约翰 · 苏尔斯顿、蒂姆 · 塔利（Tim Tully）、托马斯 · 沃格特（Thomas Vogt）、吉姆 · 沃森（Jim Watson）、埃里克 · 威绍斯以及伊恩 · 威尔穆特（Ian Wilmut）。

特别感谢生命国际中心的所有同事，我们一直都在致力于让基因组贴近百姓生活。没有他们长期以来在生物学和遗传学方面的兴趣和支持，我是无法写就此书的。他们是阿拉斯泰尔 · 鲍尔斯（Alastair Balls）、约翰 · 伯恩、琳达 · 康伦（Linda Conlon）、伊恩 · 费尔斯（Ian Fells）、艾琳 · 尼吉斯特（Irene Nyguist）、尼尔 · 沙利文（Neil Sullivan），埃尔斯佩思 · 韦尔斯（Elspeth Wills）等人。

有两章的部分内容我是首先发表在了报纸专栏和杂志文章上。我感谢《每日电讯报》的查尔斯 · 穆尔（Charles Moore）和《展望》杂志的戴维 · 古德哈特（David Goodhart）将其出版。

我的经纪人费利西蒂 · 布赖恩（Felicity Bryan）一直以来饱含热情。不得不承认的是，尚在动笔之初，三位编辑：克里斯托弗 · 波特（Christopher Potter）、马里昂 · 曼内克（Marion Manneker）和马尔滕 · 卡尔博（Maarten Carbo）便比我还要看好此书。

但最令我衷心感谢的还是我的妻子——阿尼亚 · 贺尔博特（Anya Hurlbert）。

作者及译者简介

作者简介：

马特·里德利（Matt Ridley，1958.2—），英国上议院世袭贵族，保守党议员，拥有多个子爵和男爵头衔。曾任英国北岩银行董事长，是英国皇家文学会会员、英国皇家医学会会员、美国艺术与科学院院士。他是一位优秀的科学记者和科普作家，因其在科学、环境学与经济学领域的著作而闻名。

早年就读于伊顿公学与牛津大学莫德林学院，主修动物学，并因对雉鸡的繁育系统研究而获得博士学位。1983 年博士毕业后，他加入了《经济学人》杂志，担任科学编辑，后担任驻华盛顿记者，成为《每日电讯》专栏作家，并成为美国最佳科学写作 2002 年度的嘉宾编辑。从 1994 年到 2007 年，他因家族原因进入金融行业。在金融危机后，他在 2010 年到 2013 年为《华尔街日报》撰写专栏，并从 2013 年至今为《时代》杂志撰写科学、环境与经济学专栏。他的著作已入围六大文学奖项，其中包括《洛杉矶时报》图书奖与美国国家科学院颁发的科学图书奖。他还是纽卡斯尔英国国际生命中心的创始主席与终身总裁，纽约冷泉港实验室客座教授。他于 2010 年的 TED 大会上发表的演讲“当想法发生性行为时”获得了超过 200 万的观看次数。

译者简介：

尹烨，华大基因 CEO，哥本哈根大学博士，基因组学研究员。大学毕业后加入华大基因，曾主持、参与近百个国际基因组合作项目，是“非典”和“新冠”科研攻关主要参与者，在《自然》等国际知名学术期刊发表 60 余篇论文（含合著），发起并支持狒狒／山魈基因组、大豆回家、生命周期表、狂犬病科研等公益计划。

他主张将科技力量与人性光辉结合，带领团队组织科技援藏，先后成立“华基金”“光基金”等公益基金，关注全球遗传疾病、肿瘤及传感染疾病，致力于推动基因科技普惠人类。

他认为，科普即公益。他是“天方烨谈”基因电台和“尹哥聊基因”公众号的主创，也是科普圈、媒体圈、财经圈、科研圈颇受欢迎的生物界“名嘴”，更是在用自己的力量带动更多人，让生命科学走向流行。